HISTORIA SENCILLA
DE LA CIENCIA

JOSÉ LUIS COMELLAS

HISTORIA SENCILLA DE LA CIENCIA

Tercera edición

EDICIONES RIALP
MADRID

Primera edición: marzo 2007
Tercera edición: septiembre 2024

Fotocomposición: MT Color & Diseño, S. L.

ISBN: 978-84-321-6819-2
Depósito legal: M-14939-2024

Impreso en España   *Printed in Spain*
_____

Impreso en Service Point, S. A. - Madrid

ÍNDICE

INTRODUCCIÓN

Escribía Cristóbal Colón en una carta a los Reyes Católicos, a raíz de su tercer viaje, que «aquello que mueve al hombre a descubrir es su deseo de conocer los secretos de este mundo». No cabe duda de que tanto Colón como los demás grandes descubridores fueron movidos por otros muchos alicientes: desde el logro de la fama hasta el ansia de riquezas, pero en ningún caso puede negarse una cualidad afín a la naturaleza humana: queremos saber, y una vez que sabemos, queremos saber más. El doctor Fausto, como paradigma de esta ansia humana por aumentar sus conocimientos hasta los últimos extremos, se lamentaba, siempre que recapacitaba sobre sus prodigiosos estudios, de no poder llegar nunca a los límites del saber.

Y es esta curiosidad la que nos ha permitido progresar, desde los tiempos primitivos, hasta ahora mismo, de una forma tal vez no continuada, ni triunfal en todos los frentes posibles, pero sí espectacular y en el fondo imparable. El hombre es un ser curioso, que siempre busca realidades nuevas, aspectos hasta ahora no explorados, horizontes desconocidos capaces de abrirle nuevas puertas al conocimiento de lo que es; y en esta aventura maravillosa ha empleado sus esfuerzos y su ingenio para avanzar y seguir avanzando. Sin este afán, qué duda cabe, no hubiera progresado. Puede ser cierta o no del todo aquella curiosa afirmación de Linton: «el índice de progreso de los pueblos se mide por su capacidad de aburrimiento». Lo que quería decir Linton es que el pueblo que no se aburre no progresa. Bien sabemos que hay personas o miembros de determinadas culturas poco desarrolladas que son capaces de «estar» sin necesidad de hacer (ni de pensar, que puede ser una forma de hacer, y francamente útil). No se aburren, o se aburren muy poco cuando se limitan a dejar pasar el tiempo, o simplemente vegetar. Pero diríase que la actitud humana por excelencia, cuando menos aquella que ha permitido cualquier forma de progreso, es muy distinta. El hombre quiere conocer, actuar, llegar, alcanzar, cambiar. Y cuando realiza una de estas operaciones progresa de alguna manera. De aquí que, aun cuando no siempre hayamos sabido progresar en la dirección más conveniente, hoy hayamos alcanzado unos estadios de cultura, de civilización, de conocimientos, de dominio sobre el mundo que habitamos y sus recursos, que no pudo soñar el hombre primitivo. La historia de la ciencia y de sus aplicaciones es en gran parte la historia del progreso de la humanidad. De aquí que no podamos comprender enteramente nuestra historia ni sus logros de hoy sin conocer, cuando menos en sus líneas básicas, la historia de la ciencia.

Por supuesto: hemos de poseer de antemano una idea suficientemente clara acerca de *qué es la ciencia*: una palabra que posee distintos sentidos, y cuyo uso se presta por tanto a inevitables confusiones. «Ciencia» viene de *scientia*, saber, conocimiento. Toda forma de conocimiento implica por tanto una ciencia que puede estudiarse y ser conocida. La carrera de piano no puede ser ejercida sin un estudio, un método, una disciplina y una práctica, aunque la mayoría de los pianistas opinarán, probablemente, que su profesión no es exactamente una ciencia, sino un arte. He aquí que desde el primer momento empezamos a tener dificultades. Una definición clásica que aún hoy mantienen los diccionarios —incluido el Diccionario de la Lengua— precisa que «ciencia es el conocimiento cierto de las cosas por sus causas». Definición que nos convence en un principio, hasta que reparamos que pueden ser objeto de conocimiento científico cosas cuya causa se nos escapa. No es fácil del todo explicar *por qué* dos y dos son cuatro. Es un hecho que no nos ofrece dudas de ninguna clase (excepto tal vez a algunos matemáticos muy conceptuales), un hecho que podemos constatar una y otra vez y que siempre resulta ser verdad, pero que solo podemos explicar diciendo que dos y dos son cuatro porque dos y dos son cuatro; del mismo modo que a veces afirmamos que las cosas son así porque las cosas son así. Hay verdades tan evidentes que no necesitan demostración. Las llamamos axiomas. Y sin axiomas, el edificio de la ciencia se nos derrumbaría. Se atribuye a Newton esta frase, entre humilde y muy enraizada en una concepción positivista: «conozco las leyes de la Gravitación, mas si se me pregunta qué es la Gravitación, no sé qué responder». A los sabios les basta que las cosas sean como son, y poder constatar de modo seguro e inapelable que son como son, o por lo menos poder determinarlas, medirlas, contarlas, enunciarlas. Quizás un día descubramos el *gravitón*, una partícula sobre la que se teoriza sin saber con seguridad que existe; pero el hecho es que podemos operar con pleno éxito sobre las leyes de la gravedad, sin saber exactamente qué es la gravedad y qué es lo que la produce.

Hoy tiende a precisarse mejor la definición de la ciencia como un «conocimiento riguroso», o «sometido a un método riguroso». El rigor parece un atributo necesario de lo científico. Exigimos que un conocimiento sea riguroso, no podemos exigir que sea inapelablemente cierto, porque la historia de la ciencia es hasta cierto punto (¡afortunadamente solo hasta cierto punto!) la historia de las equivocaciones de la humanidad. La complicadísima y perfectísima maquinaria celeste descrita por Ptolomeo en un trabajo de perfección admirable cuya validez fue aceptada sin discusión por espacio de mil trescientos años, se ha comprobado ser falsa, porque se basa en la idea aparentemente indiscutible, pero equivocada, de que los astros se mueven alrededor de la Tierra; y hoy sabemos que no es verdad; como no es verdad la teoría del *flogisto* para explicar la combustión, teoría que se mantuvo hasta comienzos del siglo XIX, como hasta comienzos del XX se mantuvo la del *éter* para explicar la continuidad del espacio allí donde no hay materia. ¿Cuántas teorías sostenidas hoy como ciertas no se resquebrajarán en el futuro? La ciencia es prudente, y tiende, cuando no está segura de un hecho, a sustituir la tesis por la hipótesis. Precisamente por eso trabaja con rigor, no se le puede acusar de frívola; y es indudable que sin hipótesis previas no hubiéramos llegado hoy a conocer hechos que se pueden defender como tesis. Lo importante es el rigor, la serie-dad que debe presidir nuestra búsqueda de la verdad, hasta cons-tatarla, si es posible, definitivamente.

Ahora bien: existen disciplinas que exigen un notable es-fuerzo mental y un gran rigor en su tratamiento que no suelen in-cluirse entre las «ciencias». Ahí está la filosofía, que para sus enunciados más originales y profundos ha requerido y sigue re-quiriendo cerebros excepcionales, y sin embargo a pocas perso-nas se les ocurre decir que la filosofía es una «ciencia». Algo por el estilo puede decirse de otras disciplinas de carácter humanís-tico, o las referidas al arte. Pitágoras operó como un científico cuando descubrió la relación de la longitud de las cuerdas de una cítara con el sonido que cada una de ellas emitía; y sin embargo, la música de la época de los griegos dista mucho de alcanzar la portentosa complejidad que hoy apreciamos en una gran sinfo-nía: no cabe duda de que el arte musical se ha desarrollado a lo largo de los siglos en un progreso espléndido: y sin embargo, pese al estudio y a la técnica que su composición y su ejecución necesitan, tendemos a considerarla, repitámoslo, más como un arte que como una ciencia.

Todo ello nos obliga a una última precisión, que nos permi-tirá acotar mejor el espacio reservado a lo que consideramos usualmente como «ciencia». Hay actividades que exigen un tra-bajo riguroso o una investigación realizada con métodos impeca-bles que solemos encuadrar en el campo de las «humanidades» o de las «artes». Otras, más relacionadas con el estudio de la natu-raleza y de sus fenómenos, son encuadradas en el campo de las «ciencias». Ello no quiere significar que las disciplinas del primer grupo sean menos «rigurosas» que las del segundo, ni que me-rezcan menos crédito. Tal vez, insinuémoslo siquiera, existe un cierto prejuicio según el cual solo las disciplinas relacionadas con los fenómenos de la naturaleza —¡incluso las que estudian la na-turaleza humana!— disfrutan de la calificación de «científicas», en tanto las demás no gozan de ese privilegio. Desde el siglo XIX, especialmente desde el prevalecimiento de la mentalidad positi-vista, las «verdades científicas», lo «científicamente compro-bado», en el campo de los conocimientos experimentales, goza de un prestigio inmenso. Todos sabemos muy bien que existen disciplinas en las cuales no resulta humanamente posible llegar a una certeza absoluta. Y, sin embargo, no podemos negar que los esfuerzos que realizamos en el campo de los conocimientos filosóficos, humanísticos o artísticos también nos enriquecen, nos son útiles, y con mucha frecuencia nos hacen felices. Necesitamos tanto los valores «humanísticos» como los «científicos». En tiempos antiguos, incluso hasta el siglo XVIII, era frecuente que unos y otros tuviesen una misma consideración, y fuesen practicados por una misma persona. Aristóteles escribió una *Física* y después una *Metafísica*. Leonardo fue artista y científico al mismo tiempo. Tanto Descartes como Leibniz o Pascal pueden considerarse como filósofos-científicos. No podemos considerar a Einstein como un físico violinista, porque sus notables habilidades con el violín no tenían que ver con su capacidad para deducir las más asombrosas ecuaciones (¿o sí la tenían?; pero esta pregunta no parece «científica»). El hecho es que el progreso del conocimiento humano ha obligado cada vez más a la especialización y al desglose de unas actividades y unas potencialidades de la mente respecto de otras. Las «ciencias» se han separado cada vez más de las «letras», porque un ser humano no es capaz de contener todos los conocimientos a la vez. Hoy parece inevitable que una historia de la ciencia se limite a aquellas actividades de la mente humana que se basan en el estudio riguroso de la naturaleza y de sus fenómenos; sin que esa limitación nos impida tener en cuenta la cultura y las manifestaciones históricas que más caracterizan a un pueblo o a una sociedad y al momento en que se produjeron.

Al lado de la ciencia, ocupa un lugar privilegiado la técnica. Hay quien habla de ciencia teórica y de ciencia práctica, pero esta división no siempre es definitiva. El magnetismo dejó de ser un simple campo de curiosos experimentos cuando se descubrió la brújula, y más tarde cuando, conocida su relación con la electricidad, aparecieron el electroimán, la dinamo y el motor. La física nuclear o física de partículas pareció una rama de la ciencia sin posible sentido práctico hasta que se descubrieron sus insospechadas y en ocasiones terroríficas aplicaciones. Una ciencia teórica puede convertirse en práctica en cualquier momento. Quizá sea preferible hablar de ciencia y de técnica, o tecnología. En el fondo, la técnica no es más que la aplicación de la ciencia a un fin práctico. Ambas actividades están muy relacionadas y muchas veces necesitan tenerse en cuenta entre sí. Sin su interés por el estudio de las tormentas, Franklin no hubiera descubierto el pararrayos, o si Ericsson no se hubiera preocupado por la geometría tal vez no nos hubiera proporcionado la hélice propulsora (de barcos, más tarde de aviones). Es cierto que en un principio la técnica puede desarrollarse sin ciencia: Edison no estudió ninguna carrera universitaria, empezó como un mecánico hábil, y a lo largo de su vida llegó a patentar más de mil inventos; o puede parecer extraordinario que los hermanos Wright, inventores de la aviación, fuesen ¡dueños de un taller de bicicletas! Pero a la larga, incluso para permitir el desarrollo de los inventos de aquellos hombres ingeniosos y hábiles, la colaboración con la ciencia fue indispensable. Hoy las dos actividades están inseparablemente relacionadas. De aquí que una historia de la ciencia no tenga sentido sin una alusión a los «inventos» o «descubrimientos» que tan espectacularmente han contribuido al progreso humano.

Una ciencia permanece fiel a los métodos deductivos tan caros a la filosofía, y sin embargo, todos estamos de acuerdo en admitirla entre las disciplinas «científicas»: es la matemática. Un matemático necesita de un orden mental parecido al de un filósofo, no precisa por lo general de un laboratorio o de experimentos con complicados aparatos. Sin embargo, la matemática es un instrumento indispensable para el científico, que ha de manejar una y otra vez fórmulas y expresiones numéricas y geométricas, y sabe muy bien que toda ley de la naturaleza ha de poder ser expresada matemáticamente. Sin matemáticas, las ciencias de la naturaleza, de Arquímedes a Einstein, no hubieran podido llegar a sus espectaculares resultados. No podemos olvidar la historia de las matemáticas en una historia de la ciencia, ya desde sus primeros y emocionantes balbuceos.

En este sentido, algunos historiadores de la ciencia afirman que no existe un espíritu científico propiamente dicho hasta el Renacimiento, o hasta los tiempos de Newton, o hasta los grandes descubrimientos del siglo XIX. Todo depende, por supuesto, de lo que entendamos por espíritu científico; pero si los babilonios podían extraer raíces cuadradas, si Pitágoras supo formular un teorema que sigue siendo fundamental en la geometría, o Arquímedes descubrió un principio del que los físicos no pueden todavía prescindir, si Kepler descubrió las leyes que rigen el movimiento de los planetas, al mismo tiempo que se dedicaba a vender horóscopos (de lo contrario no hubiera podido subsistir), no parece lícito despreciarlos solo porque no hayan tenido lo que en el siglo XXI se entiende por espíritu científico o metodología científica. La ciencia, el conocimiento de las cosas a través de su comportamiento y de las leyes que lo rigen, comenzó a desarrollarse en épocas asombrosamente tempranas de la historia de la humanidad, y continúa desarrollándose ahora mismo, hasta extremos impredecibles, a veces basándose en principios y postulados descubiertos hace muchísimo tiempo. Y el historiador no puede permitirse el lujo de escamotear aquellos remotos esfuerzos.

La ciencia requiere —a veces por hábito, otras por estricta necesidad— un lenguaje muy especial, que se caracteriza por palabras técnicas o expresiones muy sofisticadas, poco comprensibles al común de los mortales, o emplea fórmulas más o menos complicadas, que lo dicen todo con unos cuantos signos, más precisos que las palabras, con una concisión y una exactitud inigualables, pero que no siempre una persona que no está versada en disciplinas científicas puede interpretar correctamente, o no lee con gusto, porque se le exige la incomodidad de un esfuerzo suplementario. Hay historias de la ciencia sumamente útiles para un científico, pero incómodas para un número grande de lectores, tal vez cultos, tal vez curiosos, pero que no dominan ni tienen por qué dominar las expresiones y la terminología de la ciencia. Algunas de ellas, por el prestigio de sus autores, han llegado a difundirse ampliamente, pero muchos lectores realmente interesados, no han podido pasar de sus primeras páginas, a causa del esfuerzo que exige su texto, o de los conocimientos que requiere seguirlas de principio a fin.

En este sentido, no resulta fácil escribir una *historia sencilla de la ciencia*. La ciencia, en sí, es maravillosa, pero no es sencilla. Y sin embargo, muchas personas sienten curiosidad por saber cómo se ha desarrollado la ciencia hasta alcanzar los niveles propios de nuestros días. Esa historia nos trasciende, informa una buena parte de nuestra cultura, ha modelado nuestra concepción del mundo y buena parte de nuestras mentalidades, y es digna de conocerse, porque en el fondo nos permite conocernos mejor a nosotros mismos. La lucha por alcanzar cada vez un grado más amplio y más profundo del saber es una cualidad sustancial de la naturaleza humana, y no podemos permanecer al margen de esa lucha llena de esfuerzos y de emoción. Es una gran aventura. Y como tal, este libro va a procurar recordarla en toda su grandeza, sin introducirse en intrincaduras de difícil interpretación para un número grande de lectores, que no tienen —ni falta que hace en este sentido— por qué ser científicos. Un aforismo de la ciencia pretende que la solución más verdadera de un problema es casi siempre la más sencilla. Busquemos en las páginas que van a seguir, la mejor explicación con la máxima sencillez.

ALGO SOBRE LA CIENCIA PRIMITIVA

Es absolutamente imposible precisar cuándo nació la ciencia, sobre todo si el concepto de la ciencia se nos aparece sumamente resbaladizo. Partimos de la idea de que la ciencia, que no tiene por qué ser solamente lo que hoy entendemos como tal, no apareció en los tiempos modernos, como pretenden algunos historiadores demasiado exigentes, sino mucho antes. Y no tenemos inconveniente en admitir que la ciencia, en cuanto conocimiento y aprovechamiento de las cosas y de sus particularidades, es tan antigua como el hombre, ese ser capaz de saber y de progresar en lo que sabe. Quizá valga recordar aquella reflexión de Ortega que observaba que un tigre de hoy es, en cuanto a sus recursos, intercambiable por un tigre de hace miles de años, mientras que un hombre de hoy no lo es: el hombre progresa.

Los seres humanos siempre se las ingeniaron de alguna manera para subsistir, para defenderse, para alimentarse, para viajar y transportar, para protegerse de las inclemencias naturales, y en su capacidad de ingenio siempre avanzaron. Trataron de conocer mejor la naturaleza, de valerse de sus recursos, de explorar nuevos horizontes, en busca de un ambiente en que pudieran desenvolverse mejor, probaron alimentos hasta dar con los más convenientes, sintieron desde los tiempos más primitivos *asom-*

bro ante los más fascinantes espectáculos de la naturaleza, y al mismo tiempo, el afán de dominarla o controlarla en su propio provecho. Utilizaron al principio técnicas primitivas de caza con piedras, lanzadas a distancia o manejadas a mano (cada vez mejor preparadas), o con azagayas puntiagudas; el conocimiento de los animales y de sus costumbres, para el mayor éxito de sus partidas de caza, y de las condiciones de comestibilidad de cada uno... fueron otros tantos frutos del ingenio del ser humano para sobrevivir y para vivir cada vez en mejores condiciones.

Se habla del descubrimiento del fuego como el primer gran paso de la humanidad. Realmente, no sabemos cuándo ni cómo exactamente el hombre llegó a «descubrir» el fuego. Se ha relacionado siempre este «descubrimiento» con la llama divina que arde en el pensamiento del hombre, y muchas mitologías lo consideran como un don de los dioses. No nos detendremos en este punto, que se ha prestado siempre a muchas elucubraciones sin suficiente fundamento. Es evidente que ese ser inteligente que es el hombre no «inventó» el fuego en el sentido de que no lo produjo por primera vez como resultado de su inteligencia o de su esfuerzo. Se lo encontró cuando un rayo incendió los bosques, o cuando en una zona volcánica la lava ardiente prendió en los matorrales más cercanos. Y huiría del fuego como los demás seres vivientes. Pero tal vez muy pronto aprendería a *utilizar* el fuego como ningún otro animal fue capaz de hacer. Sin duda en tres fases: a) el manejo del fuego ya existente, prendiendo ramas u otros cuerpos combustibles, para valerse de él en su propio provecho; b) la *conservación* del fuego, en su hogar o campamento, o en el lugar escogido de antemano, prendiendo nuevos combustibles en los que ya ardían, y manteniendo el fuego encendido de una forma permanente o al menos durante mucho tiempo; c) la producción del fuego por propia iniciativa. Este último logro, producto insigne del ingenio humano, debió ser posterior, tal vez muy posterior, a los otros dos; aunque todas las culturas conocidas sabían obtener fuego, por cierto mucho más hábilmente que nosotros, mediante la fricción de trozos de madera o percutiendo materiales duros capaces de producir chispas. El hecho es que en los yacimientos prehistóricos, por antiguos que sean, se encuentran señales de la utilización del fuego.

Naturalmente que el hombre paleolítico no sabía que la combustión es producto de una violenta combinación química en que

18

el oxígeno y por lo general el carbono quedan implicados: sabía, ¡y eso le era suficiente!, que el fuego es útil. Lo empleó para calentarse durante la estación fría, en las cuevas o abrigos que había elegido para vivir; para iluminarse de noche; para asar —más tarde cocer— los alimentos y hacerlos más digestivos; y lo empleó también para ahuyentar a las fieras. El hombre aprendió a utilizar el fuego y perdió el miedo instintivo que sentía hacia él: no era la víctima, sino el dueño, y esta capacidad de dominio fue decisiva. En cambio, los animales siguieron y siguen temiendo el fuego, porque no son capaces de controlarlo ni de manejarlo a su servicio.

El hombre descubrió inmediatamente que el sol sale todas las mañanas por una región determinada del horizonte y al cabo de un tiempo se oculta por la opuesta; después de un lapso similar de oscuridad, el sol vuelve a surgir aproximadamente por el mismo lugar que el día anterior, y se repite un ciclo día-noche alternativa e ininterrumpidamente. Pronto cobró también conciencia de las fases de la luna y su repetición indefinida, una circunstancia que le permitió una medida aproximada del tiempo y, por supuesto, del ciclo de las estaciones con sus alternancias térmicas y su reflejo en la vegetación o en el comportamiento de los animales; estas sucesiones le ayudaron a *contar*, pero no es nada seguro que se hubiese agenciado un calendario hasta el neolítico.

El paleolítico superior representa un avance singular en el progreso humano. Dos novedades sensacionales nos dan cuenta de la capacidad de aquellos seres primitivos. Por un lado, la aparición del arco y las flechas, un ingenio que permite lanzar armas penetrantes a gran distancia, y, además, afinar hasta un grado muy notable la puntería. Las puntas de flecha del paleolítico superior son verdaderas obras de arte y de paciencia: qué duda cabe de que sus autores procuraban recuperarlas para introducirlas en el extremo de otra flecha cada vez que podían. La técnica es ya incomparablemente superior a la de las hachas de piedra toscamente tallada, y su eficacia hubo de ser también mucho mayor. El otro logro es el arte. Poco importa que las pinturas o las tallas del hombre paleolítico tuvieran un origen ritual, o estuvieran destinadas a lograr un mayor éxito en la caza: de hecho, fomentaron su creatividad y le sirvieron como un medio maravilloso de expresión. No hemos de olvidar, aunque el hecho no guarde tal vez relación alguna con el conocimiento del mundo, que es entonces cuando el hombre comienza a enterrar de forma ritual a sus muertos, un recurso que se relaciona tanto con el respeto a los suyos y al misterio de la muerte como con la creencia de un más allá.

La revolución neolítica

Hace unos seis o siete mil años, con motivo al parecer de un cambio climático, que hizo la Tierra más habitable, y más fácil la vida, el progreso del hombre se aceleró de forma espectacular. Hoy es frecuente hablar de la «revolución neolítica». Por de pronto, los asentamientos humanos se hacen permanentes y termina la vida nómada. Ello supone la aparición del poblado, con sus viviendas habituales, el trabajo de la tierra, que sustituye la simple recolección por el cultivo y la caza por la ganadería, y por tanto la domesticación de animales. La utilización de los animales, no solo como reserva alimenticia, sino como medio de transporte da lugar a uno de los inventos más insignes del neolítico: la rueda. Como resultado de las nuevas prácticas, se consagran la propiedad, con todas sus consecuencias; la organización que requiere una forma, siquiera primaria, de poder; la defensa o protección del propio ámbito frente a peligros o amenazas exteriores; la confirmación de la familia como célula primaria de la sociedad, y el principio hereditario; la práctica habitual del trabajo, y el intercambio de productos entre familias o grupos. Como consecuencia de todos estos cambios, que suponen un inicio de la «civilización», la humanidad, hasta entonces estable en cuanto al número de miembros, o en lento progreso, se dispara hasta multiplicarse por treinta, según creen algunos, en menos de un milenio.

En el neolítico, el ingenio del hombre se aguza hasta por necesidad. La administración de lo propio y de su intercambio originan la economía (etimológicamente *economía* es «la ley de la casa») y la necesidad de contar, por ejemplo las cabezas del rebaño, para comprobar si están todas; y así aparecen los sistemas generalizados de numeración. Se hace necesario medir el tamaño de las parcelas asignadas a cada uno o a la propia comunidad, de suerte que aparecen las unidades de medida y su manejo sobre el terreno o geometría (*geometría*, «medida de la tierra»). Es preciso conocer de un modo seguro las estaciones, y con ello saber cuándo llega la época de la siembra o de la recogida, o cuándo se aproxima la estación de las lluvias o de los fríos, para estar prevenidos o guardar la cantidad necesaria de leña o provisiones. De esta suerte, surge el calendario. Más todavía: la organización y el ejercicio del poder requieren el concurso de los más sabios. Surge una casta de sacerdotes que cultivan los conocimientos y al mismo tiempo, quizá por superstición o por mantener sus secretos, los apoyan en ritos mágicos y en fórmulas no asequibles a la mayoría de los miembros de la comunidad. La religión se complica y se mezcla muchas veces con la práctica de la hechicería; pero aquellos «magos», que generalmente pertenecen a una casta superior, poseen también conocimientos científicos, estudian el movimiento de los astros, predicen fenómenos, manejan ábacos o cuerdas con nudos que les permiten contar y realizar cálculos cada vez más complejos, y conocen el comportamiento de las leyes de la naturaleza, aunque con frecuencia engañan a los demás, fingiendo que poseen las fórmulas capaces de conjurar o modificar los fenómenos naturales. En determinadas zonas del mundo, como el Extremo y Medio Oriente, o en determinadas culturas americanas, el paso del Neolítico o la Edad de los Metales a los primitivos grandes imperios es más un fenómeno cuantitativo o de acumulación de organización y poder que propiamente cualitativo. Las grandes civilizaciones estaban en marcha.

El sorprendente hombre de Stonehenge

Uno de los monumentos más apasionantes de la prehistoria es el *cromlech* de Stonehenge, que se encuentra en una meseta cerca de Salisbury, en el sur de Inglaterra. Se trata de un círculo de menhires de gran tamaño, de más de 40 metros de diámetro, en cuyo interior se levantan otras piedras. Fuera del círculo hay un dolmen trilito, llamado *Heel Stone*. Todo el conjunto fue edificado por una cultura, luego desaparecida, que habitó en aquellas tierras hace 5.000 años. Stonehenge no se diferencia en su disposición de otros monumentos megalíticos del mismo tipo, pero ya en el siglo XVIII los estudiosos descubrieron que, observando desde Heel Stone, el principal de los menhires coincide con el punto de salida del sol en el momento del solsticio de verano (para nosotros el 21 de junio). Luego se descubrieron otras alineaciones: todas coinciden con puntos que señalan la salida o puesta del sol o de la luna en sus distintos ciclos. El *cromlech* parecía ser un auténtico calendario a cielo abierto, que permitía conocer la llegada de las estaciones y las fases de la luna.

Nunca se supuso que el hombre del Neolítico fuese capaz de semejantes precisiones, pero la sensación llegó al máximo cuando J. Aubrey descubrió alrededor del monumento los restos de 56 agujeros que luego fueron rellenados por otras culturas posteriores, que tal vez desconocían su función. Los 56 agujeros —el *Círculo Aubrey*— sorprenden por su relación con el «número Saros», o ciclo de años en que los eclipses se repiten en el mismo orden. Norman Lockyer fue el primero en suponer que las piedras eran un sofisticado instrumento para predecir eclipses. Luego Gerald Hawkins aplicó programas de ordenador al problema y obtuvo resultados sorprendentes. Más tarde, Fred Hoyle y Alexander Thon llegaban a nuevas y sensacionales conclusiones. La tesis de Hoyle es la más ingeniosa, y supone que los hombres del Neolítico empleaban tres piedras, que iban cambiando periodicamente de agujero. La piedra blanca, representativa del sol, se movía en dirección contraria a las agujas de un reloj y daba una vuelta completa al círculo en un año, es decir, cambiaba de agujero cada 6,5 días (una vez seis, otra siete, y así sucesivamente). La piedra gris —la luna— se movía mucho más deprisa: saltaba los agujeros de dos en dos cada día. A cada plenilunio se ajustaba su posición, si era preciso. Y la piedra negra iba mucho más despacio: se movía hacia la derecha, y cambiaba de agujero tres veces al año. Cada vez que las tres piedras coincidían en el mismo agujero, se producía un eclipse.

Las discusiones a la hipótesis de Hoyle no se basan en sus cálculos, que son irreprochables, sino en la duda de que el hombre prehistórico fuera capaz de utilizar un instrumento tan sofisticado. Si hace falta una perspicacia muy singular para representar los movimientos del sol y de la luna por medio del cambio de agujeros que sufrían la piedra blanca y la piedra gris (el color es una mera suposición, pero en todo caso el sistema resulta válido), más asombroso resulta el movimiento de la piedra negra. Porque la piedra negra —una realidad invisible— representa los *nodos*, es decir, los puntos de la eclíptica donde se intersectan las trayectorias aparentes del sol y la luna, y donde por tanto puede producirse un eclipse. Si esto fue así —y la coincidencia de los datos no puede ser negada— hemos de descubrirnos ante la genialidad del hombre prehistórico: hombre con todas sus consecuencias al fin y al cabo. ¿Qué chispa de su ingenio le permitió trazar sus alineaciones y sus juegos de piedras y agujeros? ¿La experiencia? ¿La intuición? ¿La tenacidad de siglos? Stonehenge, aún con sus misterios no del todo revelados, puede ser un estremecedor ejemplo de hasta dónde llega la capacidad del hombre para observar los astros y obtener de ellos datos válidos en orden a su propia organización.

El hombre aprende a contar

En tiempos muy antiguos, no sabemos cuándo, el hombre aprendió a medir y a contar. Las formas de vida, la organización, la propiedad, que nacen desde el Neolítico, obligaron a emplear valores numéricos y de medida, tal vez muy sencillos y elementales, pero necesarios para la existencia ordinaria. Por ejemplo, el contar los días, o conocer el número de cabezas de un rebaño. O medir el terreno que pertenece a cada uno, o cuántos cazos de grano necesita una plantación, o cuántas piedras o piezas de adobe son necesarias para edificar una vivienda. Los conocimientos fueron aumentando conforme se generalizó el intercambio de bienes o la necesidad de hacer viajes regulares.

Algunas formas de cultura primitiva que han llegado hasta nosotros (o a los antropólogos del siglo XX) apenas disponían de palabras para mencionar los primeros cinco números: casi siempre cinco, por el hecho de que tenemos cinco dedos. Los andamaneses del sur no sabían mencionar valores superiores a cinco, pero seguramente podían decir «cinco y tres», y para ello se aseguraban con los dedos de la otra mano. Las culturas más desarrolladas idearon sistemas de numeración mucho más complejos. Hoy estamos acostumbrados a emplear el sistema decimal, no nos cuesta trabajo mencionar valores francamente altos, y nos parece que siempre ha podido operarse así. Pero no nos damos cuenta de las dificultades que presenta establecer un sistema de numeración.

Probablemente el más antiguo es el de base cinco, muy fácil de emplear contando los dedos de una mano con la otra mano.

Es más fácil recordar cinco nombres que diez. Y, cuando se aprende un sistema de notación, es más fácil recordar cinco signos que diez. Para comprender sin dificultad el sistema, vamos a suponer que se emplea el valor cero para designar la carencia de unidades o el paso a un orden superior (dos cifras, tres cifras...).

Escribiríamos: 0 1 2 3 4. Se nos han acabado los nombres y los signos, porque solo conocemos cinco. Tenemos que pasar al orden superior: 10 11 12 13 14. Los números siguientes serían 20, 21, 22, 23, 24 ... Después del 44, puesto que no disponemos del dígito 5, tendremos que escribir 100, etc. El sistema nos sirve, es muy sencillo en su base, pero nos obliga a emplear muy pronto varias cifras. Para valores bajos, es más fácil de recordar, pero incómodo para los «grandes números». El matemático Yakov Perelman pone este ejemplo en labios de un hombre que emplea el sistema quinario: «Terminé mis estudios cuando tenía solo 44 años; un año después, siendo un joven de 100 años, me casé con una muchacha de 43. Al cabo de muy pocos años teníamos una familia de 10 niños...». La frase no encierra ningún disparate. Basta tener en cuenta que este hombre, tan inteligente como nosotros, no emplea más de cinco guarismos distintos. Es fácil traducir: «Terminé mis estudios cuando tenía solo 24 años; un año después, cuando tenía 25, me casé con una muchacha de 23. Al cabo de pocos años, teníamos una familia de 5 niños...». Podríamos emplear tranquilamente el sistema quinario, pero la mayoría de las culturas, entre ellas la nuestra, emplean el sistema decimal, por la sencilla razón de que tenemos diez dedos, contando las dos manos. Fijémonos en la numeración romana: procede de un sistema quinario que se transformó al fin en sistema decimal. Para el primer orden representaban signos verticales: I, II, II, IIII [1]. Para el 5 se valían del signo V (la mano abierta, omitiendo por comodidad los dedos intermedios). Para el 10 dibujaban las dos manos: X. Para el 50 empleaban L, para el 100, C; para el 500 escribían D. Como se ve, para el 5 por 10 o por 100, usaban signos especiales. En tiempos antiguos debieron valerse alternativamente de los dedos de una mano o los de las dos. El sistema de numeración romana, que a veces aún empleamos nosotros cuando nos ponemos solemnes, es perfectamente válido

---

[1] Los romanos representaban el 4 como IIII. La forma IV aparece en el Renacimiento.

para expresar valores. Así, nuestra numeración arábiga necesita para representar el año en que se comienza este libro, cuatro cifras: 2006; la numeración romana no necesita más: MMVI. Lo malo del caso es que para operaciones complejas, los romanos no conocían la utilidad del cero, y tenían que valerse de un ábaco, o contador de bolas que se corrían de un lado a otro: es el primer precedente de nuestra calculadora, pero su empleo resulta incómodo.

Hubo también pueblos que emplearon el sistema vigesimal o de base 20: se conoce que contaban con todos los dedos, de las manos y de los pies. Había que recordar veinte nombres y emplear (cuando se empleaban) veinte signos distintos. No era necesario usar tantos órdenes de cifras, pero había que tener más memoria. Los mayas, que eran buenos matemáticos, empleaban el sistema vigesimal. En algunos pueblos —los escandinavos, los escoceses, los franceses, los vascos— conservan restos del orden vigesimal. Todavía queda un sistema empleado por muchas culturas de Oriente Medio, el duodecimal, que los babilonios convirtieron nada menos que en sexagesimal. Todavía hoy contamos los huevos por docenas, o los relojes marcan doce horas. No se conoce bien el motivo de esta base, ya que los dedos no nos sirven. Quizá, aducen algunos, porque la luna completa doce ciclos en un año. El hecho es que el sistema duodecimal parece el más adecuado porque el 12 tiene cuatro divisores, el 2, el 3, el 4 y el 6, mientras que el 10 solo puede dividirse por 2 y por 5. Lagrange, a fines del siglo XVIII, proponía seguir un sistema duodecimal, con el cual las operaciones serían mucho más fáciles. Pero la costumbre de emplear el decimal estaba ya demasiado establecida, y resultaba incómodo cambiarla. Al fin y al cabo, tenemos diez dedos.

La ciencia de los grandes imperios orientales

Los avances del hombre del Neolítico y luego de los de la Edad de los Metales originaron una serie de condiciones para la creación de grandes civilizaciones. Civilización es, en sentido etimológico «aquella forma de cultura que se desarrolla en la ciudad». La ciudad fue una consecuencia del asentamiento permanente de las comunidades humanas en un lugar determinado. El asentamiento exige, por de pronto, una organización y un poder que la mantenga y garantice. Conforme las ciudades se fueron haciendo más grandes, aumentó la necesidad de afianzar y multiplicar los distintos servicios. Las formas de gobierno se afirmaron, y se aseguró la dominación de los territorios necesarios para el mantenimiento de la comunidad, se distribuyó la propiedad de las tierras y se hizo necesario no solo acotarlas, sino acotar también la zona geográfica de influencia de la comunidad, lo que significó el establecimiento de unas fronteras, que se procuró llevar cada vez lo más lejos posible, y, por supuesto, defenderlas. La creación de unas normas, la administración del territorio, la justicia, en su caso la guerra, aumentaron las formas de poder. Con el tiempo, unas ciudades prevalecieron sobre otras, o el dominio de varias de ellas se mancomunó. Así se pasó del asentamiento en un poblado a las primeras formas de territorialidad organizada. Y fue esta necesidad la que obligó a aprender y a aplicar el aprendizaje a comunidades que ya no podían llevar una vida espontánea, y habían de atenerse a unas normas. El calendario, la medida de las tierras, la arquitectura, el comercio, el juego de los intereses obligaban al cálculo y a la medida. El hombre adquirió conocimientos por pura necesidad, y algunos individuos, que comenzaron a sobresalir por encima de otros, ganaron la reputación de «sabios», y gozaron de un estatus especial. La ciencia nació así por razones obvias, aunque nada nos impide suponer que fue impulsada también por esa cualidad tan afín a la naturaleza que es la curiosidad.

La ciencia mesopotámica

Dos grandes y caudalosos ríos, el Éufrates y el Tigris, nacen en las montañas nevadas de la región oriental de Turquía, y son capaces de atravesar el desierto en un curso sensiblemente paralelo de casi dos mil kilómetros, dejando entre ellos una llanura bien regada y fácil para el cultivo, la Mesopotamia, o «tierra entre ríos». Allí floreció una de las culturas más duraderas del mundo antiguo, entre los años 3000 y 500 a.J.C. El contraste entre el desierto y la fertilidad de la estrecha zona regada provocó una extraordinaria concentración de población en poco espacio. Entre las enormes ciudades que allí crecieron figuran Babilonia, a orillas del Éufrates (al sur de la actual Bagdad), y Nínive, a orillas del Tigris (muy cerca de la actual Mosul). Pero en cualquier región de Mesopotamia es fácil encontrar restos de infinitas poblaciones de sorprendente antigüedad. Todo parece indicar que se trataba de una región muy poblada y muy apetecida por diferentes comunidades humanas, que se disputaron aquel pasillo verde y feraz, rodeado por el ardiente desierto a un lado y otro.

Quizá en ninguna otra parte del mundo sea posible encontrar una superposición tan asombrosa de restos del Neolítico, de la Edad de los Metales, de los sumerios, de los acadios, de los babilonios, de los asirios, de los neobabilonios, hasta que la región fue invadida por los persas hacia el año 500 a.J.C. Uruk, Babilonia, Nínive, fueron capitales de grandes imperios dominados por hombres de pueblos muy diversos, y monarcas tan famosos como Sargón, Naran Sin, Hammurabi, Asurbanipal, Nabucodonosor: unos vencieron a otros, se sucedieron reinos y razas, pero la cultura, en general, se mantuvo. Con frecuencia los conquistados, pacíficos, se la transmitieron a los conquistadores, guerreros; y el periodo neobabilonio fue como el epígono de todos los avances científicos anteriores. Se estima que los pueblos mesopotámicos fueron los primeros que inventaron la rueda (ya desde los tiempos neolíticos), y de ella obtuvieron una ventaja inmensa en orden a la locomoción y el transporte. Luego, aquel invento iría difundiéndose por todo el mundo antiguo. También de origen mesopotámico es el torno de alfarero, fundamental en la fabricación de vasijas y otros utensilios; así como el ladrillo, hecho de barro cocido en hornos. Las tierras arcillosas entre los dos ríos permitieron la fabricación de todo tipo de útiles, y también han transmitido hasta nosotros la primera forma de escritura conocida: la cuneiforme. Ya muchos pueblos neolíticos trazaban insculturas en la piedra que tenían que significar algo; pero los primeros que inventaron un alfabeto con signos uniformes y característicos fueron los caldeos de Mesopotamia. Las tablillas de barro grabado y posteriormente endurecido se mantienen indefinidamente, y gracias a eso conservamos testimonios directos procedentes de hombres de hace casi cinco mil años.

Algunos signos no representaban palabras, sino números. Los caldeos comenzaron con un sistema de numeración decimal. Una cuña con la punta más aguda hacia abajo representa la unidad; tres cuñas, el tres; una cuña con la punta hacia la izquierda, el diez; una con la punta a la izquierda y cuatro con la punta hacia abajo, el catorce..., y así sucesivamente. Con este sistema consiguieron consignar valores y realizar cálculos cada vez más complicados. Hacia el año 2000 a. J.C. comenzaron a emplear un signo parecido a la A al revés: representa el 60. Idearon así el sistema sexagesimal. Para números pequeños es preferible el decimal, similar al nuestro; pero para valores muy grandes prefirieron la base 60, que permite trazar menos signos: y no olvidemos que para los mesopotámicos escribir significaba tener que practicar incisiones en el barro. El número 60 es, de todos los de dos cifras, el más divisible: lo es por 1, por 2, por 3, por 4, por 5, por 6, por 10, por 12, por 15, por 30. ¡De ningún otro número de dos cifras puede decirse nada parecido! No sabemos cómo los pueblos mesopotámicos llegaron a concebir las excelencias de un número relativamente elevado para contarlo con los dedos. Cierto que dieron también importancia a los divisores, especialmente el 12.

El sistema sexagesimal se prestó a cálculos muy complicados. Representaron en tablillas de barro las tablas de multiplicar. Sabían, inversamente, dividir, y hasta multiplicar un número por sí mismo, esto es, potenciar. La tablilla Plimpton, hoy conservada en la universidad de Columbia, parece expresar algo parecido al teorema de Pitágoras. En cálculo matemático, los babilonios no tuvieron rivales; en geometría, en cambio, parece que les superaron los egipcios. El sistema sexagesimal es el único no decimal que ha llegado hasta nosotros. Nuestros relojes tienen doce números; cada hora se divide en sesenta minutos, y el minuto en sesenta segundos. Los ángulos se miden por grados (y estos en minutos, y los minutos en segundos); un triángulo equilátero mide 60°; el rectángulo 90° (60+30), y la circunferencia entera, 360 (60×6). Realmente, algo les faltó a los babilonios para legar a la posteridad la mejor herramienta de cálculo de todas las posibles: ¡el cero! Al fin inventaron el signo – para indicar un nuevo orden; lo empleaban para expresar algo así como 330; pero no se les ocurrió usarlo para expresar 303. Fue una pena. La matemática perdió tal vez dos mil años en su progreso. El cero lo inventaron los hindúes, y lo aprovecharían desde el siglo IX los árabes, que fueron por un tiempo grandes matemáticos.

Los mesopotámicos, y especialmente los babilonios, fueron también reputados astrónomos. En este campo, y a diferencia de las matemáticas, que practicaron como ciencia pura, mezclaron con el estudio creencias mágicas que desvirtuaron en ocasiones la concepción del universo; pero no por eso sus hallazgos dejaron de ser válidos. El cielo habitualmente limpio de su país les permitió realizar observaciones habituales. Desde los *zigurats*, templos piramidales escalonados —orientados siempre con sus aristas hacia los cuatro puntos cardinales— midieron la altura del sol en cada época del año, y precisaron mejor que ningún otro pueblo la llegada de las estaciones. También observaron durante la noche la luna, los planetas —que identificaron— y las estrellas. Midieron el tiempo en que la luna completa sus cuatro fases, o periodo sinódico, de 29,55 días, y de ahí pudieron derivar la concepción del mes como una útil división del calendario (y la división del año en 12 meses). Algo más descubrieron: la luna se va moviendo a lo largo de su trayectoria aparente entre las estrellas siempre por las mismas constelaciones: Aries, Tauro, Géminis, Cáncer... etc., siguiendo invariablemente el mismo camino. Los babilonios comenzaron a hablar del «camino de la luna», lo que luego se llamaría zodíaco. Se dieron cuenta pronto de que los planetas siguen también ese mismo camino. Y finalmente llegaron a la conclusión de que el sol, al que siempre consideraron como un ser divino, marcha también por esa franja del cielo. Se explicaron mejor la sucesión de las estaciones, y dieron a aquellos signos celestes un significado mágico. La astrología se desarrolló al par de la astronomía. Pero no por eso dejaron de calcular con mucha precisión los movimientos de los astros, y de predecir sus posiciones en el futuro. ¡Esta capacidad de predecir fue un avance extraordinario de la ciencia y al mismo tiempo un argumento para la magia! La mayor parte de los signos del zodíaco que hoy conocemos (aunque apenas sirvan para otra cosa que la predicción acientífica de los horóscopos) proceden de los babilonios. Pero también sirvieron para establecer efemérides. En el Museo Británico se conserva una tablilla que se interpreta como una regla para la predicción de eclipses. Quizá llega demasiado lejos Stephen Toulmin cuando afirma que «las tablas astronómicas de los babilonios vienen a ser registros muy similares a los de nuestros almanaques náuticos».

Los babilonios también inventaron el reloj de sol, aparte de que empleaban igualmente el reloj de arena. La división del día y de la noche en doce horas es consecuente con su concepción duodecimal. La construcción de grandes edificios les obligó a calcular volúmenes, y por tanto la cantidad de ladrillos que hacen falta para construir cada uno. Poco sabemos de la torre de Babel (que ha querido identificarse con alguno de aquellos enormes templos o edificios), ni de los Jardines Colgantes de Babilonia. Solo sabemos que los pueblos mesopotámicos dominaron como pocos la técnica de la arquitectura. Y la necesidad imperiosa del riego les obligó —que sepamos por primera vez en la historia— a construir canales. Es curioso que el empleo del barro cocido haya convertido sus monumentos, después de miles de años, en enormes colinas artificiales (lo que hoy se llaman *tells*). En cambio, este material, aunque frecuentemente reducido a pedazos, cuando queda enterrado conserva bastante bien los signos que trazaron para escribir o para calcular. Gracias a ellos podemos hoy reconstruir aspectos de su ciencia, la más antigua que con certidumbre conocemos.

Los egipcios

Heródoto de Halicarnaso, considerado como el padre de la Historia, tuvo alma de reportero, viajó por países del Próximo Oriente, preguntó y anotó, y gracias a él conocemos por testimonio externo algunas peculiaridades de la cultura egipcia. Fue Heródoto quien hizo una afirmación repetida durante dos mil quinientos años: *Egipto es un don del Nilo*. Sin este otro gran río, Egipto hubiera sido un desierto tan insoportable como Mesopotamia sin el Éufrates y el Tigris. Con la ventaja de que el Nilo se desborda —entonces inexplicablemente— en verano. La crecida del Nilo no solo proporciona abundante agua justo cuando más falta hace, sino que la riada arrastra un limo fértil, procedente del África intertropical, que fecunda los campos y se desparrama por el delta. Heródoto apunta hipótesis muy razonables sobre la crecida del Nilo. Durante muchos siglos se ignoraron los motivos del prodigio. Hoy conocemos muy bien sus dos causas principales. Primera, la fusión de las nieves de las altísimas montañas de Etiopía (Nilo Azul); segunda, la estación de las lluvias en la cordillera Ruwenzori y el lago Victoria (Nilo Blanco). El Nilo es el único gran río del mundo que nace en el hemisferio Sur y desemboca en el hemisferio Norte.

Otra particularidad de Egipto es la persistencia de un mismo pueblo y una misma cultura, durante casi tres mil años, en idéntico escenario. Prácticamente no sufrió invasiones, y sus ciudades, por excepción, no estaban defendidas por murallas. Los egipcios no pasaron, metodológicamente hablando, de la Edad del Bronce. El hierro lo aportaron los «pueblos del mar», y en escasas cantidades. Tanto es así, que en una tumba faraónica se encontró una bola de hierro encerrada en un cofre de oro: se concedía más importancia al contenido que al continente. Pero la escasez de metales duros no impidió a los egipcios alcanzar una elevada cultura y una ciencia privilegiada, que se mantuvo por espacio de milenios merced a una admirable continuidad histórica, a lo largo de treinta y una dinastías consecutivas. Jamás pueblo alguno ha disfrutado de una historia prácticamente no in-

31

terrumpida durante tantísimo tiempo. Quizás este mismo hecho tuvo en cierto modo un efecto retardatario: los egipcios disfrutaron desde muy pronto de una de las culturas más refinadas del mundo antiguo, pero durante miles de años apenas la desarrollaron. Un hecho digno de mención es, por ejemplo, una escritura ideográfica-pictográfica, que ha podido descifrarse gracias a la Piedra de Roseta, escrita en caracteres egipcios y griegos. Así hemos podido penetrar tres mil años en el misterio de los egipcios. No llegaron a tener nunca una escritura alfabética, como sus casi vecinos los fenicios.

Escribieron en la piedra de sus templos y sobre todo en hojas de papiro. Con aquella piedra construyeron los imponentes edificios que son las pirámides (la de Keops sigue siendo, después de casi cinco mil años, la edificación maciza más grande del mundo), para cuya construcción precisaban de profundos conocimientos geométricos y arquitectónicos. Y también monumentales templos, como los de Karnak y Luxor. En ellos trazaban sus solemnes textos jeroglíficos, que han llegado casi intactos a nosotros. Pero para textos usuales, se valían del papiro, una planta que se puede cortar en láminas muy finas, que luego se secaban, se golpeaban y se pulían, en un proceso que requería una excelente técnica. Escribían con tinta negra (los grandes epígrafes en tinta roja), y también dibujaban. Sobre el papiro utilizaban caracteres más sencillos (hieráticos o demóticos), que podían escribirse más rapidamente. El papiro escrito se conserva bien en ambientes muy secos. Gracias a esa circunstancia conservamos escritos de contabilidad, de operaciones aritméticas, de historia, hasta un tratado de medicina, que nos permiten conocer —bastante mejor que en el caso de Mesopotamia— la ciencia egipcia.

Los egipcios fueron excelentes geómetras. Y no tenían más remedio que serlo, porque el limo de las crecidas del Nilo cubría la tierra y borraba los límites de las parcelas: tras cada inundación era preciso parcelar de nuevo. Heródoto llama a esta operación *geometría*, «medida de la tierra», y la palabra ha llegado hasta nosotros. Sabían medir la altura de un edificio por la longitud de su sombra. Podían calcular superficies con facilidad, y áreas de diversas figuras geométricas: estuvieron muy cerca de hallar el valor exacto de «pi», o razón de la circunferencia al radio. También midieron con precisión volúmenes. Un hecho que puede parecernos sorprendente: trazaban con precisión ángulos rectos valiéndose de un sistema muy ingenioso. En una cuerda medían muy exactamente tres varas, y hacían un nudo; luego, cuatro varas, y hacían un segundo nudo; al fin cinco varas, y un nuevo nudo. Cuatro hombres ponían la cuerda tirante, y el último se acercaba al primero, hasta que el comienzo de la cuerda tocaba el tercer nudo. Quedaba formado un triángulo, uno de cuyos lados era necesariamente recto. Efectivamente, $3 \times 3 = 9$, $4 \times 4 = 16$ y $5 \times 5 = 25$. El cuadrado de la hipotenusa es igual a la suma de los cuadrados de los catetos: $25 = 16 + 9$. ¡Habían descubierto el teorema de Pitágoras! En fin: quizá no exactamente; habían descubierto que con tres trozos de cuerda de longitud 3, 4 y 5, se forma un triángulo rectángulo. La explicación teórica necesitaría del genio griego.

Para sus cálculos geométricos, los egipcios necesitaban un sistema de numeración y unos signos capaces de representar los números. Emplearon el sistema decimal, y unos signos muy sencillos, parecidos a una U invertida. El diez se dibujaba con un doble signo, y el cien con tres. No intuyeron el cero. Podían realizar operaciones sencillas. Para restar decían: del seis al diez, ¿cuánto me falta? Fueron buenos astrónomos, y construyeron las pirámides con las caras hacia los puntos cardinales. La aparición de la estrella Sirio señalaba el comienzo del año. Y tenían bien calculada la posición de 36 estrellas para ajustar el calendario. Contaban tres estaciones (inundación, cosecha, sequía) de cuatro meses de 30 días en cada estación. Al final añadían cinco días *epagómenos*, para completar los 365.

Fueron mejores médicos que los babilonios. Por primera vez, que sepamos, tenían especialistas: en enfermedades de los ojos y la vista, en afecciones de boca y garganta, en indigestiones o molestias de los huesos. Diagnosticaban muy bien, y describían minuciosamente los síntomas. Y aunque gozaban fama de eficaces (¿lo eran realmente?), sus recetas, de las cuales conservamos hasta 900 en el papiro Ebers, aproximadamente del año 1650 a.J.C., no parecen muy eficaces. Algunas de las hierbas o pociones que describen podían paliar un poco los dolores o mejorar la salud; otras pueden parecer contraproducentes. A pesar de que dominaban maravillosamente la técnica de la momificación —los cuerpos de algunos faraones han llegado francamente bien conservados hasta nosotros— no se atrevieron demasiado con la anatomía. Sí tuvieron felices intuiciones, como reconocer en el corazón el motor de la circulación de la sangre. El hecho es que la fama de los médicos egipcios duró muchos siglos.

Un inconveniente de la ciencia egipcia fue su relación con la magia, con el simbolismo, con los secretos esotéricos y con los números cabalísticos. Solo los sacerdotes y los altos funcionarios sabían leer o calcular, aunque lo hacían muy bien. Hasta había un calendario popular y otro secreto, más ajustado a la realidad, que muy pocos conocían. Parece ser de origen egipcio el mito de la piedra filosofal, un producto obtenido a base de complicadísimas combinaciones químicas, que estaría dotado de poderes maravillosos: entre ellos el de proporcionar la eterna juventud y el de obtener oro de otros metales. La alquimia —que no es otra cosa que la química primitiva, con sus aciertos o sus errores, que eso es distinto— se desvió muchas veces a la búsqueda de este producto prodigioso. Los egipcios, los persas, los griegos, los árabes, los europeos medievales, se desvivieron buscando la piedra filosofal. Todavía en el Renacimiento se hablaba de ella, o de la transmutación de los elementos. Quizá la afición de los egipcios a lo misterioso y a lo oculto retrasó la evolución de su ciencia, que progresó muy poco en 3.000 años.

La ciencia de los antiguos chinos

China fue durante muchos siglos un mundo aparte. Enorme y muy poblada, poco tendente a relacionarse con otros pueblos, tuvo capacidad para vivir una cultura propia, llena de originalidad. Los chinos fueron de los primeros que aprendieron a cultivar la tierra con técnicas adecuadas, de los primeros en inventar la rueda —y con ella un instrumento que parece que no se les puede discutir: la carretilla—, de los primeros en constituir un gran imperio con una compleja legislación, y una cultura muy refinada; y también disfrutan de una fama, casi legendaria, de haber figurado entre los primeros en contar con una ciencia admirable y desarrollada. Un problema con que nos encontramos es la tendencia de las leyendas chinas a exagerar la antigüedad de sus inventos. No conviene incurrir en el tópico que confunde «lo chino» con lo «antiquísimo».

Sí es muy antiguo su sistema de escritura, de carácter pictográfico e ideográfico, con elementos fonéticos; una escritura que emplea signos extraordinariamente complicados, que exigen una enorme memoria y una no menos enorme paciencia: las letras habían de ser pintadas con un pincel; eso sí, no representaban sonidos sueltos, sino ideas o palabras. También podían escribir valores aritméticos, y parece que aprendieron pronto las cuatro reglas y cálculos más complicados. Más tarde llegarían a resolver ecuaciones de segundo grado. Dedicados a la agricultura y al comercio, dominaron bien la contabilidad y la geometría. Hay vestigios de un sistema sexagesimal, pero los documentos que conocemos indican que se empleaba comúnmente el decimal. Con su capacidad de cálculo idearon un calendario lunisolar. Contaban meses por lunaciones, y el año, como en Caldea y Egipto, tenía doce meses. Doce lunaciones suponen 354,5 días. Periódicamente añadían al año un decimotercer mes, para ajustar el calendario a las estaciones.

Fueron excelentes astrónomos. Calcularon las efemérides del sol y de la luna, y llegaron a predecir bien los eclipses. Cuenta la leyenda que a un sabio que no supo prever un eclipse de sol le cortaron la cabeza. Hicieron catálogos de estrellas, y distinguieron constelaciones, la mayoría de ellas de configuración muy distinta de las nuestras. Y, sobre todo, tomaban un registro minucioso de todo lo que observaban. Gracias a eso sabemos de la aparición de cometas, y del estallido de estrellas novas y supernovas, que los chinos llamaban «estrellas invitadas». Los anales chinos son en este sentido muy útiles a la ciencia actual. Eso sí, no se hicieron preguntas acerca de por qué sucedían esos fenómenos.

A los chinos se les atribuyen, y con razón, muchos inventos, aunque hoy tiende a restárseles antigüedad. Por ejemplo, sabemos que descubrieron la brújula. Pero no pasa de ser una leyenda la mención a un «carro guiado» en año 2634 a.J.C. Sí pudieron conocer pronto la piedra magnética y sus propiedades. La primera mención de una aguja de hierro que, sostenida sobre una hoja, permitía orientarse a los viajeros, data del siglo II d. J.C., y la primera mención de una aguja flotante es del XI. De los chinos aprendieron muy poco después los árabes el uso de la brújula, que perfeccionaron. En cuanto al papel, otro de sus inventos, la primera referencia concreta es del año 105 d.J.C. Antes escribían sobre hojas de bambú. La pólvora es otro de los inventos chinos. Pudieron emplearla hacia el siglo I; el primer relato de una especie de fuegos artificiales es del siglo VII. El hecho de que los chinos no hayan realizado sus descubrimientos en los tiempos antiquísimos que antes se les atribuían no resta su mérito, e indica, además, un hecho no frecuente en otras culturas muy tradicionales: *progresaron* en sus conocimientos. Parece que su edad de oro, por lo que a la ciencia respecta, se encuentra aproximadamente entre el siglo III a.J.C. y el X d.J.C. Una obra casi épica, que nos da la medida de su tecnología y de su paciencia es la Gran Muralla China, una cadena fortificada de miles de kilómetros, comenzada hacia el año 220 a.J.C., y culminada por la dinastía Ming, después del 1200 de nuestra era. Su trazado puede parecer poco racional y zigzagueante, pero cumplió un papel fundamental, si no como bastión defensivo, sí como vía de comunicación de insospechadas posibilidades. Los chinos fueron un pueblo laborioso y cuidadoso, idearon máquinas sencillas para sus trabajos, y hasta se les atribuye un ingenio parecido al reloj. Sus instrumentos son eminentemente prácticos. Si bien hay que reconocer que el máximo partido de sus inventos lo obtuvieron los árabes, y más tarde los europeos.

LOS TIEMPOS CLÁSICOS

Podemos comenzar de nuevo con una alusión a Heródoto, que fue un historiador riguroso, pero no exactamente un científico, tal como hoy se entiende esta palabra. En su viaje a Egipto quiso enterarse de todo, incluso de la causa de que el Nilo se desborde precisamente en verano. Y un sacerdote egipcio, cansado de su insaciable curiosidad, le espetó: «Oh, vosotros los griegos sois como los niños: no hacéis más que preguntar». Porque los griegos, y los sucesores de los griegos se hicieron preguntas para saber el porqué de las cosas, fue la ciencia lo que fue en Occidente. Los babilonios, los persas, los chinos, los hindúes, los egipcios, los fenicios, que navegaban guiándose por las estrellas, estudiaron muy bien los fenómenos, pero nunca intentaron averiguar su porqué, no buscaron una *explicación* de las cosas. La curiosidad racional de los griegos fue un paso gigantesco en la historia de la ciencia, y también, por sus consecuencias, en la historia del mundo. La cultura clásica grecolatina, que dominó el espacio mediterráneo y sus contornos sería un elemento fundamental de la cultura europea, y por la expansión de la europea, de gran parte de la cultura universal.

El genio de los griegos

La cultura griega nace fundamentalmente en Asia Menor, donde los primitivos helenos tuvieron contacto con otros pueblos del Próximo Oriente, más avanzados que ellos. De los fenicios, que poseían un sentido muy práctico, tomaron el alfabeto. Los fenicios inventaron un sistema de expresión fonética basado en el dibujo de un objeto del que tomaban el primer sonido. «Buey» se decía *aleph*: dibujaban esquemáticamente una cabeza de buey, un óvalo con dos astas, y lo empleaban para representar el sonido «a». Los griegos dibujaban un signo aún más sencillo y lo llamaban «alfa», que ya no significaba nada más que el sonido mismo. *Bit* en fenicio era casa, (dibujaban un plano muy sencillo) y de ahí viene la «beta». *Gamal* significaba en fenicio «camello» y representaban su primer sonido con dos jorobas; los griegos hicieron un signo más simple para la «gamma», y así sucesivamente. Lograron así un sistema de escritura rápida y fácil, que les permitió independizar los signos de las cosas, expresar las ideas más abstractas y una esplendorosa literatura. Los romanos imitarían el alfabeto griego con unas variantes, todavía más fáciles, que son prácticamente las mismas que hoy empleamos en la mayor parte del mundo. En cambio, los griegos no inventaron signos para expresar los valores numéricos. Tenían un sistema decimal —y de ellos lo hemos heredado también la mayor parte de los seres humanos—, pero para representar los números se valían de letras. Y lo peor es que no concibieron el cero como un valor representable. Fueron más geómetras que calculistas, y más filósofos que geómetras, pero su afán por explicarse las cosas tuvo un valor incalculable en el desarrollo de la ciencia.

Tales de Mileto (624-548 a.J.C.), natural, como todos los primeros sabios griegos, de Asia Menor, parece que estuvo en Egipto, y allí aprendió a medir la altura de las pirámides por su sombra. Y quizá de eso extrajo su teorema, el famoso «teorema de Tales» el más antiguo que conocemos, y que describe la relación que se establece cuando dos rectas no paralelas cortan a una serie de rectas paralelas. El *teorema*, el principio demostrable: he ahí un hallazgo fundamental del genio griego. Tales opinaba que el agua es el elemento fundamental del cual proceden todos los demás: se equivocó, pero formuló por primera vez una teoría, y trató de razonarla. También observó que el ámbar (en griego «elektron») atraía partículas muy ligeras, y de allí nació el interés por la electricidad, un fenómeno que tardaría muchos siglos en explicarse. Acierto definitivo de Tales (y de Anaxágoras) fue la explicación de las fases de la luna de acuerdo con la posición que ocupa respecto del sol. La luna no es luminosa, la ilumina el sol, y solo vemos la parte iluminada. Parece que a nadie se le había ocurrido hasta entonces semejante idea. Y —no menos importante— Tales fue maestro de Pitágoras.

Pitágoras, considerado ya en su tiempo como «padre de los números», fue uno de los grandes pioneros de la ciencia griega, y hasta cierto punto, de la ciencia universal. Nacido en la isla de Samos, vivió aproximadamente entre los años 582 y 496 a.J.C. Viajó, como otros, por Egipto y Mesopotamia, cuya ciencia estudió y racionalizó. Molesto con el tirano Policrates, que gobernaba en Samos, emigró a Crotona, en el sur de Italia, y allí creó la escuela pitagórica, que duraría más de un siglo. De aquí que resulte difícil separar la obra de Pitágoras de la de sus discípulos. Por otra parte, los pitagóricos formaron una especie de secta a la que se exigían fuertes valores morales: «no seas nunca esclavo de tu vientre, de tu lascivia, de tu ira. Si obras mal, arrepiéntete». Creían en la inmortalidad del alma. Pero también se dejaron llevar por creencias mágicas y símbolos misteriosos, que tal vez tomó Pitágoras de Egipto. La concepción pitagórica fundamental es la de que los números forman parte de la esencia del universo, y por tanto solo es posible expresar la realidad del universo mediante números. Esta creencia, sin duda exagerada, fue, sin embargo la base de la concepción de las matemáticas como disciplina indispensable para la comprensión y expresión de la realidad científica. También creía Pitágoras en la «armonía universal», una especie de música que refleja la bella proporción de la maquinaria del universo: una música que suena, pero que no oímos, porque hemos nacido con ella y a ella estamos desde siempre habituados. El hecho puede tener relación con el interés de Pitágoras por la música.

En efecto, la humanidad debe a Pitágoras dos grandes hallazgos: el teorema que lleva su nombre y la escala musical que hoy seguimos empleando. Ya hemos visto cómo los egipcios, y posiblemente también los mesopotámicos, conocían una propiedad fundamental de los triángulos rectángulos; pero solo Pitágoras supo enunciarla de un modo racional: «el cuadrado de la hipotenusa es igual a la suma de los cuadrados de los catetos». ¡Ahí radica justamente el genio de los griegos! Saben racionalizar, saben explicar, saben teorizar, saben definir. Así empezó la ciencia teórica en el mundo. El concepto de «cuadrado», que hoy seguimos empleando, tiene un origen geométrico, y la expresión de su teorema la dibujaban los pitagóricos justamente con cuadrados.

Es posible que el teorema de Pitágoras le haya sido sugerido por el anterior teorema de Tales. También el teorema de Tales pudo influir en su concepción de la escala musical. Una cítara está formada por una serie de cuerdas paralelas entre dos líneas divergentes. Y de aquí dedujo Pitágoras la proporción entre la longitud de las cuerdas y la nota que da cada una de ellas cuando la pulsamos. Lo cierto es que la escala musical que hasta hoy hemos venido empleando en Occidente es la establecida hace dos mil quinientos años por los pitagóricos.

En Atenas hubo, especialmente en el siglo IV a.J.C., grandes filósofos. Platón pasa por ser un gran geómetra, y a la puerta del jardín de Academos en que enseñaba hizo colocar su famoso aviso: *nadie entre aquí que no sepa geometría*. Con todo, Platón, más que geómetra, fue un gran pensador idealista: para él hay figuras perfectas o imperfectas, según que se aproximen o no a su «ideal». La línea más perfecta es la circunferencia y la figura más perfecta es la esfera. La Tierra y el cielo deben ser grandes esferas. Esta convicción perduró hasta los tiempos modernos. Sin embargo, el que demostró con argumentos que la Tierra es esférica fue su discípulo Aristóteles. Los argumentos aristotélicos son realmente irreprochables: 1º, el peso de la Tierra es tan enorme, que todas sus partes gravitarán sobre sí mismas; y la única forma de autogravitación en equilibrio es la esfera; 2º, la sombra de la Tierra en todos los eclipses de luna es circular. La única figura cuya sombra es circular cualquiera que sea su posición es la esfera; 3º, conforme avanzamos hacia el norte o el sur, las constelaciones brillan en el cielo a una altura distinta; sin embargo, su figura no cambia. Si las dejáramos atrás, esa figura cambiaría por efecto de la perspectiva; pero como no es así, lo que ocurre es que, al caminar sobre una esfera, nuestra cabeza va apuntando a sitios distintos del cielo, y las estrellas que teníamos encima *parecen* quedar atrás.

Para explicar el movimiento de los astros, Aristóteles suponía, como Eudoxo y como Platón, una serie de esferas cristalinas que giraban: una para el sol, otra para la luna, otras para cada uno de los, planetas y finalmente las estrellas; pero para explicar las distintas anomalías que se observaban, propuso hasta 55 esferas concéntricas. La teoría de las esferas es falsa, pero se mantuvo durante siglos, porque era la única explicación posible, y los griegos, a diferencia de los otros pueblos antiguos, querían explicaciones. Aristarco intuyó, para comprender aquellas anomalías, un supremo descubrimiento: la Tierra no es el centro de Universo: tanto ella como los planetas giran alrededor del sol. Era una teoría demasiado revolucionaria. Sus contemporáneos le contradijeron y hasta le persiguieron. La teoría heliocéntrica tardaría casi dos mil años en formularse de nuevo.

Parece absolutamente necesaria la alusión a un médico, Hipócrates de Cos, considerado tradicionalmente como el padre de la medicina. Médicos hubo en China, en Egipto, en la India y Mesopotamia; pero de nadie sabemos que haya investigado las causas de las enfermedades y el porqué de los remedios más convenientes. Para nada emplea la magia, como los médicos de culturas anteriores. Hipócrates intuyó genialmente que la fiebre es el resultado de la lucha del propio organismo con la enfermedad. También descubrió la relación entre la dieta o los aires y las aguas con la salud; en este sentido, es el fundador de la medicina preventiva. Sus contemporáneos le atribuyen grandes éxitos, que por lo visto le hicieron famoso. De Hipócrates se conservan muchas obras, aunque no sabemos con seguridad cuántas son realmente suyas. Y sobre todo, los famosos «aforismos», sentencias breves, fáciles de recordar, y el «juramento hipocrático» («lucharé solo por la salud, no por mis intereses; guardaré secreto cuando me lo pidan; seré respetuoso, sobre todo con las mujeres»), que tradicionalmente han venido haciendo tantos médicos al recibir su título.

La gran síntesis alejandrina

Los pueblos orientales desarrollaron la ciencia observando los fenómenos y anotando los resultados. Los griegos le confirieron un nuevo sentido preguntándose el porqué, definiendo, estableciendo principios y teoremas, explicando: pero apenas observaron. Llegó un momento de contacto entre las dos formas de entender la ciencia, y se unieron la observación y la medida con la lógica y la explicación: fue realmente un momento glorioso para el progreso científico. Ese momento llegó en tiempos de Alejandro Magno (356-323 a.J.C.), aquel joven extraordinario y ambicioso, un mito real casi inexplicable, que a los dieciséis años ganó su primera batalla, conquistó toda Grecia y luego se lanzó a la conquista del todo el mundo conocido: Egipto, Asia Menor, Siria, Mesopotamia, Persia, la cuenca del Indo. Interesado por el saber —fue discípulo de Aristóteles—, hizo que un grupo de sabios le acompañaran en sus campañas. De ellos Teofrasto fundaría la botánica, experimentando con plantas de todo el mundo, y Dicearco trazaría mapas de todas las tierras conocidas.

Alejandría, en Egipto, sería su capital. Alejandro murió a los 33 años, y su imperio fue dividido entre sus generales. Egipto correspondió a Ptolomeo, también discípulo de Aristóteles, que creó una escuela científica. Su hijo, Ptolomeo Filadelfo estableció el *Museo*, una especie de centro de altos estudios, que llegó a disponer de una fabulosa biblioteca, la más grande del mundo. El Museo fue algo parecido a una universidad y un centro de investigación. Uno de sus directores fue Eratóstenes (272-194), matemático, físico, astrónomo, geólogo y hasta poeta. Una de sus hazañas más increíbles fue la medida del tamaño del mundo. Supo que en la ciudad de Siena, en un día determinado, equivalente a nuestro 21 de junio, a mediodía las columnas no daban sombra, y la imagen del sol se reflejaba en el fondo de un pozo muy profundo: es decir, el sol estaba exactamente en el cénit. Midió la distancia entre Alejandría y Siena, que era de 4.860 estadios. Y en el día indicado, midió la distancia angular del sol al cénit en Alejandría, que resultó ser de 7°. Entonces hizo una simple regla de tres: si 7° suponen 4.860 estadios, 360°, o sea la circunferencia entera de la Tierra serán x estadios. Así llegó a la conclusión de que nuestro mundo tiene una circunferencia de 248.000 estadios. Si asignamos al estadio, como hoy se estima, una longitud de 165 metros, la Tierra tendría 40.900 Km. de circunferencia. Hoy sabemos que tiene 40.000. Fue una hazaña asombrosa, increíble para aquellos tiempos.

Por su parte, Hiparco midió la duración del año con un error de solo 6 minutos. Uno de sus más importantes descubrimientos fue el de la precesión de los equinoccios (el punto en que el sol alcanza la primavera se va moviendo lentamente entre las estrellas), y esto le permitió conocer mejor la relación entre las constelaciones del zodiaco y la sucesión de las estaciones. Hiparco calculó también la posición de unas 1.000 estrellas, y las dividió en «magnitudes» de acuerdo con su brillo aparente. Fue así el autor del primer catálogo estelar. Renovó los métodos matemáticos e inventó la trigonometría esférica. Si Hiparco fue ante todo astrónomo y geómetra, Euclides (330-277 a.J.C.) fue el gran maestro de la matemática en la antigüedad. Sus *Elementos* son un resumen completo y luminoso de todo el saber de su tiempo: recoge los hallazgos de Tales, de Pitágoras, de Eudoxo, de Hipócrates. Es lógico, organizado, sistemático como nadie. Parte de axiomas indiscutibles, y de ahí deduce teoremas y corolarios con método impecable. Fue la base de toda la matemática y sobre todo de la geometría en Occidente hasta el siglo XIX.

La cultura alejandrina también se difundió por la zona del Egeo y el sur de Italia, donde ya se había establecido Pitágoras. Uno de los más grandes sabios —y también técnicos— de la antigüedad fue Arquímedes (287-217 a.J.C.) natural de Siracusa, en Sicilia. Estuvo, como tantos, en Alejandría, donde fue amigo de Eratóstenes, y luego regresó a Siracusa, donde estuvo al servicio del rey Hierón, que le protegió. Plutarco atribuye a Arquímedes una «inteligencia sobrehumana». Fue matemático, geómetra, físico e «ingeniero», en cuanto que fabricó multitud de instrumentos y máquinas producto de su ingenio. Sus estudios sobre cuerpos en equilibrio le llevaron al descubrimiento de la palanca y de sus leyes: una palanca puede mover cuerpos muy pesados con poco esfuerzo: todo depende de la longitud de los brazos, el de la «potencia» y el de la «resistencia». Parece que no es cierto que dijera: «dadme un punto de apoyo y moveré el mundo», porque al fin y al cabo era un hombre realista; pero tuvo conciencia de lo que puede conseguirse de una palanca. Tampoco es cierto que corriese desnudo por las calles de Siracusa gritando ¡*Eureka!*, después de descubrir la ley fundamental de la hidrodinámica; pero esta ley le sirvió para comprobar si la corona que le habían regalado a Hierón era de oro puro o había sido falsificada. La corona, sumergida en un cubo lleno hasta los bordes, hace que se derrame una cantidad de agua: esta cantidad tiene un volumen idéntico al de la corona, y por tanto es posible conocer el volumen de la corona. Pesando la corona, se conoce su peso. Y, conocida la densidad del oro, como el peso es igual al volumen por la densidad, se sabe si la corona es de oro o no. El gran descubrimiento de Arquímedes fue definido así: «un cuerpo sumergido en un líquido sufre un empuje hacia arriba igual al peso del líquido que desaloja». Un metro cúbico de agua pesa mil kilos. Un metro cúbico de madera pesa seiscientos kilos: la madera flota. Un metro cúbico de hierro pesa 7.600 kilos. El hierro se hunde.

En el campo de la geometría hizo Arquímedes contribuciones decisivas sobre las áreas y volúmenes de las figuras y los cuerpos, y determinó el valor de «Pi» con mayor precisión que nadie hasta entonces. Inventó la catapulta y otras máquinas de guerra que sirvieron a los de Siracusa para defenderse de los romanos. No fue suficiente, porque la ciudad cayó, y un soldado romano le mató contra las órdenes estrictas que tenía de no hacerlo. A los romanos les interesaba más la persona del prodigioso Arquímedes que la posesión de la ciudad.

La culminación de la ciencia alejandrina tuvo lugar con Claudio Ptolomeo, ya en tiempos del imperio romano (85-165 d.J.C.). Su nombre nos dice que era ciudadano romano, y su apellido que descendía de familia real. Podríamos inscribirlo entre los sabios de la era romana, pero es el último heredero de la edad de oro de Alejandría. Escribió la *Megalé Syntaxis*, o «gran tratado», que ha llegado hasta nosotros con su nombre árabe de *Almagesto*. Ptolomeo, más que investigar, recopiló con precisión impecable todo el saber matemático y geométrico de su tiempo. Como astrónomo, completó a Hiparco, e hizo un gran catálogo de estrellas, precisando su posición exacta y su magnitud. Intentó resolver definitivamente la estructura del sistema solar. Descartó la teoría heliocéntrica de Aristarco, que a todos parecía disparatada, a pesar de que explicaba satisfactoriamente la irregularidad aparente del movimiento de los planetas (irregularidad debida al hecho de que la Tierra también se mueve). Ptolomeo no quiso defender teoría alguna, y se atuvo a los hechos observados. Y así imaginó una complicadísima maquinaria de los cielos, con sus esferas, sus círculos, sus epiciclos y sus deferentes: una estructura genial y ajustadísima que daba cuenta de todos los movimientos y permitía predecirlos con gran exactitud. Ptolomeo se equivocó al aceptar una concepción geocéntrica; sin embargo, aquel sistema, complicadísimo, pero satisfactorio para explicar todos los movimientos celestes, se mantuvo como verdad indiscutible hasta el siglo XVI. ¡Y todavía sirve, si lo aplicamos correctamente, para predecir la posición *aparente* de los astros!

También fue Ptolomeo un gran geógrafo, que recopiló datos de todos los viajeros y determinó las posiciones y las distancias de países y ciudades de acuerdo con su longitud y su latitud. La visión ptolemaica del mundo perduraría también hasta los tiempos de Colón.

La ciencia de los romanos

Decía Tito Livio, el primer historiador de Roma propiamente dicho, que los romanos no se preocupan de escribir la historia, sino de hacerla. Es una afirmación más orgullosa que humilde, porque los romanos se jactaban de su incansable actividad, y no valoraban demasiado las lucubraciones y teorías de los griegos. S. F. Mason entiende que los romanos procedían de una cultura menos evolucionada que la de los griegos, a los que consideraban demasiado entretenidos en filosofías inútiles, poco prácticos y hasta «afeminados». Catón, por ejemplo, mostraba su desprecio hacia los griegos y sus sutiles juegos mentales. Sea lo que fuere, la ciencia griega decayó desde el siglo II a.J.C., y aunque su epígono alejandrino se mantuvo un poco más, acabó decayendo también, y cuando Roma se apoderó de sus tierras, el apogeo científico había ya pasado en su mayor parte. Los romanos tenían un alfabeto parecido al de los griegos (sus signos son los mismos que empleamos hoy en Occidente), y un sistema decimal de numeración que representaba los valores por letras mayúsculas (vid. pág. 24), más operativo que el de los griegos; pero no fueron grandes matemáticos teóricos, ni geómetras: destacaron especialmente en la contabilidad.

No por ello hemos de infravalorar a los romanos. Construyeron un inmenso imperio que iba de Inglaterra a Egipto, de Mesopotamia a Portugal; se organizaron maravillosamente en instituciones muy sólidas. El derecho romano, lógico, preciso y sumamente práctico, es la base de todas las edificaciones jurídicas del mundo civilizado. Y como constructores de ciudades, calzadas, puentes, acueductos, obras de ingeniería, no tuvieron rival. Quizá el arte romano no alcanza la delicadeza y el sentido de las proporciones del griego, pero posee una técnica admirable. Cuántas edificaciones aparentemente inestables, como los acueductos, han llegado hasta nuestros días, y cuántos puentes romanos resisten hoy el peso de los camiones. Los griegos coronaban sus grandes edificios con un entablamento, sobre el que tendían vigas que sostenían un techo plano. Los romanos introdujeron la bóveda, de techo cilíndrico o semiesférico, todo de cantería, capaz de sostenerse por el contrarresto entre las partes y por su propia solidez; para construir bóvedas emplearon con sabiduría «cimbras» o armazones de madera que permitían ir colocando las piezas, hasta que completada la obra, se sostenían aquéllas por sí mismas. Nuestra civilización de hoy ha heredado tanto el genio del pensamiento griego como el riguroso sentido constructivo de los romanos, y es difícil separar estas dos grandes herencias.

Plinio el Viejo (23-79 d.J.C.) escribió, con el sentido práctico de los romanos, su monumental *Historia Natural*, en que estudia con detenimiento los cuerpos celestes, las estrellas, los planetas, la botánica, la zoología, la mineralogía —se interesó especialmente por la piedra imán—, la medicina y hasta la etnografía; sabe distinguir muy bien las características de los romanos, los iberos, los celtas, los germanos: sus viajes a España, Francia y Alemania le permitieron precisar los rasgos de cada uno. Y de su interés por la naturaleza da testimonio el hecho de que, al conocer la devastadora erupción del Vesubio el año 79, viajara hasta sus laderas, donde encontró la muerte. Su amigo Lucio Anneo Séneca fue filósofo, y sobre todo moralista, pero no dejó de interesarse por fenómenos naturales; por ejemplo, observó que las colas de los cometas se vuelven siempre en dirección opuesta al sol. También predijo que al otro lado del Atlántico se encontrarían tierras desconocidas, aunque el intento de buscarlas no llegaría hasta los tiempos de Colón.

El calendario romano contaba doce meses de treinta o treinta y un días, alternados, para un total de 365 días al año. Pero ya es sabido que ¡por incómodo que sea!, la traslación de la Tierra en torno al sol se completa en 365,2422 días, es decir, casi un cuarto de día más que los 365 del calendario romano. Así resultó que en tiempos de Julio César el calendario romano, establecido el año 753 a.J.C., se había retrasado unos noventa días, de suerte que las fiestas de primavera se celebraban en verano, y las de la llegada del verano cuando ya había comenzado el otoño. Los romanos no tenían expertos capaces de calcular las causas de esta anomalía. César hizo venir de Alejandría al sabio Sosígenes, que el año 45 a.J.C. aconsejó un cambio del calendario. El año comenzaba con las calendas de marzo. Pues bien: cada cuatro años, al día «sextus calendas martias» se añadía un día «bis sextus», de donde viene la palabra bisiesto. Se aprovechó la ocasión para rendir culto a la personalidad, y el primer mes del verano, «Quintilis» pasó a llamarse Julius, y se quitó un día a febrero. Cuando Augusto se hizo proclamar emperador, Sextilis pasó a llamarse Augustus, y febrero quedó reducido a 28 días, excepto los bisiestos. El calendario juliano se mantendría bastante satisfactoriamente hasta 1585.

Los romanos fueron extraordinarios arquitectos. Sus puentes o acueductos, como queda dicho antes, están construidos con una técnica admirable, que hoy no sabemos muy bien cómo llegaron a alcanzar. En algunas obras importantes está grabado el nombre del arquitecto que la proyectó y construyó, pero es muy poco lo que sabemos de la vida y la ciencia de cada uno. El único arquitecto del que sabemos con seguridad que escribió libros de teoría constructiva fue Marco Vitrubio, que vivió en la época de Augusto, aunque no conozcamos los años de su nacimiento y de su muerte. Los diez libros del tratado *De Architectura* hablan de la construcción de las ciudades, los templos, los edificios, precisan los cánones de los órdenes clásicos —y en este aspecto, su doctrina ha perdurado durante siglos—, y también se preocupó de la orientación y sobre todo de la posición del sol. Descubrió que el sol no siempre alcanza el meridiano exactamente a la misma hora, y estableció el «analema», o índice del adelanto o retraso del astro del día respecto de la hora ordinaria; modificó la técnica de los relojes de sol y precisó la mejor medida del tiempo. Los principios de Vitrubio serían doctrina fundamental para los hombres del Renacimiento.

Mencionemos por último a un gran médico, Galeno, que aunque de origen helénico —nació en Pérgamo, quizá en 129—, fue traído a Roma a causa de su fama, y en la gran ciudad ejerció como médico de tres emperadores, Marco Aurelio, Commodo y Septimio Severo, y destacó, se dijo, por algunas curaciones asombrosas. Murió en 216. Fue, con Hipócrates, el más grande médico de la antigüedad. Hoy seguimos llamando «galenos» a los médicos, y suponemos que por algo será. Aficionado a la disección de animales, aprendió la anatomía de los seres vivos, la disposición de huesos, músculos, nervios, vasos. Más tarde fue cirujano de gladiadores, un oficio que le permitió profundizar en el conocimiento del cuerpo humano. Escribió tratados de anatomía, de fisiología, de patología humana y el tratamiento de las enfermedades. Se fió poco de las teorías, aunque se reconocía discípulo de Hipócrates. Pero siempre quiso ser independiente. Para Galeno, «corto y fácil es el camino de la especulación, pero no conduce a ninguna parte; largo y penoso es el camino de la experimentación, pero nos lleva a encontrar la verdad».

Fue tenido como un hombre infalible..., aunque cometió errores, como el suponer que el centro de la circulación sanguínea es el hígado; eso sí, el calor del cuerpo es producido por el corazón. Las arterias conducen sangre, y no aire, como se suponía. Dedujo bastante bien el papel del aparato digestivo, y comprendió en parte la importancia del cerebro. Relacionó la frecuencia de las pulsaciones con la fiebre, y ésta con las enfermedades. Clasificó muy aceptablemente las dolencias por sus síntomas, y los tratamientos para cada una. Por supuesto, muchos de sus preparados —las famosas «recetas galénicas»— no son, que sepamos, eficaces, aunque en ocasiones acertó. Al fin quiso encontrar la *triaca*, un medicamento válido para todas las enfermedades. No hace falta decirlo: no dio los resultados previstos aquella maravillosa combinación, producto de setenta plantas distintas... una de las cuales es el opio, que, bien administrado, produce alivio de síntomas. Galeno, con entera razón o no, fue seguido sin discusión hasta los tiempos modernos.

La ciencia en los tiempos medievales

El concepto de Edad Media, tal como usualmente lo entendemos, es propio de la cultura europea. Cuando por algún motivo lo aplicamos a otras culturas, lo hacemos en un sentido que solo está determinado cronológicamente por nuestra propia historia occidental. Si hablamos de «China en la Edad Media», queremos decir «China en la época histórica que en Europa llamamos Edad Media». La misma expresión podríamos emplear para la cultura árabe, o para la cultura maya. Naturalmente, nos resulta perfectamente lícito utilizar ese jalón cronológico comprendido más o menos entre los años 500 y 1500 de la era cristiana, siempre que hagamos esa salvedad. Se trata de un recurso, si se quiere, cómodo, que no deja, sin embargo, de tener un valor metodológico. Es más cómodo hablar de la ciencia antigua, así la refiramos a los chinos, a los mesopotámicos, a los egipcios, a los griegos, porque todas las civilizaciones de la Edad Antigua nacen como retoños independientes de un desarrollo, en distintos escenarios, de la que suele llamarse hoy revolución neolítica. El concepto «Edad Media» es más incómodo. Vamos a tomarlo solo como un encuadre cronológico. En el fondo, si la ciencia moderna, tal como la concebimos, y tal como ahora mismo la estamos disfrutando, nació en el seno de la civilización cristiana-occidental, no es ningún disparate utilizar ese marco cronológico como punto de referencia.

Las «oscuras sombras»

Es un tópico entre la mayoría de los historiadores de la ciencia y aun de muchos historiadores de la cultura considerar la Edad Media como una época bárbara e ignorante, cuyo transcurso significa un retroceso respecto de las conquistas científicas obtenidas en el mundo antiguo. La actitud de la Iglesia, preocupada por la filosofía y la teología, pero indiferente hacia los fenómenos naturales, habría tenido la culpa de ese retroceso. El tópico, con todo el fundamento en la realidad que se quiera, pero siempre exagerado y unido a palabras denigrantes, se ha mantenido con pertinacia y ha engañado a muchas personas cultas no especializadas en la materia. Es cierto que los eclesiásticos, en los primeros siglos del medievo, concedieron preferencia a las ciencias especulativas sobre las naturales, y el mundo en que vivían apenas se prestaba a otra cosa; pero no por eso dejó de cultivarse la ciencia ni dejó de existir interés por el conocimiento de los fenómenos de la naturaleza. Sobre todo a partir del siglo XII la ciencia se separa de la filosofía como nunca hasta entonces lo había hecho. Tampoco se puede hablar de «una sociedad ignorante» como si la Edad Media hubiera sido la única isla de ignorancia. El sistema sexagesimal era conocido por muy pocos babilonios. La ciencia egipcia fue patrimonio de la casta sacerdotal, que ocultaba al resto de la sociedad hasta las reformas que era preciso establecer en el calendario, para poder usufructuar sus secretos. Ni Pericles ni la inmensa mayoría de sus contemporáneos conocía el teorema de Pitágoras. La leyenda del «fabuloso despliegue de la ciencia antigua» habría que reservarla para reducidísimas minorías. A los árabes se atribuye el invento del cero: el hecho no es exacto, como vamos a comprobar muy pronto; pero lo que no suele decirse es que solo los grandes matemáticos utilizaban este guarismo: los comerciantes árabes, que necesitaban hacer contabilidad, empleaban el sistema sexagesimal derivado de los babilonios.

Realmente, la falta de interés por las ciencias, incluso entre personajes distinguidos, se echó de ver ya en los tiempos romanos. Y la cultura medieval fue heredera de Roma. Las invasiones germánicas que destruyeron la armazón del Imperio, vinieron a crear una sociedad rural, de pequeños poblados en que se practicaban la agricultura y una artesanía rudimentaria. No hubo en la alta Edad Media grandes ciudades en Europa; y ya es bien sabido que la ciencia progresa en el seno de la civilización, y la «civilización» es privativa de las ciudades. Las ciudades necesitan del contacto exterior para su mantenimiento, y alimentan el comercio a distancia, y con él los intercambios de todo tipo. Una sociedad rural tiende a la autarquía, y progresa mucho más lentamente. No por ello desapareció la cultura. La cultura se refugió en los monasterios, apartados por lo general de los poblados. En ellos los monjes custodiaron y copiaron viejos textos antiguos, gracias a los cuales el legado de la sabiduría y de la cultura clásica grecolatina —sobre todo de la latina— no se perdió, y sería transmitido a los siglos futuros. Esa labor supone también un nuevo tipo de soporte de conocimientos: el libro. Cuando decimos que Ptolomeo escribió setenta libros, o que la biblioteca de Alejandría contenía más de medio millón de libros, debiéramos hablar de «rollos» o manuscritos enrollados, cada uno de relativamente breve extensión y de lectura molesta. P. Chaunu cree que fue en el siglo IV cuando aparece el «volumen», una serie de hojas cosidas una tras otra en un tomo, que puede colocarse en una estantería, con su título escrito en el lomo, y con unas páginas que pueden abrirse por donde interesa, a voluntad. Ha aparecido el «libro» tal como hoy lo entendemos, y su aparición significa uno de los inventos más útiles y menos valorados de los inicios de la Edad Media.

Entre los sabios altomedievales que se preocuparon ampliamente de las ciencias podemos mencionar a san Isidoro de Sevilla (560-636), autor, entre otras obras, de «las cuatro disciplinas matemáticas», en que se refiere con amplitud a la aritmética, la geometría, la astronomía y la música, entendida ésta como una ciencia exacta. No avanza, en general, respecto de los saberes clásicos, pero los mantiene. Separa claramente la astronomía de la astrología, y atribuye esta última a superstición. Explica el movimiento de los astros, y las fases de la luna; el sol es mucho más grande que la Tierra y que la luna, y por tanto debe encontrarse mucho más lejos. En otro de sus libros, *De Rerum natura,* se ocupa de los eclipses, describe tierras, fenómenos telúricos, animales. Como el libro está lleno de círculos, fruto de su afán de explicar graficamente los movimientos de los cuerpos celestes, fue conocido en Europa como el *Liber rotarum*, el libro de las ruedas. Un detalle curioso, que tal vez no conviene olvidar: el libro de Isidoro encantó al rey Sisebuto, muy aficionado a las ciencias. Fue probablemente el primer «rey sabio» que hubo en España, aunque el hecho no suela aparecer en los libros generales, y muchos españoles lo ignoren. Sisebuto contestó a Isidoro con un breve tratado sobre los eclipses. Hubo varios por aquellos años, que mucha gente estimó como señales de mal agüero. Sisebuto rebate esta suposición, y compara los eclipses con «carreras de carros», en que, a causa de su distinta velocidad, unas ruedas pueden ocultar a otras. Y deduce que, como el sol y la luna no siguen trayectorias en el mismo plano, no se produce un eclipse de sol cada novilunio ni un eclipse de luna cada plenilunio; pero explica muy bien los fenómenos, y deja entender que la Tierra es redonda, puesto que su sombra lo es. Por su parte, san Isidoro nos ha dejado también testimonios inestimables sobre la música visigoda, que solo gracias a él podemos reconstruir.

Beda el Venerable (672-735) fue un monje inglés de gran erudición, teólogo, filósofo, también historiador y científico. Sus textos están destinados a una lectura sencilla: para las acotaciones, inventó un sistema empleado desde entonces: la nota a pie de página. Es interesante su estudio «sobre el cálculo del tiempo». Y puede sorprender su afirmación de que la Tierra es «redonda como una bola». Alcuíno de York (735-804), nacido el año en que murió Beda, es otro sabio inglés, pero fue reclutado por Carlomagno para dirigir la Escuela Palatina de Aquisgrán. Alcuíno fue uno de los grandes artífices del llamado «renacimiento carolingio», y consagró la división de las «artes liberales» (las no referentes a filosofía y teología) en dos secciones, el *trivium* (gramática, lógica y retórica), que tienen más que ver con las «letras»; y el *quatrivium* (aritmética, geometría, astronomía y música), que tienen que ver más con las ciencias. Escribió varias obras de ciencias, tal como éstas se entendían entonces, siguiendo un método de preguntas y respuestas, que hacía el texto más comprensible. El estudio del trivium y el cuatrivium se mantendría con los sucesores de Alcuíno, y sería la base de los «estudios generales» y más tarde de las universidades.

Un sabio que culmina la época altomedieval fue Gerberto de Aurillac (938-1003), que terminó su vida como papa Silvestre II. Fue matemático y físico, cuidando muy bien de diferenciar ambas ciencias. Se cuenta que realizó cálculos muy complicados, con un ábaco capaz de alcanzar valores de miles de millones. E ideó una serie de instrumentos. Se le atribuye la invención del reloj de pesas, más complicado que el de arena, pero que poseía indudables ventajas, como la de poder medir cualquier fracción de tiempo. Luego el reloj mecánico sería perfeccionado hasta la introducción del péndulo, por Huygens, ya en el siglo XVII.

La medicina también se practicaba en los monasterios. Con procedimientos elementales, pero nadie era rechazado. El *hospital* fue una institución cristiana ligada al monacato, concebida principalmente para atender a desvalidos, pero también para curarlos. Puede extrañarnos el consejo de Casiodoro en una época a la que suele atribuirse gran suciedad: «han de construirse baños que sean adecuados para el aseo del cuerpo, en los que el agua fresca de los manantiales entre y salga con facilidad, para favorecer la salud».

La ciencia altomedieval no supuso un avance decisivo respecto de los periodos históricos que precedieron, al contrario, se nos aparece relativamente modesta: pero puso las bases de un progreso futuro que sí fue crucial en la historia de la ciencia. Un científico de fines del siglo XIX y comienzos del XX, Pierre Duhem (1861-1916), trató de averiguar los orígenes de la ciencia moderna, y rescató numerosos manuscritos medievales en que ve «la raíz» de lo que llegaría a ser el despliegue del Renacimiento y de la actitud científica de fines del siglo XVII y los tiempos que siguieron. El húngaro-americano Stanley Jaki (n. 1924) ha estudiado la poco conocida obra de Duhem y ha ampliado sus tesis. Para Jaki, las ciencias de la antigüedad (China, India, Babilonia, Egipto, Grecia, Roma) no lograron un desarrollo capaz de continuarse porque aquellas culturas concebían la naturaleza sometida a unas divinidades caprichosas. El cristianismo, añade Jaki, ve en la naturaleza el resultado de una creación divina, pero la naturaleza no es Dios, ni está ligada en sus fenómenos a un capricho divino, sino a unas leyes que pueden ser estudiadas de una manera objetiva, y que no varían. Para Duhem y Jaki, no es una casualidad que la ciencia moderna haya nacido en Europa de «una matriz cultural cristiana» que alcanzaría a su tiempo un desarrollo independiente y continuado.

La Edad Media, por otra parte, es pródiga en pequeños inventos prácticos que demuestran que aquella sociedad poco desarrollada no fue ajena a la tecnología. Entre ellos cuentan, por ejemplo, la carretilla tal como hoy la conocemos, el tonel, el jabón, la chimenea, los botones, la ballesta, el taladro y nuevas aplicaciones del cristal: sobre todo, el cristal para las ventanas, también los cristales coloreados. Destacan los avances en el uso del caballo, no solo como cabalgadura, sino como sustancial elemento de transporte y de trabajo: así la silla de montar, la herradura , los estribos, la collera, los varales del carro con tiro independiente. También el arado de ruedas, de tracción animal, que permitió dar al instrumento más peso y por tanto más profundidad. Se dice que con la letra de cambio apareció el papel moneda. Se generalizaron y se perfeccionaron la rueca y el huso para hilar. Y se consagraron los molinos que utilizaban las fuerzas naturales: el agua o el viento. Se sabe que por el año 1000 había en Inglaterra seis mil molinos de agua, que servían al mismo tiempo para hacer papel, serrar, manejar martillos o mazos de batanes. Luego vendrían los molinos de viento, muy útiles allí donde no hay corrientes de agua (o donde el agua no corre, como la llana Holanda). También aparecieron en la Edad Media los primeros altos hornos de fundición (por supuesto, muy simples). Quizá el invento más revolucionario en la historia del mundo fue el de la quilla y luego el de su complemento, el timón, que revolucionaron la navegación a vela. Se relaciona la quilla con la ciudad alemana de Kiel, pero lo cierto es que los restos de las embarcaciones vikingas que conservamos —del siglo X— muestran ya una alargada quilla. La quilla posibilita transformar la fuerza del viento en un empuje tangencial que permite al barco «ceñir» en muy diversas direcciones; el timón mejorará todavía estas facilidades. Si los europeos descubrieron el resto del mundo y no ocurrió al contrario, fue en gran parte gracias a la quilla y el timón.

La ciencia árabe

De pronto, inopinadamente, una nueva cultura irrumpió en la historia del mundo. Nació en Arabia, una tierra casi desértica, cruzada por caravanas y trajinantes. En el siglo VI, La Meca era un centro de rutas comerciales, y uno de aquellos comerciantes, llamado Mahoma (570-632), dijo haber recibido una revelación del arcángel Gabriel, y comenzó a predicar una nueva confesión religiosa, el Islam, basada en tradiciones judaicas y cristianas, pero dotada de aspectos peculiares. Expulsado de La Meca, Mahoma se refugió en Medina, allí logró más adeptos, conquistó la capital y otros territorios, y estableció un poder teocrático. Sus sucesores, Abú Bakr y Omar, se lanzaron a la conquista del mundo conocido, seguidos de multitudes enfervorizadas, y aquel entusiasmo, unido a otras circunstancias favorables, les llevó a granjearse un imperio inmenso, que iba de la India a España, pasando por Asia Central y el norte de África. En 732, un siglo después de la muerte de Mahoma, Carlos Martel detenía en Poitiers a los árabes, que ya habían llegado al centro de Francia. Se estableció un califato, con capital en Damasco (los Omeyas) y luego otro en Bagdad (los Abasíes). Los árabes no poseían una importante cultura autóctona, pero la conquista de territorios dotados de una alta tradición cultural les permitió apropiársela. Por lo que respecta a la ciencia, se valieron del riquísimo depósito de los mesopotámicos, los hindúes, los persas, los helenísticos de Asia Menor, los alejandrinos. Incluso pudieron tomar elementos de los chinos. Todavía más: la expulsión de los «filósofos» de Atenas el año 529, que les hizo refugiarse en Asia Menor y en Persia, les resultó muy favorable para ponerse en contacto con la ciencia helénica. Y si los árabes poseyeron una concepción teocrática en la política y el derecho, en cambio aceptaron la ciencia de los pueblos conquistados, porque otra no tenían, y un gran imperio necesita organización y planificación.

Por otra parte, los primeros califas de Bagdad, Al-Mansur (770-790), Harun al-Rashid (hasta 808), y Al Mamún, que reinó de 813 a 835, convirtieron a la capital del Tigris en una ciudad fastuosa llena de poetas y científicos. Al-Mansur atrajo sabios de los más diversos países, Harun al-Rashid (el de *Las Mil y Una Noches)* se rodeó de artistas y poetas; y Al Mamún, muy interesado por las ciencias, creó la *Casa de la Sabiduría*, que no fue exactamente una universidad, como algunos dicen, pero sí un centro de investigación y de discusión científica, dotado de una biblioteca cada vez más abundante. Allí colaboraron traductores cristianos, siríacos, persas, judíos, que vertieron al árabe obras de Aristóteles, Ptolomeo, Arquímedes, Hipócrates, Galeno, y copias de los más altos sabios griegos y alejandrinos. También recibieron aportaciones persas, hindúes, y posiblemente chinas. Los árabes, que no tenían tradición científica, reunieron en un solo conjunto todas las tradiciones de la ciencia antigua, las desarrollaron, y luego las difundieron por todos sus dominios. Al fin las aprovecharían los europeos cristianos, que acabaron obteniendo de todo aquel acervo conclusiones que los mismos árabes no hubieran podido imaginar. De aquí el inmenso papel de los árabes, primero como compiladores del saber, luego como buenos científicos, finalmente como transmisores a otras culturas, con o sin intención de serlo. Su papel en la historia de la ciencia es un punto que no puede discutirse.

Las matemáticas

Cuántas veces hemos oído decir que los árabes inventaron el cero. No es cierto, aunque fueron los primeros en utilizarlo en operaciones complejas, y en obtener de su empleo el máximo partido. Como es sabido, los babilonios utilizaron un signo (una raya horizontal) para expresar un número sin valor individual, pero que podía representar un nuevo orden de cifras: pero creyeron que solo podía emplearse al final de una expresión numérica, no para ocupar un espacio intermedio (vid. pág. 29). Fue una pena. Sin embargo, los hindúes se dieron cuenta de que esa cifra sin valor en sí podía colocarse en cualquier posición: lo hicieron en el siglo VI. ¡Justo para que se aprovecharan de ello los árabes! Curiosamente, el primero que menciona el cero tal como lo empleaban los hindúes, fue, en 662, un obispo de Siria, Severo. Muy pronto los árabes conquistadores comprendieron la inapreciable utilidad de aquel hallazgo.

El gran matemático de la *Casa de la Sabiduría* fue Al Jwarizmi. De su nombre viene la palabra «guarismo», cifra; seguramente también «algoritmo». Empleó el cero con soltura en sus cálculos, aunque las cifras «árabes» no fueron utilizadas entonces por los árabes, salvo sus mejores matemáticos. Al Jwarizmi escribe el número 1 180 051 492 863, pero en sus manuscritos se ve obligado a expresarlo así: «un mil de mil, de mil y de mil; y un ciento de mil y de mil y de mil; y ochenta de mil, de mil y de mil, y cincuenta y uno de mil y de mil, y cuatrocientos mil, y noventa y dos mil, y ochocientos sesenta y tres». No tenía palabras para expresarse de otra manera, pero él podía operar con las cifras. Nuestro sistema de numeración decimal quedaba consagrado de una vez, lo mismo que los signos, para representar los valores, signos que son muy parecidos a los que empleaban entonces los árabes. Cero se decía «sifr», palabra que en árabe significa «vacío». Como se ve, dio origen a otra palabra que hoy empleamos: «cifra».

Pero la gran creación de Al Jwarizmi fue el álgebra. L. Jean Lauand pretende que, así como la concepción cristiana concede una importancia fundamental al amor, al perdón, a la renuncia a la venganza, la musulmana tiene muy en cuenta la justicia distributiva, el «a cada cual lo suyo», ya sea el premio o el castigo. De aquí que los árabes concibieran el álgebra. Puede ser una teoría muy ensayística. Lo cierto es el álgebra nació como un juego de equivalencias separado por el implacable signo «igual». Si a una parte le quitamos algo de su valor, tenemos que quitárselo a la otra. De aquí que cuando un término de una ecuación cambia de miembro, hay que cambiarlo de signo:

$$a + b = c.$$ Entonces $a = c - b$. Así por ejemplo, $5 + 3 = 8$.
Entonces $5 = 8 - 3$.

Al Jwarizmi manejó con soltura los términos, de suerte que la equidad se mantuviera siempre. Eso sí, se sintió obligado a traducir los signos a términos comprensibles por sus coetáneos. En vez de a o b (términos conocidos) dice «dirhems» (un dirhem era una moneda); para mencionar la incógnita (nosotros escribimos x), dice «cosa». Su lenguaje resulta por demás pintoresco: «un dirhem más un cuarto de dirhem, menos tres octavos de dirhem, son la cosa»... pero sus cálculos, a veces muy complicados, son irreprochables.

También fue Al Jwarizmi un buen geómetra, que, en su afán explicativo, se ve obligado a dibujar figuras . Lo mismo puede decirse de Al-Bataní (conocido en Occidente como Albategnius) o Tabib Bencuma, experto también en la fabricación de relojes de sol.

La astronomía

Se dice que la necesidad de orientar el «mirhab» de las mezquitas en dirección a La Meca obligó a los árabes a estudiar la astronomía. Sin duda hubo más: también necesitaba orientarse una cultura de comerciantes, camelleros y navegantes que habían de recorrer enormes territorios, muchas veces despoblados y carentes de puntos de referencia. Aparte de esto, vivieron en ámbitos como Mesopotamia, Persia, Egipto, de gran tradición astronómica. ¿Y por qué no contar también la curiosidad científica? Los árabes no fueron tan propensos a buscar explicaciones como los griegos, pero sí resultaron excelentes observadores. La *Casa de la Sabiduría* fue, ante todo, un gran observatorio. Al-Farari inventó o perfeccionó el astrolabio, un instrumento que los árabes fabricaron con gran perfección, y que más tarde se introdujo en el mundo cristiano. Con el astrolabio podían medir ángulos mucho más exactamente de lo que hubieran podido hacerlo Hiparco o Ptolomeo. Así, Al Sufí realizó un catálogo de estrellas valiéndose del Almagesto ptolemaico y corrigiéndolo o añadiendo sus propias observaciones cuando hacía falta. Un detalle: describió por primera vez los colores de las estrellas. Descubrió el año trópico (el periodo que el sol tarda en regresar al punto de la primavera), que es ligeramente distinto al del año solar natural. De sus observaciones se valió Al Farghani (Alfragano) para su libro *Del conjunto de las estrellas*. Del afán de los árabes por las medidas precisas participó también Al Battani (Albategnius), que calculó con gran precisión la oblicuidad de la Eclíptica y la precesión de los equinoccios (suele decirse que fue su descubridor: recordemos que ya la había constatado Hiparco). Al Battani avanzó en el difícil campo de la trigonometría esférica. En los cálculos sobre la esfera celeste (y la esfera terrestre) los árabes fueron verdaderos especialistas.

La geografía

En efecto, el estudio de la Tierra como una gran esfera fue también una especialidad de la ciencia árabe. La idea de una Tierra esférica deriva, como es sabido, de Aristóteles. El hecho de que los árabes llegasen a dominar territorios inmensos les obligaba a conocerlos mejor, a calcular distancias y trazar mapas. Se dice que el califa Al Mamún encargó a sus científicos que averiguasen las dimensiones del mundo. Al Fragán fue el destinado a responder a tan soberbio cometido, aunque otros creen que el cálculo correspondió a Al Jwarizmí. Probablemente colaboró en la misión un equipo de sabios. Pero fue Al Fragán quien encargó a diversos navegantes que calculasen la posición exacta de las estrellas en un momento muy determinado desde puntos muy determinados. Por ejemplo, la máxima altura que una estrella alcanzaba sobre el horizonte desde distintas latitudes. De acuerdo con los datos que recibió, determinó que un grado, medido sobre la esfera terrestre, tiene una longitud de 56 millas y 2/3, digamos 56,66 millas. Multiplicó este valor por 360, y halló que el cinturón de nuestro planeta mide 20.398 millas. De acuerdo con el valor que se atribuye a la milla árabe, la circunferencia de la Tierra sería de 40.255 kilómetros. ¡Un valor todavía más asombroso que el de Eratóstenes! (Esta medida tendría una importancia fundamental en la historia del mundo: Cristóbal Colón tuvo noticia, a través del humanista Toscanelli, de esta medida. Pero pensó que se trataba de *millas cristianas*, más cortas que las árabes. Por eso calculó que la distancia de Europa a China era más corta navegando hacia el Oeste que hacia el Este. Fue, dice Rey Pastor, «el más fecundo error de la Historia». Este error le permitió descubrir un continente nuevo: América).

Los árabes fueron también muy hábiles trazando mapas, aunque lo hicieron más tarde. No llegaron a dibujar líneas señalando paralelos y meridianos hasta después de que lo hicieran los cristianos. Una particularidad curiosa de los mapas árabes es que colocan el sur arriba y el norte abajo: están al revés que los nuestros. Una vez que advertimos este criterio, no nos es difícil orientarnos en ellos.

La medicina

El más famoso médico de la edad de oro del califato fue Ibn Sina, o Avicena, como en Occidente se le conoce (980-1037). Se le atribuyen curaciones sorprendentes. Muy joven aún, atendió al emir de Bukhara, que padecía una enfermedad que ningún médico supo diagnosticar. Avicena intuyó que padecía una intoxicación por plomo debida a su costumbre de beber en una lujosa copa coloreada por pigmentos metálicos. Acertó, y se hizo famoso. Más tarde curaría con éxito a otros príncipes. Avicena conoció los legados de Hipócrates y Galeno, y supo valerse también de sus experiencias, y de las de otros médicos árabes.

Escribió el *Canon de la Medicina*, un compendio que atiende cuestiones de anatomía, cirugía, las enfermedades, sus síntomas y su tratamiento, y termina con la farmacopea, de la que proporciona unas 760 recetas. Como anatomista, sorprende que haya podido conocer tanto cuando entre los árabes estaba prohibida la disección de cadáveres; intuye el papel de los órganos, describe las válvulas del corazón, las venas y arterias, los músculos y los nervios. El *Canon* de Avicena fue fundamental durante varios siglos en las universidades europeas. Al Razes fue también un médico famoso.

Lo que transmitieron los árabes

Un papel fundamental de la ciencia árabe fue lo que tomó de otras culturas y lo que transmitió más tarde a Occidente: esta última función, por supuesto, no fue intencionada, pero sí efectiva. Queda dicho que la enorme extensión del imperio árabe y su capacidad para absorber los legados de otros pueblos sirvió para hacerles depositarios de herencias muy diversas. Así ocurre que se atribuyen a los árabes inventos que no realizaron. La concepción del cero procedía de los babilonios, y principalmente de los hindúes, pero fueron Al Jwarizmi y sus compañeros quienes mejor redondearon la armazón posicional de cifras del sistema decimal, y lo hicieron, además, con unos signos muy claros y fáciles de trazar, similares a los que hoy empleamos. La brújula es un invento chino, que, al parecer sirvió para orientarse a los viajeros; pero fueron los árabes los que utilizaron este hallazgo para la navegación y ampliaron su uso por procedimientos más prácticos; sin embargo, serían los europeos, en el siglo XII, los que aprenderían a construir brújulas muy transportables y ligeras, aptas para los navíos. Lo mismo puede decirse del papel, otro invento chino, que los árabes adoptaron con éxito; de ellos lo tomarían los europeos. También de origen chino es la pólvora: los orientales sabían hacer con ella algo parecido a fuegos artificiales. Los árabes la utilizaron para luchar con los cristianos; pero serían más tarde los europeos los que supieron construir armas de fuego de todo tipo y con una eficacia mucho mayor. La ciencia árabe cumpliría así un papel fundamental, quizá más que como creadora, como sintetizadora de los conocimientos antiguos, y como transmisora al mundo de Occidente de la posibilidad de una serie de invenciones que los propios árabes no habían realizado, y de las que serían los europeos quienes se aprovechasen más a fondo.

La cultura árabe, especialmente por lo que toca a la ciencia, vivió sus mejores momentos entre los años 850 y 1050; luego, se paralizó o decayó. Quizá por la división del califato en una serie de emiratos independientes y con frecuencia enemigos unos de otros; quizá por un cambio de mentalidad, que perjudicó a una de sus cualidades más destacadas, el afán del conocimiento científico.

España, puente entre dos culturas

Curiosamente, conforme comienza a decaer la ciencia árabe en Bagdad y otros centros de Oriente medio, se consagra un nuevo foco en el más occidental de los confines de aquella cultura, España. Los rivales de la dinastía abasí, los Omeyas, crearon un emirato en Córdoba, en 756, con Abderrahman I. La grandeza de los Omeyas llegó a su máximo con Abderrahman III (912-961), que se proclamó califa, en un desafío al poder supremo de Bagdad. Córdoba era entonces una ciudad grande, rica y culta. Abderrahman se hizo rodear de sabios, poetas y músicos. Su sucesor, Alhakem II (961-976) erigió una gran biblioteca, que llegó a tener unos 400.000 volúmenes, y una academia, en cierto modo contraparte de la Casa de la Sabiduría bagdadí. En ella floreció Al Gazal, que fue, entre otras cosas, un reputado astrónomo. A Córdoba llegaron copias de las obras de los grandes sabios conocidos por los árabes, y de los propios sabios árabes, como Al Jwarizmí o Avicena. La decadencia de Córdoba comenzó con el débil Hixem II (976-1003), cuya minoría fue aprovechada por el ambicioso y guerrero Al Mansur (Almanzor), que hizo quemar los libros de la biblioteca, y ejerció una dictadura basada en la continua guerra con los cristianos. En 1031 se disolvió el califato de Córdoba, sustituido por el mosaico de los reinos de taifas, pero fue entonces justamente cuando alcanzó su máximo esplendor la ciencia hispanoárabe.

Cordobés fue Walid ibn Rushd, Averroes, sin duda el más famoso y trascendente sabio de Al-Andalus. Médico de profesión, al servicio de los más altos príncipes, en Córdoba y Marrakesh, realizó una soberbia síntesis de la medicina antigua y la de su tiempo. Sin embargo, su nombre va íntimamente unido al de la historia de la filosofía, por cuanto fue el mejor intérprete de Aristóteles en árabe, e introductor involuntario de la obra del filósofo en la Europa medieval, un hecho que revestiría la mayor importancia. Sin embargo, la ciencia de observación se desarrollaría especialmente en Toledo, cuyo monarca, Al Mamún, sería protector de matemáticos y astrónomos. Ente ellos destaca de forma singular Al Zarqali, Azarquiel, que, aunque nacido en Córdoba (1029), pasó la mayor parte de su vida en Toledo. Azarquiel fue uno de los más grandes astrónomos de la Edad Media, e hizo medidas muy precisas con enormes astrolabios, con los que pudo elaborar un catálogo de posiciones de los astros y unas tablas del movimiento de los planetas. Aunque siguió la concepción de Ptolomeo, lo superó en un detalle que habría de ser histórico: intuyó que la única forma de explicarse la trayectoria de los planetas interiores, Mercurio y Venus, consiste en suponer que giran alrededor del sol: ¡de aquí a suponer que giran todos no había más que un paso!, aunque ese paso no se daría hasta Copérnico. También se dio cuenta de que la órbita de Mercurio es francamente excéntrica: comenzaban a ponerse las bases de la concepción elíptica. Las tablas de Azarquiel pasarían pronto a toda Europa y serían utilizadas hasta los tiempos de Regiomontano. También construyó Azarquiel dos grandes clepsidras (relojes de agua: en este caso más bien calendarios) a orillas del Tajo; los estanques alimentados por ellas se llenaban por completo los días de luna llena y se vaciaban en el momento de la luna nueva. Así podían seguir los toledanos el calendario árabe, que, como se sabe, era lunar. Un sistema tan ingenioso trató de ser copiado más tarde, pero nadie lo consiguió satisfactoriamente.

En el campo de la medicina destacaron Al Zarahmi, autor de una extensa enciclopedia médica, y quizá sobre todo el sevillano Avenzoar (1091-1162), un hombre que, contrariamente a las normas usuales entre los árabes, no tuvo inconveniente en estudiar cadáveres humanos y en disecar animales para estudiar su anatomía. Su *Libro General de la Medicina* trata lo mismo del cuerpo humano que de sus enfermedades, sus síntomas y su tratamiento. Proporciona también un buen número de recetas, por lo que es considerado también como farmacéutico. En la época de los reinos de Taifas fue Toledo el principal centro científico; pero no faltaron sabios en la misma Córdoba, en Sevilla, donde Avenzoar no estaba solo, y en Zaragoza, donde destacó Avenpace (1106-1138). Toda la ciencia árabe acabaría pasando a los reinos cristianos de España, y de aquí a Europa occidental.

Los traductores de Toledo

En 1085 el rey de Castilla Alfonso VI conquistó Toledo. Fue un hecho de gran relevancia simbólica, porque Toledo había sido la capital del reino de los godos, y se atribuía a su posesión una especie de derecho a adueñarse de toda la Península. Azarquiel huyó a Sevilla, pero muchos eruditos, musulmanes y judíos, quedaron en la ciudad. Fue una ocupación pacífica, pactada de antemano, que permitió la convivencia de las tres culturas, una convivencia de la que iban a derivarse muy positivas consecuencias en el orden cultural y científico.

La llamada «escuela de traductores de Toledo» no fue en sentido estricto una escuela, sino una serie de personas que colaboraron, unas veces en equipo, otras individualmente, en la ingente tarea de traducir del árabe al latín o al romance las obras que se conservaban en la biblioteca de Toledo, o en manuscritos particulares. Su labor es perfectamente comparable a las traducciones que trescientos años antes se habían hecho en la *Casa de la Sabiduría* de Bagdad, del griego al árabe. Esta nueva versión sería básica para el desarrollo de la cultura de Occidente.

Hubo dos periodos distintos, aunque nunca dejaron de hacerse traducciones. El primero estuvo marcado por la iniciativa del arzobispo Raimundo, interesado por la cultura antigua, que hizo traducir las obras de Aristóteles y los comentarios sobre el mismo por Avicena y Al Farabí. Pero también se tradujeron manuscritos científicos, referentes a Ptolomeo, Al Hazari y Al Jwarizmi. La segunda etapa corresponde al reinado de Alfonso X el Sabio, tan interesado por las ciencias como por la política. Aquí sí que puede hablarse ya, en muchos casos, de un verdadero equipo, controlado por el monarca, en que colaboraron eruditos cristianos, árabes y judíos. El papel de los judíos, que conocían el árabe y el «ladino» —latino o romance— fue muy importante en su labor intermediaria. Entre los principales traductores figuraron Domingo Gundisalvo, Abraham Alfaqui, Gerardo de Cremona, Juan Ben David o Juan de Sevilla, judeoconverso. También colaboraron, atraídos por la novedad de las aportaciones, sabios franceses, ingleses y alemanes. Si en el siglo XII se habían hecho traducciones —nada fáciles— del árabe al latín, bajo Alfonso X se realizaron con más frecuencia del árabe al romance. No en balde el monarca consideraba al castellano como la lengua unificadora de España. Más tarde, y sobre todo con vistas a su difusión por Europa, muchas de estas traducciones fueron vertidas a su vez al latín. Y las copias se hicieron en su mayor parte en papel. Ya los cristianos de la Península conocían desde siglos antes el papel, que los demás europeos llamaban «pergamino de trapo»; luego su uso se propagó a todo el continente.

Alfonso X fue una personalidad de extraordinario interés. Su labor legisladora (Las Partidas), literaria (Las Cantigas), histórica (La «Grande e General Estoria») se vio completada por su tarea científica, especialmente como astrónomo. No solo hizo traducir las obras de los antiguos y de los árabes, sino que hizo construir un observatorio en el castillo de San Servando de Toledo, encargando directamente trabajos a sus colaboradores, especialmente su astrónomo principal, Isaac ben Cid. Alfonso pudo observar personalmente, y sabemos que era capaz de manejar los delicados instrumentos de medida de aquel observatorio. Fruto de sus iniciativas fueron el *Libro del Saber de Astronomía*, que reúne la obra científica de todos los autores conocidos, e incluye un catálogo de estrellas y describe numerosos instrumentos de observación y medida; así como las famosas *Tablas alfonsíes*, que predicen cuidadosamente los movimientos del sol y la luna, sus ortos y ocasos, y las posiciones de los planetas en el cielo. Alfonso X toma como base la ciudad de Toledo, y como punto de partida cronológico el año 1252. Estas tablas fueron utilizadas por sabios y navegantes, y de ellas se valdría Copérnico. También hizo componer Alfonso X el *lapidario*, un libro en que se recogen datos sobre 360 piedras distintas.

No menos importantes fueron las traducciones de obras médicas, tanto las de Hipócrates y Galeno, como las de los árabes (Al Razes, Avicena, Avenzoar, Al Zarahmí). En general, el trasvase de la ciencia recopilada y también la desarrollada por los árabes a Europa occidental a través de España fue absolutamente decisiva en la historia. Así, Toledo, más tarde Sevilla, serían la base de gran parte de la ciencia bajomedieval. Pero tampoco hemos de olvidar a Sicilia, que fue un enclave árabe hasta el siglo XI, de donde pasaron escritos o conocimientos científicos a Italia. Especial relieve tiene la figura de Leonardo de Pisa, conocido también como Fibonacci (1170-1240). No solo tuvo contacto con las tradiciones dejadas en Sicilia, sino que, como diplomático, viajó por Egipto, Siria y Bizancio, recogiendo información matemática, que luego sistematizó en tres grandes libros. *Liber abaci*, o libro del ábaco, es un tratado de aritmética, en que ya emplea las cifras árabes, o más exactamente, «las figuras de los indios», un extremo en el que acierta, y enseña cálculos con números enteros y fracciones, proporcionando las nociones y reglas para sumar, restar, multiplicar y dividir. Luego se introduce en la aritmética comercial. Finalmente, enseña a extraer raíces cuadradas y cúbicas. Y se mete con los principios del álgebra: a este respecto muestra muchos ejemplos y plantea y resuelve problemas para una mayor comprensión. Es una obra sumamente didáctica, y por eso mismo fue muy importante para los mercaderes de su tiempo. La *Practica Geometriae* recoge los «Elementos» de Euclides, pero los perfecciona con aportaciones propias. El *Liber Quadratorum* incluye ya un tratado de álgebra en que enseña a resolver ecuaciones de primero y segundo grado, así como diversos problemas. Tras él, la ciencia matemática ya no tenía nada que aprender de los sabios antiguos o de los árabes.

La Baja Edad Media

Mientras florecía, en una explosión inesperada, la cultura árabe, Europa vivía recluida en sí misma, sin apenas contacto con el mundo exterior, en sus castillos, en sus monasterios, en sus pequeñas ciudades amuralladas, y en sus extensos agros, cuyo cultivo era el principal sustento de una sociedad por lo general sencilla y de escasa cultura. Los conocimientos se limitaban a los monasterios, y, en grado menor, a los castillos o los palacios de una clase dirigente muy fragmentada en distintos territorios de señorío. No parece disparatado imaginar para la mayor parte de la sociedad altomedieval un mundo pequeño, familiar, vinculado casi siempre al horizonte visible de cada día. Eso sí, aquella sociedad encontraba su denominador común en una concepción cristiana de la vida.

Aquel panorama comenzó a cambiar lentamente, a partir del año 1000, y sobre todo a partir del 1100, es decir, del siglo XII. Por un lado, creció la población, como no lo había hecho en varias centurias. Es un fenómeno sorprendente cuyas causas habrá que averiguar, y que puede tener relación con la mejora de los métodos de cultivo. Por otro, se consagró la división del trabajo, de suerte que el que fabricaba muebles no era el mismo que dominaba la técnica de los telares o los tornos de alfarero. En otras palabras, el trabajo se especializó y aparecieron los «artífices», y con ellos los distintos oficios. La tecnología se desarrolló notablemente. Y así se multiplicó el intercambio de productos muy diversos y de buena calidad. Este intercambio, que ya no solo el trabajo, engendraba riqueza en los pequeños mercados locales, luego en las grandes ferias periódicas, que se celebraban en ciudades determinadas en fechas determinadas. Los mercaderes, en cuanto intermediarios y transportistas, se hicieron tan ricos o más que los propios productores. Las ciudades aumentaron su tamaño y población, con su monumental catedral gótica, su palacio comunal, su mercado, sus gremios de artífices y mercaderes, y el flujo de bienes hacía posible que estas ciudades estuvieran provistas no solo de los productos de su entorno, sino de otros procedentes de lejanas tierras. Comenzaba a consagrarse una cultura de ciudad, esto es, una civilización. Con la diferencia, tal vez interesante, de que estas ciudades no son «enormes», como las del Oriente, sino de una población media, variada, pero familiar. París, Londres, Roma, Aquisgrán, Brujas, no suelen pasar de los 50.000 habitantes. Todos se conocen, aunque sus cometidos son muy variados. Un mundo no del todo feliz, porque en esta vida no faltan las penas ni las injusticias, pero en general floreciente, variado y encantador.

El desarrollo del comercio obligó a hacer cuentas y cuadrar cantidades. Apareció por entonces la contabilidad por partida doble, y se consagró la letra de cambio, que hacía innecesario el transporte real del dinero. Con frecuencia se emplea la regla de tres. Francis Peller escribe en el siglo XIV: «si cuatro cosas iguales valen 9, ¿cuanto valdrán cinco? Multiplica 5 por 9: resulta 45. Ahora divide 45 por cuatro, y encontrarás 11 y un cuarto». Cálculos así, aunque resultaran, como en este caso, fracciones, eran corrientes entre los comerciantes medievales. Que por la cuenta que tenían en ello, procuraban afinar sus operaciones.

Con el tráfico continuo, las comunicaciones entre ciudades y países se hicieron mucho más fluidas, frecuentes y rápidas, así como las vías, tanto terrestres como fluviales o marítimas. Los conocimientos y los logros se comunicaban; no solo se viajaba por intereses, sino que se hicieron más frecuentes las peregrinaciones —a Roma o a Santiago, por ejemplo—, así como la la predicación y la difusión de las órdenes religiosas, que ahora ya no solo se dedican, como antes, a la vida monástica, o a lo sumo a la atención de hospitales, sino que se establecen en las ciudades, como los franciscanos o los dominicos; salen a la calle, buscan a la gente, viajan para predicar o enseñar. O la expansión del arte, que ya no conoce fronteras, y difunde las nuevas escuelas y los nuevos estilos por distintos países. La portentosa arquitectura gótica, en que predominan los vanos sobre los macizos, en que los empujes se contrarrestan por contrafuertes, arbotantes y pilastras, son una muestra de una técnica de equilibrios como ninguna cultura había alcanzado hasta entonces en el mundo.

Viaja también la propia cultura, con la aparición de las universidades, a las que van a estudiar gentes venidas de fuera, o los propios profesores que, expresándose en ese idioma de la cultura europea que es el latín, van de un país a otro para dictar lecciones en los distintos centros culturales de Occidente. Un hecho más: el aumento de las ciudades y la prosperidad general origina el crecimiento de una clase media, que ya no siempre necesita vivir exclusivamente de su trabajo, y siente la necesidad de aumentar sus conocimientos. Se desarrollan las «artes liberales» —las típicas del *trivium* y el *quatrivium* de que ya hemos hablado—, y con ellas la posibilidad de «trabajar» en oficios que ya no suponen una labor puramente manual o un simple ejercicio de la fuerza física: leer, escribir, estudiar, enseñar, investigar, interpretar las leyes o defender pleitos, curar enfermedades. Se consagran así, más que antes, las profesiones, y cada una de ellas requiere el dominio de una ciencia determinada.

Las Universidades

El desarrollo de la ciencia bajomedieval, o lo que C. H. Haskins llama «el Renacimiento del siglo XIII», se basa en tres pilares: primero, la transmisión, a través de las traducciones del árabe, de todo el legado de la ciencia antigua; segundo, la consagración de una clase media laica, no eclesiástica, deseosa de saber (o deseosa de que sus hijos estudien para adquirir una profesión liberal); tercero, la aparición de las universidades. La universidad es un «invento» especial de la cultura europea, que puede tener una cierta relación con las escuelas del saber propias de otras culturas y otras edades; pero que se realza como una institución independiente, dotada de una identidad propia, muy peculiar, de autonomía, con reglamentos que la hacen independiente de cualquier otra entidad, y dotada de una asombrosa capacidad de perduración, como que se ha mantenido en sus líneas generales desde el siglo XII hasta —por lo menos— el XXI. La gestación de las universidades se fue operando poco a poco, pues que derivan de las antiguas escuelas de artes liberales, patrocinadas por las órdenes religiosas, luego por los obispos o cabildos catedrales. Hubo escuelas catedrales desde el siglo XI que enseñaban las «artes liberales» en sus dos conjuntos de saberes: las «letras» o *trivium* y las «ciencias» o *quatrivium*. La idea de artes liberales tiene que ver con el concepto de los «trabajos liberales», aquellos que no se realizan mediante el esfuerzo físico. Y están abiertas a todos los que demuestren preparación suficiente para estudiarlas, con independencia de su condición.

Algunas de estas escuelas destacaron extraordinariamente, antes de convertirse en universidades. Por ejemplo, la de Chartres, en Francia, que para Jaime Escobar «simboliza históricamente los comienzos de nuestra era científica y tecnológica». En Chartres se estudiaban con preferencia las ciencias naturales, la matemática y la astronomía, y su carácter independiente de la teología o la filosofía marca un hito en las orientaciones del saber sistematizado. Sin embargo, las escuelas más famosas fueron por un tiempo las de París, sobre todo las de la catedral de Nôtre Dame, también las de Santa Genoveva y San Víctor. Sabemos que, ya desde antes de constituirse en Universidad, acudían jóvenes de las más distintas procedencias a estudiar allí. Llegó un momento en que las escuelas se independizaron de las autoridades catedralicias, para adquirir un carácter autónomo, una especie de gremio, o como dice muy graficamente Alfonso X, «un ayuntamiento de maestros e escolares», con jurisdicción propia. Así, comenzaron a llamarse «estudios generales» o «universidades», entendida esta última palabra como «universalidad de saberes», entendamos un centro donde se enseñan y aprenden disciplinas muy distintas. Esta capacidad omnicomprensiva de la universidad fue su cualidad más excelsa desde los primeros momentos.

Se puede hablar de una primera universidad en Oxford a fines del siglo XII, y la de Cambridge se considera como tal en 1209. Los estudiantes de Bolonia ya estaban agremiados en 1150, aunque la institución no fue reconocida como universidad hasta

1230. La de París fue admitida como centro independiente en 1229. Uno de los redactores de sus estatutos fue Roberto Sorbon, de donde viene el nombre de Sorbona que sigue conservando. Enseguida se fundó la universidad de Nápoles. En Palencia existía un estudio general desde 1185. Sin embargo, el primer centro en España que recibió el título de universidad fue el de Salamanca, hacia 1230. Sus estatutos fueron confirmados por Alfonso X en 1254. Pronto surgió la universidad de Colonia, más tarde la de Heildelberg. El Estudio General de Cracovia seguía conservando este nombre cuando en él enseñó Copérnico. En total, las universidades creadas en el siglo XIII fueron catorce. Si tenemos en cuenta que a comienzos del Renacimiento existían veinte, habremos de reconocer la importancia que tuvo la época fundacional.

Por lo general, se desarrollaban dos ciclos, un primario, en que se aprendían el trivium y el quatrivium, y otro de especialización, en que se buscaba la capacidad para ejercer una profesión, mediante el consiguiente «título». Para ello se crearon «facultades» especializadas dentro de cada universidad. Aparte de filosofía y teología, había siempre facultades de derecho y medicina, que eran las dos profesiones más demandadas. En Montpellier se dio una importancia especial a las ciencias naturales, y en Bolonia, aparte del derecho —una carrera que sigue teniendo allí un prestigio especial— se desarrollaron ampliamente los estudios de medicina, matemáticas y astronomía. Las universidades inglesas tuvieron también un amplio desarrollo en el campo de las ciencias de la naturaleza.

Una cualidad también «universal» de las universidades fue la movilidad de sus profesores más ilustres. El empleo de una lengua culta común, el latín, sirvió para que cada centro invitara a impartir cursos a maestros conocidos por su categoría. Roger Bacon pasó de Oxford a París. Pedro de Irlanda fue a explicar a la universidad de Nápoles. Alberto Magno enseñó en Friburgo, Ratisbona, Colonia, París, Padua. Tomás de Aquino fue profesor de París, Colonia, Bolonia, Roma, Nápoles. También los estudiantes viajaban, cuando podían, a las universidades más famosas. La universidad contribuyó así, además de a difundir los conocimientos más amplios y variados, a construir la cultura de Europa.

En la Alta Edad Media apenas se conocía otra filosofía que la platónica. Ahora, la traducción de los manuscritos árabes que habían recogido las doctrinas de Aristóteles (comentadas y enriquecidas por Averroes y otros) confirió a la cultura bajomedieval un sentido de estudio organizado, razonado y riguroso. Las universidades prestaron una dedicación especial a la filosofía aristotélica, de donde derivó la escolástica, que redujo a formas muy estructuradas santo Tomás de Aquino, sin duda el más célebre y el más claro, al mismo tiempo que el más riguroso y sistemático de aquellos profesores universitarios. Pero no todo quedó en teología o filosofía. La matemática, la física, la química, la astronomía, las ciencias naturales, fueron cultivadas también por muchos de aquellos sabios. No se desarrollaron tanto como la teología o la filosofía lógica, pero no dejaron de progresar, como enseguida veremos. Tratar de ver en la universidad medieval un centro de estudios puramente teóricos o especulativos es un error, no por difundido menos desconocedor de la realidad. L. Adâo da Fonseca ha destacado la importancia de la dialéctica como actitud propia de los escolásticos, porque plantea problemas, «quaestiones», a que es necesario responder. Y exige un método, es decir «la construcción de un sistema coherente». Con ello se colocan las bases de lo que será la ciencia occidental. La razón y el orden: he aquí dos normas supremas. «Natura est ratio», la naturaleza tiene un sentido, puede explicarse razonablemente, y al mismo tiempo mantiene un orden susceptible de ser reducido a esquema: «omne res est ordinatum». Alejandro de Halles, profesor de la universidad de París, observaba: «el mismo orden es bello». He ahí una de las actitudes mentales más clásicas del pensamiento de Occidente: la tendencia al orden, a la regularidad de las cosas que pueden sistematizarse, la cognoscibilidad de la naturaleza, que está llena de sentido, y al mismo tiempo es maravillosamente hermosa. «Ahora —precisa Léopold Génicot— el hombre quiere comprender...; procura precisar conceptos, conciliar contradicciones, descubrir causas, remontarse a los principios...». Un nuevo camino —*método* significa camino— estaba abierto.

Algunos nombres y teorías

Alberto de Bollstadt, más conocido como san Alberto Magno (1200-1280), nació en el sur de Alemania y estudió en la universidad de Padua, donde se hizo dominico. Estuvo en seis universidades distintas de diversos países de Europa, sobre todo en las de París y Colonia (dos veces). Viajó varios miles de kilómetros, y siempre se impuso hacerlo a pie. Fue tal su fama, que en París se vio obligado a explicar al aire libre (en la plaza Maubert (de «Magnus Albertus»). Uno de sus discípulos fue Tomás de Aquino. En Colonia fue rector y a lo largo de su vida ocupó diversos cargos y fue asesor de un concilio, pese a lo cual mantuvo sus estudios, que le convirtieron en uno de los sabios más polifacéticos de todos los tiempos: aparte de sus trabajos sobre teología y filosofía, escribió tratados como «los fenómenos físicos», «el cielo y la tierra», «sobre el aire y los meteoros», «sobre la fuerza del aire», «sobre el aire y la respiración», «sobre los lugares de la naturaleza», «de los animales», «de los vegetales», «de la alimentación», «de la química». Por su capacidad enciclopédica fue llamado *Doctor Universalis*. En este sentido, nadie más «universitario» que él. De sus estudios se dijo que «no tocó tema que no enriqueciera», porque nunca se limitó a estudiar a otros, sino que quiso mejorar sus conocimientos, y fue un investigador nato. Aprendió de Aristóteles y Averroes, pero también discrepó de ellos, y denunció sus errores. Su contemporáneo Ulrich Engelbert le consideró «sabio en todas las ciencias» y «asombro de nuestro tiempo». Fue siempre sencillo, y de vida ejemplar.

Una actitud sorprendentemente moderna para su tiempo es la que se propone «investigar las causas que operan en la naturaleza». Y sobre todo esta (tomada de su tratado sobre las plantas): «el experimento es la única forma de certificar los conocimientos». He aquí, en pleno siglo XIII, un científico experimental. En *De coelo et mundo* demuestra con más claridad que ningún otro que la Tierra es esférica. Desde entonces, ninguna persona docta, contra lo que tantas veces se ha pretendido, se atrevió a discutir esta tesis. La concepción de una Tierra plana puede corresponder a personas ignorantes, o más bien deducirse falsamente de los mapamundis que entonces se trazaron, pero la esfericidad del planeta fue admitida desde el siglo XIII por todos los eruditos. Alberto Magno es al mismo tiempo geógrafo, y autor de notables mapas. Una afición suya: representar las cadenas de montañas. Y el hecho le llevó a estudiar con seriedad los climas. La temperatura varía en función de la latitud geográfica: cuanto más se avanza hacia el polo es más fría, y cuanto más hacia el ecuador, más cálida; pero también varía en función de la altitud: las tierras elevadas son más frías que las bajas. Como botánico, afirma que no basta observar las plantas: es preciso seguir todo el proceso de su crecimiento, y con ese criterio las describe. Y respecto a *De animalia*, observa H. J. Stadler: «Si hubiera continuado el estudio de las Ciencias de la Naturaleza por el camino emprendido por San Alberto, se hubiera ahorrado un espacio de tres siglos». Su curiosidad no admite límites. Diseccionó el ojo del topo para tratar de comprender la visión de este animal que vive en la oscuridad; comparó los huevos de los pájaros y de los peces para establecer semejanzas y diferencias. Alberto Magno se dedicó también a la química, y realizó experiencias en un laboratorio propio. Se sabe que descubrió el arsénico, cuyas propiedades describe. Se dio cuenta de que el cinabrio, un mineral rojo que suele encontrarse en las minas argentíferas, es una combinación de azufre y mercurio. También describe la preparación del ácido nítrico. Entre las gentes se difundió la especie de que poseía poderes mágicos: tal vez por su polifacética sabiduría, tal vez por sus experimentos. Pero fue todo lo contrario de un mago: condenaba la magia y fue tal vez el primero que negó la posibilidad de obtener la piedra filosofal, que no es más que un mito absurdo: «ninguna operación química será capaz de producir oro».

—John Hollywood, conocido como Juan de Sacrobosco (Hollywood es «bosque sagrado») escribió hacia 1250 el tratado *De Sphera*. Considera también, como Alberto Magno, una Tierra esférica, correspondiente a la esfera de los cielos. Describe ambas esferas, las constelaciones, y proporciona criterios para medir la longitud y la latitud, tanto en la esfera celeste como en la terrestre; mide la altura del sol cada mediodía, y sugiere que la latitud puede determinarse por esta altura. Sus ideas trascendieron especialmente entre los navegantes, y llegaron a tener gran desarrollo en el Renacimiento. Sacrobosco se equivoca al tratar —sin fundamento científico— de fijar la proporción de tierras y mares sobre el globo. Fue justamente este punto el que más se discutió en la época de los grandes descubrimientos geográficos.

—Sin duda el científico por excelencia de la baja Edad Media fue Roger Bacon (1214-1294). Nacido en Inglaterra, estudió desde muy joven aritmética, geometría, astronomía y música (es decir el *Quatrivium*). Con este bagaje, fue admitido y pronto reconocido en la universidad de París, donde explicó matemáticas entre 1241 y 1247. En 1247 regresó a Inglaterra y se convirtió en el más famoso profesor de Oxford, donde siguió explicando preferentemente matemáticas. Para Bacon, «las matemáticas son la puerta y la llave de las ciencias». Luego se dedicó a estudiar temas de física, especialmente en el campo de la óptica: experimentó con lentes y consiguió aumentar el tamaño de las imágenes; y aunque aspiraba a observar el cielo con alguna combinación de sus cristales, es francamente exagerada la afirmación de que inventó el telescopio. También trabajó con espejos y estudió las imágenes que se pueden obtener con ellos. Comprendió los fenómenos de la reflexión y la refracción, adelantándose en varios siglos a los estudiosos en esta materia. Y se dio cuenta de que el fenómeno del arco iris no es más que el resultado de la refracción de los rayos del sol en las nubes (diríamos hoy: en las gotitas de agua de las nubes). También se interesó por fenómenos como la fuerza de la gravedad o los efectos de la perspectiva: un tema que interesaría especialmente a los pintores del siglo XV. Bacon no rechaza el saber de los antiguos; pero tampoco lo acepta sin más como pretendía el famoso «argumento de autoridad»: «no se deben condenar las obras de Aristóteles o de Averroes a causa de los errores que haya en ellas; porque la imperfección es inseparable de las ciencias; así nosotros los modernos aprobamos esos libros, pero rechazamos los errores que descubrimos en ellos».

En 1266 escribió a su protector el papa Clemente IV proponiéndole la realización de una enciclopedia de todas las ciencias. El papa le alentó a aquella empresa; pero la muerte del pontífice en 1268 dejó a Bacon sin patrocinador, y hasta con una serie de enemigos. Con todo, conservamos parte de esos trabajos en los libros titulados *Opus magnum, Opus minus y Opus tertium*, que dan cuenta de la diversidad y la originalidad de sus saberes. Se considera a Roger Bacon (sin entera justicia, porque habría que recordar también a Alberto Magno) el predecesor del método experimental en las ciencias. Tras su muerte, la universidad de Oxford mantuvo una curiosa tradición en el estudio de la óptica, de la gravedad y de la aceleración de los movimientos. Un especialista en el tema, de cuya vida sabemos muy poco, Jordanus Nemorarius (fines del siglo XIII— principios del XIV) trató el tema del movimiento sobre un plano inclinado, y cómo la fuerza de la gravedad, aunque ejerce un empuje hacia abajo, puede descomponerse hasta provocar un movimiento de deslizamiento sobre ese plano: fue el primero que descompuso fuerzas en vectores, un descubrimiento que se atribuye a Galileo, tres siglos más tarde. Los manuscritos primitivos de Jordanus no se conservan, pero las ideas que se derivan de sus textos resultan en verdad sorprendentes.

—Sin embargo, fue un curioso profesor francés, Jean Buridan (1300-1358), que llegó a rector de la Sorbona, el que mejor trabajó sobre los cuerpos en movimiento. Aristóteles concebía que para que exista el movimiento, tiene que existir una fuerza. También concibe la resistencia: si la fuerza es inferior a la resistencia, el cuerpo no se mueve. Hasta ahí, Aristóteles va bien. Pero pensaba que esta fuerza tiene que actuar de manera continua: así en el caso de un caballo que tira de un carro. Si el caballo deja de tirar, el carro se para. Sin embargo, hay formas de movimiento en que no parece que se esté actuando sobre el móvil: por ejemplo, cuando lanzamos una piedra. Aristóteles, aferrado a su teoría, pretende que la piedra es empujada por el aire. Buridan rechaza indignado esta suposición: al contrario, el aire la frena. ¿Cómo es entonces que continúa moviéndose? Aquí el profesor francés intuye un concepto nuevo: el *impetus*. La piedra conserva el impulso inicial que le fue proporcionado, y sigue moviéndose. Si acaba cayendo, ello de debe a dos circunstancias: a) el aire la frena; b) actúa sobre ella la fuerza de la gravedad, el peso, que tiende a hacerla caer. Suponiendo un cuerpo al que hemos comunicado un *impetus* , y no estuviera perturbado por la fricción del aire ni por la fuerza de la gravedad, seguiría moviéndose indefinidamente. Así intuye genialmente Buridan el concepto de inercia, no formulado hasta los tiempos de Newton.

Más todavía: si esa piedra, no perturbada por ninguna otra fuerza, estuviera siempre impulsada por un *empuje continuo*, no solo mantendría su movimiento, sino que lo *aceleraría*. Buridan acaba de descubrir uno de los elementos fundamentales de la dinámica. Y para ello recuerda la fuerza de la gravedad: el peso está actuando continuamente sobre un cuerpo que cae, y por eso el movimiento de caída de ese cuerpo es uniformemente acelerado. Es una pena que los descubrimientos, incipientes, pero válidos, de los físicos bajomedievales, no hayan tenido continuidad —en parte ello se debe a la escasa difusión de sus escritos, en una época en que aún no se había inventado la imprenta— y se haya perdido tanto tiempo hasta la consagración de los principios fundamentales de la física.

—Citemos por último a Nicolás de Oresme (1320-1382), un matemático que trabajó sobre potencias, introduciendo exponentes fraccionarios y operando con ellos; se valió de signos que constituyen un precedente de los logaritmos. Si se adelantó hasta cierto punto a Neper, también se adelantó a Descartes cuando trazó sistemas de coordenadas, aunque de forma muy sencilla. En el campo de la física destacó, de acuerdo con Buridan, en la explicación del movimiento acelerado y teorizó varios puntos de la cinemática. En 1377 escribió *Le livre du Ciel et du Monde* —ya en lengua romance—, que le convierte hasta cierto punto en predecesor de Copérnico: encuentra que es mucho más fácil explicar los movimientos de los astros suponiendo que es la Tierra la que gira sobre su eje que admitiendo los complicados mecanismos teorizados de Ptolomeo. ¡Hasta trató de medir la velocidad de la luz! También escribió tratados de economía, explicando el porqué del empleo de ese bien multilateral de intercambio que es la moneda, y el mecanismo de la inflación.

En suma, y sin pretender llegar más lejos en este punto, parece claro que la ciencia bajomedieval superó con claridad el nivel de cualquiera de las precedentes en la historia. Curiosamente, casi nadie lo sabe.

La medicina

Desde la alta Edad Media se dispensó atención médica en los monasterios, donde por lo general se cuidaba a los enfermos por caridad, o por conciencia de un deber cristiano. A este respecto, ha comentado Laín Entralgo que el consuelo a los enfermos, menos natural en otras culturas, constituyó una suerte de *psicoterapia cristiana*, que no dejó de surtir efectos en el estado anímico del paciente, y posiblemente también en su mejor disposición para la curación. En la baja Edad Media trascienden las enseñanzas de Hipócrates, Dioscórides, Galeno, Avicena, y se establecen no ya centros conventuales, sino «hospitales» en el sentido amplio de esta palabra. Los hospitales estaban destinados en principio al cuidado de los caminantes, con frecuencia agotados o heridos, pero también se fueron consagrando como centros de atención médica o quirúrgica. Al mismo tiempo, en las universidades aparecían facultades de medicina, en donde se enseñaba y se practicaba, hasta el momento de otorgar títulos a los estudiantes capacitados.

Destacaron algunas escuelas en particular, como la de Chartres, famosa ya desde el siglo X, y cuyo prestigio se mantuvo por lo menos hasta el XII; en ella destacaron Fulberto de Chartres y su discípulo Hildegario. En el siglo XIII se cuenta entre las más notables la escuela de Montpellier, caracterizada por sus éxitos en el campo quirúrgico. Henri de Mondeville (1260-1320) fue profesor de anatomía en Montpellier y cirujano del rey de Francia, Felipe el Hermoso. Discípulo de Mondeville fue Guy de Chauliac, que al mismo tiempo que practicaba la cirugía, fue también un experto en ortopedia. En la escuela de Montpellier destacó extraordinariamente el valenciano Arnau de Vilanova (1234-1311), que no solo curaba enfermedades, sino que también las prevenía: para él una vida sana y la limpieza corporal son esenciales para mantener la salud. Vilanova fue un místico un tanto extraño y visionario, cuya vida experimentó inesperados vaivenes, aunque terminó como médico del papa. También buenos cirujanos fueron los miembros de la escuela de Bolonia: allí se aprendió por experiencia que el pus no es una secreción liberadora de malos humores, sino una señal de infección que es preciso evitar: para ello los boloñeses fueron los primeros en lavar repetidamente las heridas, y mantenerlas limpias, aunque sangrasen; para evitar esto último inventaron la sutura o cosido. En cuestión de fracturas, fue famoso Gianfranco de Milán, que ideó el entablillamiento para mantener la inmovilidad del hueso roto.

La escuela de Salerno fue famosa durante siglos. En ella se exigía una buena preparación, se hacían prácticas y exámenes y no se otorgaba el título hasta haber superado difíciles pruebas. Fue tal vez la primera escuela de medicina en que se admitieron mujeres. Se ha dicho que daba preferencia a los hechos observados sobre la teoría, hasta el punto de que algunos la consideran la primera escuela de medicina experimental: por supuesto, dentro de límites muy modestos. Allí se empleaban preparados de mercurio para las afecciones de la piel, así como algas marinas. En general, y como ocurrió desde los tiempos de los egipcios o de Hipócrates, en las distintas escuelas se empleaban fórmulas magistrales más o menos subjetivas, algunas de ellas absolutamente inadecuadas, aunque la experiencia pudo aconsejar sobre la utilidad de cada una en distintas afecciones. En Salerno destacó Ruggiero Frugardi, experto en curar heridas. La medicina medieval, como la antigua o la moderna hasta el mismo siglo XVIII, obró más por principios consagrados o pequeñas experiencias que por un método rigurosamente científico; pero en medio de todo supuso un avance respecto de épocas anteriores.

La aventura de la navegación

Un hecho decisivo en la historia el mundo fue el desarrollo de las técnicas de navegación en la baja Edad Media. Ya nos hemos referido en su lugar al invento de la quilla y el timón. La quilla apareció en fechas tempranas, lo más tarde en el siglo X, y tuvo un papel fundamental en las navegaciones de los vikingos por las costas del Atlántico y luego en sus audaces expediciones, probablemente hasta tierras americanas. El timón de codaste es algo posterior, y sustituye al antiguo timón empleado ya por los fenicios, en forma de un remo largo. El codaste es una sólida viga vertical solidaria a la popa del navío, y en él se sujetaba con bisagras un timón cuya caña se podía manejar comodamente desde popa. La combinación quilla-timón dio unas posibilidades a los navíos de poder maniobrar y ceñir contra viento, navegando en cualquier dirección (para avanzar contra viento era necesario ceñir en zigzag: ¡se tardaba más, pero era posible!).

La técnica de navegación avanzó sin cesar a lo largo de la Edad Media. Mientras el centro del tráfico fue el Mediterráneo, los barcos eran relativamente ligeros y de no alto bordo: un mar con abundantes islas y costas relativamente cercanas permitía por lo general encontrar abrigo frente a un temporal. Una vieja tradición fenicia y griega permitió combinar los remos con las velas. Y fueron los mediterráneos, paradójicamente, los primeros en lanzarse a la exploración del Atlántico (si exceptuamos las hazañas de los normando-vikingos alrededor del año 1000). Las aventuras atlánticas de los italianos no son bien conocidas, pero se sabe que el genovés Lancellotto Mallocello descubrió las islas Canarias en 1312 (Lanzarote lleva todavía su nombre); poco después los hermanos Vivaldi exploraron por la costa africana todo el territorio que hoy corresponde a Marruecos. En 1341 fueron descubiertas las islas Madeira; y hacia 1346 el catalán Jaume Ferrer llegó a las costas del Sáhara Occidental, hasta el lugar que llamó Río de Oro. Estas aventuras cesaron cuando sobrevino la catástrofe de la Peste Negra (1348-50), que diezmó los pueblos mediterráneos. Por el contrario, los países del oeste de la Península Ibérica (portugueses y castellanos), menos castigados, se hicieron grandes expertos en la navegación de altura por el Océano, utilizando la combinación quilla-timón de codaste, así como las velas triangulares, más adecuadas para ceñir contra el viento. Un descubrimiento decisivo fue el de la carabela, un barco relativamente ligero, ágil, muy capaz de navegar en mala mar y con todos los vientos posibles. No puede transportar grandes cargas, pero es ideal para descubrir. La carabela, muy probablemente, nació en Portugal, pero muy pronto la imitaron los españoles de la zona del golfo de Cádiz. A ellos iban a estar reservados los más sensacionales descubrimientos de la Baja Edad Media e inicios de la era renacentista. Estos descubrimientos iban a cambiar el mapa del mundo y la propia historia del mundo.

La brújula

Como instrumento fundamental de orientación se consagró, a fines del siglo XII o comienzos del XIII la brújula o «aguja». Como es sabido, las propiedades de la piedra magnética fueron descubiertas por los chinos, que se valieron de este mineral en los viajes de personajes importantes, como los embajadores. Al parecer, hacían flotar una barra magnética sobre un círculo de madera que colocaban en un recipiente con agua. De los chinos tomaron el instrumento los árabes, que lo utilizaron en sus viajes y navegaciones. De los árabes pasó a Europa, comenzando por los países mediterráneos. Se atribuye su introducción a Flavio Gioja, de Amalfi. La aguja aparece ya mencionada por A. Neckam (1195), Guyot de Provins (1203 y 1205) y Jacques de Vitry (1218). No sabemos, sin embargo, si la palabra significó en principio una piedra imán aguzada o una aguja de hierro imantada por la piedra, que fue su forma definitiva. Ya Alfonso X dice que «la aguja es la medianera entre la estrella y la piedra», y Raimundo Lulio (1235-

1314) alude a «la aguja tocada por la piedra». La forma definitiva fue la «bussola» o cajita, de donde viene el nombre. La aguja imantada giraba libremente sobre un pequeño eje vertical metido en una caja. La brújula resultaba así transportable, y facilmente utilizable a bordo de una embarcación, que fue donde prestó durante siglos sus más inestimables servicios.

Ahora bien: aunque al principio se pensó que la aguja señalaba exactamente el Norte, pronto se descubrió en los países europeos que no es así. Hoy se sabe que apunta hacia el polo magnético, que no coincide con el geográfico y que además se desplaza poco a poco sobre el área del círculo polar. En la época de Alfonso X o de Colón, la brújula se desviaba ligeramente al E. Desde el siglo XVII al XX, ha marcado un poco hacia el NO, y a comienzos del XXI está recuperando (para un observador situado en las costas atlánticas europeas) casi exactamente la dirección N-S. Hacia 2060 marcará de nuevo como en los tiempos de Colón. Estas desviaciones provocaron algunos problemas, sobre todo en los países nórdicos, donde la anomalía era más marcada. Por eso se distinguía entre brújulas flamencas, que tenían en cuenta esta desviación, y brújulas genovesas, que apenas era necesario corregir. A pesar de estos inconvenientes, la brújula prestó un servicio inestimable a los navegantes y permitió orientarse en alta mar con notable precisión.

Astrolabio y cuadrante

Ciertamente más exactas eran las indicaciones de las estrellas. Para eso era necesario realizar mediciones muy precisas, y por tanto más laboriosas e incómodas. Ya los babilonios habían inventado aparatos para medir ángulos, y los árabes fueron verdaderos maestros en el menester. Típicamente árabe fue el *astrolabio*, un círculo graduado de grado en grado, provisto de una regla que señalaba el punto de partida, y una alidada o aguja movible parecida a la de un reloj, que podía deslizarse a lo largo del círculo. Apuntando a un punto determinado con la regla principal y moviendo la alidada hasta que apuntase a otro objeto, era posible medir el ángulo que los separaba, por ejemplo la altura del sol o de la estrella polar sobre el horizonte. Los árabes heredaron de los babilonios la división del círculo en 360 grados.

Por tanto, un ángulo recto medía 90 grados. Esta graduación, propia del sistema sexagesimal, ha llegado hasta ahora mismo.

Los árabes sabían que la estrella polar se eleva sobre el horizonte un ángulo igual a la latitud del lugar. Así resulta que en Bagdad la estrella polar se levanta 32° sobre el horizonte; en Madrid brilla a 40°; en Londres, a 52°. Desde el polo Norte se ve la polar a 90° de altura, es decir, en el mismo cénit, y un observador desde el ecuador la ve a 0°, justo en el horizonte: es decir, no la ve. Pero tampoco la estrella polar señala el Norte con absoluta precisión, por la sencilla razón de que no se encuentra exactamente en el polo celeste, sino muy cerca de él. Todas estas ligeras inexactitudes (que no impidieron una bastante correcta orientación de los navegantes) no fueron descubiertas hasta los tiempos de Cristóbal Colón. Los marinos cristianos prescindieron del astrolabio y utilizaron un instrumento más pequeño y manejable, el cuadrante. El motivo es bien sencillo: solo tenían que medir la altura del sol o de la estrella polar, y ninguno de estos dos objetos puede elevarse a más de 90° sobre el horizonte. El cuadrante y luego la ballestilla, un aparato todavía más fácil de manejar, cumplieron un papel fundamental en la época de los grandes descubrimientos geográficos.

Los mapas

Primero en el Mediterráneo, más tarde en las costas del Atlántico, aparecieron las primeras cartas náuticas o «portulanos». Se llaman así porque señalan ante todo los principales puertos a que puede arribar una nave; pero también los cabos, las bahías abrigadas, los escollos peligrosos. Lo más curioso de los portulanos son las líneas de rumbos tendidas en todas direcciones. Un navegante no tenía más que transportar la dirección que quería seguir con una escuadra y un compás, para conocer el rumbo adecuado. La rosa de los vientos, colocada sobre la brújula, que se generaliza en el siglo XIV, permite conocer este rumbo a la perfección. No es extraño que los portulanos hayan aparecido con posterioridad al conocimiento de la brújula. Sus líneas de rumbos y las de las rosas de los vientos están intimamente relacionadas. Cuando en 1270 el rey de Francia, Luis IX, navegaba hacia Túnez, quiso conocer dónde estaban y cuánto tardarían en llegar a las costas africanas. Los pilotos trajeron entonces un mapa lleno de líneas, y mostraron al monarca el lugar exacto en que se encontraban y la previsión del tiempo en que tardarían en llegar a su destino. El hecho demuestra que ya por entonces se manejaban los portulanos y se podía calcular de modo satisfactorio la situación de un navío sobre el mapa. Entre los más famosos portulanos figuran la «carta pisana», la carta de Visconti, o el «atlas catalán» de Abraham Cresques.

Empieza la exploración del mundo

Con todos estos materiales comenzó, sobre todo por obra de los pueblos atlánticos de la Península Ibérica, la exploración del mundo en el siglo XV. Les guiaba, qué duda cabe, el incentivo del comercio y la posibilidad de hallar metales preciosos o grandes riquezas, que se pensaba existían en Oriente; pero también la curiosidad, el afán de conocer. Los españoles llegaron a las Canarias y comenzaron su conquista. También, en competencia con los portugueses, llegaron más allá con sus ágiles carabelas. Los portugueses vivieron durante sesenta años una aventura mucho más amplia, en demanda de las fabulosas tierras de Extremo Oriente que había descrito con exageración encomiástica a fines del siglo XIII un extraordinario viajero, Marco Polo. El objetivo era llegar al reino del Preste Juan, un monarca cristiano rodeado por los musulmanes (se trataba sin duda del emperador de Etiopía), a la misteriosa India, con sus príncipes riquísimos, la gran Isla de las Perlas (Ceylán, hoy Sri-Lanka), y, más allá, al imperio del Gran Khan (China) o al de Cipango, o del Sol Naciente (Japón). Ahora bien, para llegar a aquellas maravillosas tierras había que dar la vuelta a África, cuyas verdaderas dimensiones ni siquiera se conocían. La aventura era incierta, pero apasionante. En apoyo de la empresa se constituyó una escuela de náutica en Sagres, y en Lisboa una «Xunta dos Mathematicos». Utilizando las ágiles carabelas y las modernas técnicas de navegación, Gil Eanes rebasó por primera vez el trópico de Cáncer en 1434; Fernando Póo cruzó el ecuador en 1468, y en 1481 Bartolomeu Dias superó la punta sur de África por el cabo de las Tormentas, que el rey Juan II rebautizó como cabo de Buena Esperanza. El astrónomo Josef Vizinho calculó cuidadosamente la latitud de los lugares descubiertos. Parecía abierto el camino de la India cuando apareció en escena un hombre un poco estrafalario que decía conocer un camino mejor. Se llamaba Cristóbal Colón.

Algo sobre la ciencia maya

Cuando Colón llegó al Nuevo Mundo, no encontró más que culturas primitivas, que apenas habían alcanzado los niveles del neolítico. Más tarde, los españoles encontraron dos poderes fuertes y bien organizados —el inca y la confederación azteca—, aunque ninguno de ellos pudo defenderse con éxito frente a los recién llegados, y otras culturas más o menos desarrolladas. Gran parte de América vivía en estadios primitivos. Una cultura, entonces en plena decadencia, había alcanzado en tiempos coetáneos a «nuestra» Edad Media un considerable desarrollo científico: era la de los mayas, y a ella parece que conviene referirse ahora, después de haber tocado aspectos de la ciencia medieval y antes de referirnos a la consecuencia de la incorporación de América a la cultura de Occidente.

Los pueblos mayas ocuparon un área relativamente reducida en zonas de la península de Yucatán —México— y parte de lo que hoy son Honduras y Guatemala. Nunca se unieron entre sí: formaron una serie de pequeñas ciudades-estado, regidas por caciques poderosos y por una casta sacerdotal teocrática. Su periodo de máximo esplendor tiene lugar aproximadamente entre los años 600 y 900 de nuestra era. Luego comenzaron a decaer, por causas aún no bien aclaradas. Se habla de un cambio climático, provocado, tal vez, por los mismos mayas, que deforestaron grandes extensiones de selva para dedicarlas al cultivo, especialmente del maíz, que consumían en parte y en parte exportaban. Los estudios realizados recientemente sobre semillas fósiles demuestran que a partir del siglo X hubo cada vez menos bosques y más matorrales. La erosión arrasó las tierras más fértiles y disminuyó su producción. Otros estudios modernos parecen confirmar una disminución de la tasa alimentaria y la existencia de duraderas sequías. Tengamos en cuenta que la economía maya se basaba casi exclusivamente en la agricultura. Su artesanía estaba poco desarrollada, a pesar de la calidad de su arquitectura y su arte. No conocían la rueda. En el siglo XVI, cuando llegaron los españoles, los mayas no tenían más que gloriosos recuerdos y sorprendentes ruinas.

Pero durante un milenio los mayas habían edificado la cultura quizá más refinada que hubo en América. No tenían grandes ciudades, pero sí magníficos edificios decorados con altorrelieves, templos, canchas para el juego de pelota que practicaban, y sobre todo pirámides, todas o casi todas las cuales tenían una finalidad religiosa y al mismo tiempo científica, puesto que los sacerdotes eran al mismo tiempo matemáticos, astrónomos, jerarcas y hechiceros. La existencia de pirámides es un hecho sorprendente, que pone en relación —siquiera de similitud— a los mayas con pueblos muy lejanos, como los del N.O. de la India, los babilonios o los egipcios. No parece que pudiera existir contacto alguno. Las pirámides mayas se difundieron por la zona, y las imitaron luego los toltecas y los aztecas. Eran pirámides escalonadas, como las babilónicas, y orientadas de acuerdo con los puntos cardinales. En Mesopotamia se orientaban las aristas; en Egipto, las caras. En las magníficas pirámides mayas —Tikal, Copán, Uxmal, Chichen-Itzá— la orientación de las caras sigue aproximadamente —¡pero no exactamente!— los puntos cardinales. Si suponemos que aquellos indios no dominaban adecuadamente la geometría de posición, nos equivocaríamos. Sus sacerdotes calculaban de manera muy precisa el orto y ocaso de los astros, las estaciones, las efemérides del sol, la luna y los planetas, y podían predecir eclipses. Parece ser que daban una importancia desmesurada a Venus, y orientaban una cara de la pirámide en la dirección del orto helíaco de Venus en el momento de su máxima declinación. Otras pirámides parecen estar orientadas en dirección al punto en que sale el sol el día en que pasa por el cénit. En aquella zona, al sur del trópico de Cáncer, el sol pasa por el cénit dos días al año, en mayo y agosto. En fin, las pirámides mayas están relacionadas con los astros (aunque de acuerdo con una lógica muy distinta de la nuestra), y probablemente eran, además de lugares de culto, observatorios. En lo alto de aquellas pirámides había siempre un templete.

Los mayas tenían un sistema de numeración vigesimal, y una forma muy clara de representar los números. Es probable que hayan inventado el cero antes que los hindúes, y por tanto que los árabes (los babilonios lo hicieron antes, pero no sabían emplearlo en todos los casos, vid. pág. 29).

Usaban tres tipos de signos: el cero, que servía para expresar «números redondos» —no parece que los mayas llegaran a abstraer el concepto de valor nulo—, los puntos o pequeños círculos, que expresaban las unidades, y las rayas o barras horizontales, que representaban el valor 5; empleaban por tanto una curiosa mezcla del sistema vigesimal con el quinario. Ahora bien, a partir del número 20 representaban cuatro barras para la numeración ordinaria, pero para sus cálculos astronómicos continuaban trazando puntos hasta convertir el 260 en «número redondo». O encerraban valores de 20 unidades en una especie de «paquetes» o «cartuchos». No conocemos bien la devoción de los mayas hacia el 260, que hoy no nos dice nada, pero que seguramente está relacionada con otra curiosa devoción hacia el planeta Venus, al que concedían una importancia extraordinaria. En efecto, Venus es visible, ya al atardecer, ya al anochecer, por periodos aproximadamente de 260 días (aunque ese periodo es ligeramente variable). Ya hemos visto también como la orientación de las pirámides parece tener que ver con Venus.

El calendario maya era sorprendentemente exacto. Tenía un año de 18 meses de 20 días (en total 360), más cinco o seis epagómenos, como los de los egipcios. Cada cuatro años, introducían seis epagómenos, como nuestros bisiestos. Conviene saber que las actuales corrientes indigenistas, entusiasmadas con los logros de los mayas, llegan a afirmar que su calendario era mejor que el occidental europeo «hasta los tiempos de la NASA» (la NASA no se dedica a modificar el calendario). En realidad, según se deduce de los estudios de B. y V. Böhm, calculaban un año de 365, 265 días, menos exacto que el gregoriano del siglo XVI. Los citados autores creen que los mayas, que desconocían los decimales o los quebrados, tenían que operar, para alcanzar cierta precisión, con «grandes números», de millones de días o miles de años, y, naturalmente, aunque nos dan cifras teóricas enormes, nunca tuvieron tiempo de comprobarlas. Pero al mismo tiempo empleaban otro calendario de 20 meses de 13 días, o sea que contemplaba un año de 260 días, ese famoso número sagrado. Las afirmaciones de que con arreglo a ese calendario efectuaban las faenas agrícolas no tiene explicación, ya que tales faenas deben ajustarse al año natural. Eso sí, los sacerdotes eran los únicos que (¡como los egipcios!) conocían la medida del año con exactitud, y podían señalar las fechas de cada tarea. Por las noticias que tenemos, ese calendario corto estaba destinado, aparte de las celebraciones religiosas, a «la gente inferior». El comienzo de los años largos y los años cortos volvía a coincidir cada 52 años, y a esta cíclica coincidencia se concedía también una gran importancia simbólica.

La matemática de los mayas alcanzó una notable precisión para la medida del tiempo y para los cálculos de efemérides astronómicas. Se usaba también para la contabilidad; pero no hay noticias de que se realizaran operaciones complejas. Muchos códices mayas fueron destruidos. Escritos sobre cortezas vegetales, se conservaban mal. Fray Diego Landa nos ha proporcionado traducciones de textos recitados de viva voz por los indios. Se conservan tres códices importantes, el mayor en Dresde (con efemérides de Venus), y otros dos en Madrid (Museo Arqueológico) y París. Los mayas empleaban una escritura pictográfica que al parecer no expresaba claramente conceptos abstractos. La expresión numérica 365 puesta en palabras era «cinco en la marca diecinueve». Es difícil saber si un día encontraremos la fórmula para descifrar del todo aquella escritura.

La ciencia del Renacimiento

A lo largo del siglo XV la cultura europea experimentó un cambio espectacular. No repentino, pero sí continuado. Las antiguas visiones que pretendían identificar el Renacimiento con un movimiento eclosivo y antimedieval han sido sustituídas ahora por la de una lenta evolución a partir de lo medieval, pero que llega a destinos finales muy distintos. Lo cierto es que se registra en Europa, de una forma todo lo paulatina que se quiera, pero irreversible, un cambio en la manera de pensar que tiene también su proyección al mundo de la ciencia. Tampoco se mantiene hoy la tesis de J. Burckhardt, que cifraba en el Renacimiento «el descubrimiento del hombre por sí mismo». Porque es preciso reconocer que la Edad Media cultivó un elevado humanismo y tuvo un alto concepto de la razón de ser del hombre y de su alta dignidad. Más bien cabría entender en el Renacimiento un descubrimiento de las posibilidades del hombre en este mundo, y de aquí que podamos encontrar en el panorama histórico una vertiginosa aventura de conquistas y de logros movidos por una juvenil ambición de llegar cada vez más allá, de alcanzar nuevas metas, nunca antes logradas. Personifica el tipo del *homo faber*, el hombre cuyo destino es hacer, y alcanza un destino tanto más elevado cuantas más y cuantas mejores cosas hace. El político realiza el ideal del «Príncipe», crea la

87

poderosa maquinaria del Estado Moderno, un ejército profesional, una burocracia eficiente, y se siente orgulloso del alcance de su poder. El artista del Renacimiento aspira a los ideales de la belleza clásica, pero pretende superar todo lo anterior, hasta logros nunca alcanzados que le deparen honra y fama. El hombre de negocios crea casas de banca, emite letras de cambio, establece redes financieras y comerciales, y aspira a una riqueza que le permita conquistar el prestigio y el buen nombre. No le basta ser rico, sino que quiere que todo el mundo lo sepa. Como el militar aspira a dominar nuevas tácticas y asombrar a sus enemigos con su iniciativa, su inteligencia y su valor, con los que llega a conquistar territorios hasta entonces no poseídos. O el navegante atraviesa los mares en demanda de tierras e islas nuevas al otro lado de los océanos, y busca en ellas la gloria y la fama. La actitud del hombre del Renacimiento, en suma, es la de un vencedor nato, que pretende alcanzar una meta difícil y gloriosa, y cuando al fin la consigue se siente feliz. En cuanto científico, el hombre del Renacimiento no llega tal vez tan lejos como los conquistadores los políticos o los artistas, pero persigue también con entusiasmo el logro de nuevos y espectaculares horizontes.

El «humanismo» pretende el desarrollo de las ciencias humanas, la cultura basada en el principio de la «razón independiente». Y estas «ciencias humanas» son, al menos en principio, las clásicas grecolatinas, el legado de los antiguos, la lengua de los griegos del tiempo de Pericles y de los romanos del tiempo de Cicerón; el arte basado en el «canon» y el equilibrio, la secularización de las universidades, la legislación que se apoya en el predominio del estado moderno, y con ella el principio de la «razón de estado»; el conocimiento de la realidad corporal del hombre, y de aquí los estudios de anatomía comparada y el progreso de la cirugía más que de la medicina clínica y farmacológica, el estudio de las razas y pueblos que la curiosidad de los europeos descubre más allá de sus fronteras. El humanismo es también en este sentido un interés del hombre por el hombre, o, como quiere Strieder «un entusiasmo por el más acá». No es que desaparezca el espiritualismo, que sigue disfrutando de insignes cultivadores; pero renace, como tantas otras concepciones clásicas, la idea de Protágoras de que «el hombre es la medida de todas las cosas». El interés del hombre renacentista es, por lo general, más humano, o, por mejor decirlo, antropocéntrico: el predominio del príncipe, la conquista, la riqueza, la fama, la prosperidad, el lujo. Y también un ansia indisimulable de cosas nuevas, hasta entonces nunca vistas. Parece como si el mundo hubiera entrado en una fase de renovada actividad.

Muchos aspectos del Renacimiento no interesan centralmente al objeto de este libro. Los grandes humanistas, del tipo de Lorenzo Valla, Pico della Mirandola, Erasmo, Tomás Moro, Luis Vives se preocuparon, y es lógico, por las «letras» mucho más que por las ciencias, aunque no dejaron de alentar el progreso científico. Y en el campo del arte destacaron los nombres insignes de Brunelleschi, Miguel Ángel, Rafael, Leonardo da Vinci, que perfeccionaron las técnicas, qué duda cabe, pero de los que apenas puede decirse que fueran «científicos» en el sentido estricto de la palabra, salvo en el caso de Leonardo, inventor de máquinas y aparatos que se adelantan a su tiempo, y quizá por eso, o porque la técnica de entonces no podía desarrollarlos, no llegaron a tener auténtica virtualidad histórica, aunque hoy nos admiren aquellas ingeniosas maquetas. Sí la tuvo un invento que iba a multiplicar hasta extremos impensables la difusión de los conocimientos.

La imprenta

Hay quien coloca la fecha de 1453, en que salieron impresos los primeros ejemplares de la Biblia editada por Gutenberg, como el hito que inicia la Edad Moderna. Puede servir perfectamente, aunque otros prefieran el año 1492, en que Cristóbal Colón avista América. Lo cierto es que el descubrimiento de la imprenta es mucho más que un avance de la técnica humana. Vino a cambiarlo todo hasta extremos impensables.

El uso de caracteres grabados en tacos de madera que, mojados en tinta, servían para imprimir signos sobre una hoja de papel nació como obra de un grupo de monjes budistas chinos, al parecer el año 593. Ya nos hemos referido a este hallazgo en su lugar. La primera obra impresa, con ilustraciones, también en China, data del año 868. El logro fue importantísimo, pero no se desarrolló especialmente desde entonces. La razón es sencilla: la escritura china requiere caracteres muy complicados, y tan numerosos —son más de diez mil—, que la tarea de grabarlos, ordenarlos y manejarlos resultaba extraordinariamente difícil. Allá por el siglo XI los monjes cristianos, sin saber nada de los chinos, idearon el mismo sistema, con un alfabeto mucho más sencillo. Con todo, apenas lo utilizaron más que para imprimir la letra inicial, generalmente con tinta roja, de sus preciosos manuscritos caligráficos. También se hicieron xilografías —grabados hechos con madera— representando figuras reales o alegóricas. La utilización de escritos impresos con caracteres móviles habría de esperar todavía muchos años, hasta el siglo XV. Hay quien atribuye el mérito al holandés Laurens Coster. Otros creen que empezaron antes los grabadores de Estrasburgo. Lo cierto es que una máquina de imprenta realmente eficaz y de una cierta capacidad industrial no aparece hasta Gutenberg.

Johann Gutenberg (1395-1467) era natural de Maguncia, y se dedicaba, entre otras actividades, a la grabación de monedas con destino a su acuñación. Este oficio, qué duda cabe, estimuló su inventiva. Se sabe que estuvo en Estrasburgo, y este hecho puede ser importante por lo que antes hemos dicho. De nuevo en Maguncia, inventó un aparato de imprimir con caracteres móviles que, debidamente alineados, se introducían en una prensa (la palabra imprenta, o la misma palabra «prensa» vienen de ahí). Pero la realización de la idea no era tan sencilla. Los tacos de madera se manchaban de tinta y después de usados muchas veces, era casi imposible limpiarlos. Gutenberg recurrió a piezas metálicas, que era preciso fundir en un molde de hierro; el metal de estas piezas habría de tener un punto de fusión más bajo que el hierro, por ejemplo el plomo. Luego se utilizó una aleación de plomo y estaño. La dificultad de su trabajo obligó a Gutenberg a asociarse al banquero Johann Fust. Como la imprenta, de momento, no dio los beneficios esperados, Fust puso pleito a su compañero y lo ganó. Gutenberg vio incautada su imprenta, y tuvo que partir otra vez de cero. Los inventores son tenaces, y Gutenberg se asoció al dibujante y grabador P. Schöffer. En 1447 logró imprimir un pequeño calendario. Y entre 1450 y 1453 consiguió sacar a la luz el primer libro impreso propiamente dicho: una Biblia completa, cuya edición le llevó tres años de trabajo. No era fácil preparar los «plomos», alinearlos, ajustarlos, elegir la tinta, encajar los tipos en su «caja», y emplear la prensa. ¡Al principio usó Gutenberg una prensa para uvas del Rhin! Aquella Biblia fue una maravillosa obra de arte. Es increíble cómo pudo obtenerse una impresión tan perfecta y tan limpia. Los ejemplares que se conservan no tienen precio. Y nunca consiguió Gutenberg igualar aquel trabajo. Tuvo nuevos problemas económicos, y murió pobre, protegido por el arzobispo de Maguncia, a fines de 1467 o comienzos de 1468.

La imprenta triunfó después de su muerte, conforme fue posible grabar varias páginas por día: a fines del siglo XV ya podían imprimirse 50 páginas. Las guerras que asolaron a Maguncia llevaron al exilio a muchos discípulos de Gutenberg: Numeister, Keffer, Ruppel, Mentel, Speyer. Europa se llenó de impresores alemanes: antes de 1500, había 100 en Italia, 30 en Francia y 26 en España. En 1510 habría ya 417 imprentas. El primer libro en España parece que se imprimió en Segovia en 1472: no está fechado. Sí lo está otro impreso en Valencia en 1475. Enseguida hubo imprentas en Zaragoza, Barcelona y sobre todo en Sevilla, que a causa de la riqueza generada por el descubrimiento de América se convirtió en la Meca de los impresores. También lo fueron Venecia o Amsterdam. La inmensa ventaja de la imprenta viene de su capacidad «industrial» para producir libros. Antes era preciso copiar los manuscritos, uno a uno. Cada copia exigía un trabajo de una paciencia casi infinita, y aún así, es difícil encontrar dos copias de la misma obra cuyos textos coincidan exactamente. En las versiones a imprenta son también posibles las erratas, pero, una vez corregidas, pueden hacerse centenares o miles de copias, todas exactamente iguales, y muy fácilmente legibles. El libro se multiplicó de modo sorprendente. Hacia 1510 estaban editados unos 40.000 títulos, con un total de medio millón de ejemplares. La difusión del saber transformó la cultura del mundo occidental, e hizo infinitamente más fácil la transmisión de las ideas y los conocimientos. Sin la imprenta, la historia hubiera sido diferente. Y sin duda mucho más lenta.

El descubrimiento del mundo

A lo largo del siglo XV, los portugueses exploraron toda la costa occidental africana (vid. pág. 82). Lo que les interesaba realmente era llegar a las fabulosas tierras de Extremo Oriente. Al fin, en 1497, Vasco da Gama, en una aventura extraordinaria, consiguió llegar a la India. Dos mundos que hasta entonces habían vivido la historia por su cuenta quedaban enlazados de una vez para siempre. El viaje, que, realizado por tierra, en caravanas sucesivas, y amenazado por mil peligros, requería tres años, podía realizarse con muchas menos complicaciones, y en pocos meses, por mar. Aquellas tierras no eran tan inmensamente ricas ni tan llenas de exóticas maravillas como pretendía la leyenda; pero se hacían posibles el comercio y los intercambios, primero por obra de los portugueses, más tarde también por la iniciativa de otros pueblos europeos, que establecieron pequeñas colonias o factorías en aquellas lejanas tierras. No hubo, en cambio, un amplio contacto entre culturas y conocimientos científicos: en parte tal vez porque las culturas orientales no se encontraban en su mejor momento.

Poco antes del viaje de Vasco de Gama, en 1492, un navegante genovés, almirante de la armada española, Cristóbal Colón, llegaba a las costas de América, aunque estaba por entonces muy lejos de suponer que se trataba de un Nuevo Mundo. Su idea, basada en la suposición de que Asia estaba más cerca de Europa por el oeste que por el este, no es en realidad suya. Colón fue un navegante dotado de una extraordinaria intuición, pero no llegó a ser un aceptable científico sino después de su descubrimiento. La idea —equivocada— de la distribución de tierras y mares sobre el planeta fue realmente de un humanista italiano de segunda fila, Paolo del Pozzo Toscanelli. Habiendo leído Toscanelli que (por los cálculos de Al Farghani), la circunferencia de la Tierra mide 20.000 millas (vid. pág. 59), creyó que se trataba de millas cristianas, que eran las únicas que conocía; imaginó por tanto un mundo que sería solo un 65 por 100 de su tamaño real. Dando fe por otra parte a las exageraciones de Marco Polo sobre la inmensa lejanía a Extremo Oriente, pensó que la distancia de Lisboa o Canarias a Cipango (Japón) era de unos 6.000 km.; más o menos la que separa las costas europeas de las Antillas. Los portugueses conocían mejor las dimensiones del planeta que el teórico italiano, y no le hicieron caso; pero Colón quedó entusiasmado por la teoría, y quiso ponerla en práctica. Expuso —confusamente, porque no quería que se le adelantaran— su propósito de llegar a las Indias por el Atlántico, pero el rey de Portugal, que se fiaba más de la *Xunta dos Mathemáticos* que de aquel extraño extranjero, se negó a apoyar su empresa. Entonces Colón se vino a España, el otro país de las exploraciones atlánticas y de las carabelas.

Después de largas conversaciones con los expertos españoles —que tampoco estaban de acuerdo con sus ideas—, el navegante genovés encontró al fin la protección de los Reyes Católicos, y se lanzó a una de las aventuras más emocionantes de la historia, a través del Océano. En un increíble viaje, lleno de incidencias, descubrió la variación de la declinación de la aguja magnética en función de la longitud geográfica, la Corriente Ecuatorial del Norte, el Mar de los Sargazos, que los alisios se prolongan indefinidamente a lo largo de todo el Atlántico; y sobre todo que la estrella Polar no se encuentra exactamente en el polo norte celeste, y por tanto hay que calcular de otro modo la latitud. Este descubrimiento fue probablemente el más importante que hizo Colón, después del propio descubrimiento de América. Al fin, después de un viaje interminable y cuando las tripulaciones estaban a punto de amotinarse, llegó a un islote de las Bahamas llamado Guanahaní, que él bautizó como San Salvador, nombre que hoy ha vuelto a designar a aquel pequeño territorio. No intuyó haber llegado al Nuevo Mundo, sino a una parte del Viejo (Asia). Siguiendo noticias de los indios, alcanzó las costas de Cuba, que creyó que correspondían a Cipango (Japón), luego a Catay (China). Más tarde creyó identificar a La Española (Haití) definitivamente con Cipango.

La aventura de Colón supuso una revolución en los conocimientos geográficos. Por de pronto, se ofrecieron miles de voluntarios para su segundo viaje. Sin embargo, los españoles tomaron progresivamente conciencia de que las tierras descubiertas, que resultaron ser muchas y muy variadas, no pertenecían a Asia. El tercer viaje colombino estuvo destinado a llegar a la Trapobana (hoy Sri Lanka). Llegó realmente al delta del Orinoco, y Colón, a la vista de un río que endulzaba las aguas en un área de muchas millas, intuyó que se encontraba ante «una tierra grandísima, de la cual no se hubo noticia». Había descubierto América; pero, empecinado en su deseo de llegar a Asia, no valoró su propio descubrimiento. En el cuarto viaje pretendió llegar al estrecho de Catigara (de Malaca) para alcanzar la India. Alcanzó de hecho América Central. Colón jamás encontró lo que buscaba, pero nunca quiso reconocer su error. Ni quiso reconocer que lo por él descubierto era realmente un nuevo continente dotado de infinitas posibilidades, que iba a cambiar el curso de la historia universal. Los viajes colombinos, aunque técnicamente supusieron una equivocación, condujeron al descubrimiento y conquista de los extensos territorios del Nuevo Mundo y a la transformación del Atlántico en el nuevo *Mare Nostrum*. Los cosmógrafos españoles fueron completando el mapa del continente y sus islas, se hicieron importantes hallazgos en el campo de la antropología, la etnología, la geografía, la climatología, además de hallar al otro lado del Océano incalculables riquezas, muchas más que las que se suponían en Asia. El oro y plata de América permitieron una multiplicación enorme de las posibilidades de la economía del mundo occidental. Si el problema del Renacimiento era el aumento de la producción, no compensado por un aumento del dinero, y al fin todo se hubiera venido abajo por obra de la deflación, la abundancia de metal permitió un espectacular desarrollo de la velocidad de circulación de la riqueza, con unas consecuencias que no se esperaban y que fueron los españoles —Martín de Azpilicueta, Tomás del Mercado— los primeros en estudiar: la inflación. En fin, la primera vuelta al mundo por Juan Sebastián Elcano en 1519-1522 demostró por primera vez experimentalmente la esfericidad de la tierra, y supuso el último de los avances espectaculares en el conocimiento de nuestro planeta por el intrépido hombre del Renacimiento.

La revolución copernicana

De vez en cuando se produce, en el campo de las ciencias, un cambio de paradigma, una nueva concepción integral que lo transforma todo y obliga a planteamientos radicalmente nuevos. Herbert Butterfield considera que un cambio de paradigma equivale a «ver el mundo con unas gafas nuevas». Diríamos que se queda corto en su comparación, a no ser que el hombre que estrena las gafas sea un cegato que hasta ese momento no se había dado cuenta cabal de lo que tenía delante. Un cambio de paradigma significa una revolución que echa por tierra no *todo*, como a veces exageradamente se ha dicho, sino gran parte de lo hasta entonces admitido. Así ocurrió en el campo de la química en tiempos de Lavoisier, o en el de la física y la cosmología con la Teoría de la Relatividad de Einstein. Un cambio de paradigma supone un avance repentino, deslumbrante; pero por eso mismo deslumbra, desconcierta, y sobre todo resulta incómodo de aceptar, después de tanto tiempo en que se venía admitiendo un hecho que se tenía como verdad indiscutible: de aquí que ante cada cambio de paradigma haya existido un movimiento de perplejidad y actitudes de apasionada oposición, de tal modo que la realidad descubierta tarda mucho tiempo hasta ser admitida por todos.

Un hecho que se venía considerando como indiscutible, porque es palmario, se ve y se contempla todos los días, es que los astros, incluidos el sol y la luna, salen por el este y se ponen por el oeste: giran alrededor de la Tierra. La Tierra debe ser así el centro del Universo, y los demás cuerpos describen trayectorias circulares en su torno. Es cierto que, en cuanto comenzó a observarse detenidamente el movimiento de los astros, se comprobó que unos giran más deprisa que otros: por ejemplo el sol da una vuelta cada 24 horas, la luna cada 24 horas 50 minutos. Los planetas giran un poquito más despacio que el sol. Y las estrellas son las que giran más deprisa: dan una vuelta en 23 horas 56 minutos. Y hay retrogradaciones. En fin: la teoría geocéntrica acaba por resultar incómoda, pero parece tan evidente... De aquí que los sabios procurasen explicarla suponiendo una serie de «epiciclos» en cada astro, especialmente en los planetas. Ptolomeo llegó a desarrollar un modelo extremadamente complicado, pero absolutamente preciso. La maquinaria del Universo es cualquier cosa menos sencilla, pero todo podía explicarse satisfactoriamente desde el punto de vista de la pura cinemática (el movimiento). Hasta era posible predecir el comportamiento futuro de los astros, como es posible predecir el de las agujas de un reloj.

Sin embargo, siempre hubo disidentes. Aristarco (vid. pág. 41) formuló la teoría de que la Tierra giraba sobre su eje, y este movimiento explicaba mejor la trayectoria aparente de los astros, pero su idea se consideró tan perturbadora, que fue perseguido por ella. Algunos astrónomos árabes insinuaron la misma teoría, pero no quisieron llevarla demasiado lejos, y no prosperó. Azarquiel (vid. pág. 62) propuso que los planetas interiores, Mercurio y Venus, giran alrededor del sol, y esta hipótesis simplificaba las cosas. Nicolás de Oresme (vid. pág. 76) encontraba «más sencillo» aceptar que es la Tierra la que gira sobre su eje, y rebatió la tesis de Aristóteles, según el cual si fuera así, una piedra lanzada al aire se quedaría atrás respecto de la rotación de la Tierra: ¡es que el aire, decía Oresme, forma parte de la Tierra y también gira! Con todo, la teoría no fue conocida por muchos y no fue aceptada por nadie.

Nicolás Copérnico (Koppernigh, 1473-1543) nació en Polonia, a orillas del Vístula, y estudió en Cracovia filosofía y medicina, pero allí mismo se aficionó a las matemáticas y a la astronomía. A los 23 años viajó a Italia, para estudiar derecho en la famosa universidad de Bolonia. Después estuvo en Roma, donde se relacionó con medios eclesiásticos y científicos. Parece que se ganó la vida trabajando como médico. Posiblemente fue en Italia donde comenzó a concebir sus teorías; pero las desarrolló después de su regreso a Polonia en 1505. Fue nombrado canónigo y ocupó diversos cargos, sin dejar sus estudios astronómicos. Copérnico fue observador, pero ante todo se valió de los datos de otros más avezados a la medida de las posiciones de los astros para desarrollar sus ideas. Su punto de partida (al parecer similar al de Oresme) es que existe una explicación «más sencilla» para dar cuenta de los movimientos celestes. Desde entonces se ha convertido en una especie de aforismo científico el suponer que «la explicación más sencilla es por lo general la más verdadera». Por de pronto, todo cobra más sentido si suponemos, como Azarquiel, que Mercurio y Venus giran alrededor del sol. Pero ¿es cierto que el universo entero, los astros todos, hasta las estrellas lejanísimas, giran alrededor de la Tierra? ¡Qué velocidad casi infinita han de tener los cuerpos más alejados! ¿No es más fácil admitir que es la Tierra la que gira sobre su eje, y este «efecto de tiovivo» produce la impresión de que son los astros todos —ahí está el secreto, *todos*, cercanos y lejanos— los que se mueven a nuestro alrededor?

La rotación de la Tierra explica muchas cosas y permite imaginar un mecanismo ciertamente maravilloso, pero en sí más sencillo. Y hay más todavía. Ahí está el año: el año tiene un comportamiento cíclico, en que retornan periódicamente las estaciones, varía la altura de sol, las estrellas vuelven a verse en la misma posición justo en el periodo de un año, como si la Tierra regresase siempre al mismo sitio y diese cara, tras 365 días, al mismo punto del cielo. Este continuo retorno solo puede explicarse si suponemos que la Tierra, además de girar sobre sí misma, se traslada a lo largo de un año hasta regresar al punto de partida. ¿En torno a qué se traslada?. Lo más lógico y explicativo es que lo haga alrededor del sol, un hecho que nos permite comprender enseguida las estaciones. Nuestro mundo tiene por tanto dos movimientos: uno de rotación, que determina los días, otro de traslación, que determina los años. Este descubrimiento es todavía más revolucionario que el primero porque supone el *destronamiento de la Tierra*. La Tierra no es el centro del Universo, lo es el sol. (Copérnico no estaba aún en disposición de suponer que tampoco el sol es el centro del Universo). Y si la Tierra gira alrededor del sol, la única forma de explicar el movimiento de los planetas es suponer que también se mueven alrededor del sol. ¡Ahora sí se comprenden las desconcertantes retrogradaciones! Cuando la Tierra se mueve más deprisa que un planeta, parece que este retrocede porque *queda atrás*. Lo importante es que la Tierra es un planeta, lo mismo que los demás, aunque posea el altísimo privilegio de albergar vida, y vida inteligente.

Copérnico tardó muchos años (por lo menos de 1505 a 1520), tomando datos y más datos conforme los iba conociendo o se los iban suministrando, en completar su teoría. Tuvo que pensar mucho y calcular mucho más para asegurarse. En 1533 se decidió a dar a conocer un avance, el *Comentariolus*, animado por el papa Clemente VII. Y solo cuando tuvo maduro su trabajo y creyó no encontrar demasiadas oposiciones, publicó en 1542 *De Revolutionibus orbium coelestium*. Naturalmente, la palabra «revolución» significaba movimiento circular. Pero fue una revolución en toda regla, una de las más grandes de la historia, no solo en el plano científico, sino en el filosófico. Copérnico moriría muy poco después de ver publicada su obra, pero la polémica, a veces escandalizada, que suscitó, sería enorme. El paradigma de una Tierra inmóvil rodeada de círculos que los astros siguen por los cielos era tan lógico y estaba tan arraigado, que pasarían muchos años, incluso para algunos, siglos, antes de ser sustituido por la concepción copernicana.

Un hombre intentó terciar en la dramática discusión: Tycho Brahe (1546-1601), un famoso astrónomo danés que protegido por el rey Federico II fundó el impresionante observatorio de Uranienborg, dotado de instrumentos enormes de observación visual, por medio de los cuales determinó con precisión las posiciones de las estrellas y el movimiento de los planetas. Sus tablas fueron de incalculable utilidad, y de ellas se valió Kepler para establecer sus fundamentales tres leyes. Tycho Brahe presentó un modelo que conciliaba los descubrimientos de Copérnico con la tradición clásica. De acuerdo con este modelo, el sol gira alrededor de la Tierra, y por eso ésta conserva su posición central; pero los planetas giran alrededor del sol. La teoría de Tycho, en principio ingeniosa y hasta cierto punto convincente, se haría insostenible en el siglo XVII. La concepción copernicana, por transgresora que pareciese, fue imponiéndose muy poco a poco por obra de la lógica y de la propia observación.

La reforma del calendario

Copérnico fue encargado de realizar una cada vez más necesaria reforma del calendario que se empleaba en el mundo occidental. Se esforzó en ello, pero no tuvo tiempo de aquilatar todos los extremos precisos. Esta reforma no se efectuaría hasta 1582. ¿Por qué era necesaria? Ya sabemos que César, en el siglo I a.J.C. fue advertido del escandaloso adelanto de las estaciones del año, y recurrió al sabio Sosígenes para que hiciera un nuevo calendario (vid. pág. 46). Sosígenes propuso intercalar un año de 366 días cada cuatro años, y así nació el año bisiesto. El sistema pareció marchar satisfactoriamente durante siglos. Pero poco a poco se fue operando un ligero desfase, en sentido contrario al advertido en tiempos de César. Si el periodo de 365 días se queda corto, el propuesto por Sosígenes, de 365,25, se pasa un poquitín de largo. La duración del año es, como sabemos, de 365,2422 días. A lo largo de los siglos, el equinoccio (el día igual a la noche) de la primavera se fue adelantando de modo que en el siglo XVI no ocurría el 21, sino el 11 de marzo. ¡Llegaría un momento, andando los siglos, en que las estaciones estarían completamente cambiadas! En 1582, el papa Gregorio XIII decidió poner fin a este desfase. Llamó a una comisión de sabios entre los que destacaban el alemán Schlüssel (Clavius) y el español Chacón. La comisión propuso dos medidas: primera, saltar diez días en el calendario. Se pasaría del jueves 4 de octubre al viernes 15 de octubre: los días intermedios *no existieron*. Segunda medida: no serían bisiestos los años terminados en dos ceros cuyas dos primeras cifras no fueran múltiplos de 4. Así el año 1600 fue bisiesto; no lo fueron 1700, 1800 y 1900; lo ha sido 2000, pero no lo será 2100. La reforma gregoriana está admirablemente hecha, y podrá durar miles de años. Con todo, la Comisión Internacional de Medida del Tiempo ha *ordenado* que el año 4000 no sea bisiesto. «Veremos» si le hacen caso. Y si entonces existen seres humanos y no se ha inventado otro calendario.

La reforma gregoriana, muy conveniente en sí, obliga a ciertas precisiones históricas. Por ejemplo, Cristóbal Colón encontró América el día *que en sus tiempos se llamaba 12 de octubre.* Hoy le llamamos 22. En su Diario de Navegación anota el 30 de septiembre una fuerte mar de fondo con viento en calma: producto, es preciso inferirlo, de una tormenta tropical que azotó las Bahamas. Ese día era nuestro 10 de octubre. Colón no hubiera llegado a las Bahamas el 12 de octubre, porque dos días antes las carabelas hubieran zozobrado. Afortunadamente, llegó el 22. Otro hecho curioso, aunque no pasa de anecdótico: santa Teresa falleció apenas pasada la medianoche del 4 de octubre de 1582... y fue enterrada el 15. Por unos minutos, las Teresas celebran su onomástica once días más tarde que si no se hubiera verificado la reforma. Esta reforma fue aceptada en los países católicos. Los protestantes y los cristianos orientales la rechazaron por ser una medida «papista». Al fin tuvieron que adaptarse a los hechos. Los luteranos lo hicieron en 1700, cuando llevaban once días y medio de retraso. Los ingleses no lo hicieron hasta 1752. En Rusia no se aceptó la reforma papal, hasta el advenimiento del régimen soviético, que no era «ortodoxo»; aunque curiosamente los rusos siguieron celebrando la «Revolución de Octubre» el día de su aniversario, el 7 de noviembre. Y los griegos no pasaron al nuevo cómputo hasta 1927, cuando sus calendarios marchaban ya con 13 días de retraso.

Otros científicos del Renacimiento

Las técnicas de navegación se desarrollaron prodigiosamente en la época de los grandes descubrimientos geográficos. En la Casa de la Contratación de Sevilla se crearon cátedras de matemáticas, astronomía y cartografía, al mismo tiempo que se elaboraba el «Padrón General» o mapa del Nuevo Mundo. Cada piloto tenía obligación de hacer un mapa de las tierras por él descubiertas, mapa que iba enriqueciendo el General. Parece que fue Diego Gutiérrez el que consiguió elaborar en 1562 un mapa completo y enorme del continente americano. Alonso de Santa Cruz fue autor de unas «cartas esféricas» que suponían una nueva técnica en la representacion de una superficie esférica sobre un plano, y Pedro de Medina escribió un famoso tratado de navegación.

El alemán Johann Müller, más conocido como Regiomontanus por haber nacido en Königsberg (1436-1476), fue el mejor matemático y geómetra de su tiempo. Su *Algorismus demonstratus* fue un excelente tratado de cálculo, y una obra posterior, *De triangulis,* puede considerarse el primer tratado propiamente dicho de trigonometría. Sustituye las cuerdas por los senos, y explica cómo se puede resolver un triángulo conociendo tres de sus elementos (dos ángulos y un lado o dos lados y un ángulo). La ciencia de la trigonometría, con todas sus espectaculares consecuencias, estaba en marcha.

Niccolò Fontana, que adoptó él mismo el nombre de Tartaglia, porque era tartamudo, (1499-1559) fue un insigne matemático italiano, que teorizó sobre las leyes de la balística y estudió la caída de los cuerpos, preludiando los trabajos de Galileo y de Newton. Ideó el famoso «Triángulo de Tartaglia», una serie de números en que cada término es la suma de los dos que están sobre él. Parece un simple entretenimiento o un juego cabalístico, pero resulta de gran utilidad en el orden de las progresiones o para calcular la potencia enésima de un binomio. También logró dar criterios para la resolución de la ecuación de tercer grado, que era la bestia negra de los matemáticos de entonces. En este punto sostuvo una larga y famosa polémica con Jerónimo Cardano (1501-1576), un matemático entre genial, egoísta y loco, que también trabajó sobre el tema, y fue uno de los introductores del álgebra en Europa. Se dice que Cardano, que practicaba la pseudociencia de los horóscopos, profetizó la fecha de su muerte. Como llegado el momento gozaba de buena salud, y estaba empeñado en acertar, se suicidó. En orden al progreso del álgebra, no podemos olvidar a Simon Stevin (1448-1520), que propuso tomar como inicio de la serie de los números el cero y no el uno. De ahí pasó a concebir los números negativos. Una persona que no tiene dinero, pero lo debe no es lo mismo que otra que simplemente no lo tiene: la primera «posee» un caudal negativo, y la segunda un caudal cero. Ahora ya es posible restar 435–623= –188. Y como caso curioso, recordemos a G. Frisius (1508-1555), autor de una *Aritmeticae practicae methodus facilis*, destinada a los comerciantes y contables. En 40 años se hicieron 60 ediciones de este libro: fue un auténtico «best seller».

— En el campo de la medicina hemos de destacar la figura de Paracelso (Teofrasto de Hohenheim, 1493-1540), un suizo inquieto y rebelde, que viajó por toda Europa, de España a Grecia, pasando por Suecia, y visitó también lugares de Asia y África. En su tiempo se seguía como a autoridades indiscutibles a los clásicos. Paracelso se rebeló contra la tradición, y en un acto espectacular quemó las obras de Galeno y Avicena. Pretendía una medicina nueva, aunque no estuvo a salvo de prejuicios y arrebatos místicos. Laín Entralgo advierte que «no entenderá la obra de Paracelso quien no vea en ella un intento de rehacer (...) los saberes humanos, pero no mediante la lectura y reflexión, sino merced a una fervorosa y omnímoda pesquisa personal». Ahí estuvo su principal defecto: la excesiva confianza en sí mismo, y el deseo de hacerlo todo él, como si fuera una especie de profeta inspirado. Eso sí, rechazó a los clásicos, pero también combatió todo tipo de hechicerías, muy frecuentes aún en su tiempo. Intentó descubrir la causa de las enfermedades, y cuando menos acertó aconsejando la mayor asepsia posible, y los baños, mejor baños en aguas minerales. Formuló preparados a base de metales: mercurio, plata, oro, cobre, de los que creyó obtener las «esencias», por más que se tratase en la mayoría de los casos de productos ineficaces, cuando no perjudiciales. Su espíritu extrañamente místico le llevó a creer que los medicamentos actúan en virtud de un poder espiritual o «quintaesencia». Acertó en unos puntos, se equivocó en otros; pero dio una idea de lo que es la «iatroquímica» o química médica. Pasado mucho tiempo, aquella idea acabaría fructificando en productos de síntesis química que constituyen la base de la medicina clínica actual.

—Andrés Vesalio (Wessel), era belga de nacimiento (1514-1564), pero también viajó mucho, y se fijó por largo tiempo en Padua, la principal escuela de medicina por entonces, donde fue profesor de anatomía. Al contrario que otros maestros, disecaba él mismo delante de sus discípulos, e iba describiendo y analizando los distintos órganos del cuerpo. Llegó a ser médico de Felipe II de España, aunque su principal actividad fue la anatomía.

Su obra magna, *De fabrica humani corporis* fue durante mucho tiempo la base de los conocimientos anatómicos. Para Vesalio, la armazón de esa «fábrica» son los huesos; la carne se afianza en ellos por los tendones y músculos; luego vienen las arterias y las venas, que conducen la sangre; en el interior del cuerpo están los órganos: el corazón, los pulmones, el estómago, el hígado, los riñones, que realizan cada cual una función vital distinta. Lo que más admira en Vesalio son sus maravillosas láminas, realizadas con una pulcritud y una precisión extraordinarias. Vesalio es uno de los grandes introductores de la medicina moderna: comenzó siguiendo a Hipócrates y Galeno para irse separando de ellos, pero sin adoptar nunca posturas combativas.

—El mecanismo de la circulación de la sangre quedaba aún pendiente. Tardó un tiempo en ser comprendido. Un médico revolucionario y heterodoxo, a la manera de Paracelso, el español Miguel Servet —aragonés o navarro, según las versiones, 1511-1553— mezcló sus teorías religiosas con las médicas; en un libro en que pretendía reformar el cristianismo (*De restauratio fidei christianae*) formuló la idea de que la sangre necesitaba purificarse, y lo hacía gracias al aire que aportaban los pulmones: de aquí que se le atribuya el descubrimiento de la pequeña circulación de la sangre, o circulación pulmonar. Eso sí, relacionaba el aire inhalado con el «pneuma» o espíritu. Servet fue condenado a perecer en la hoguera por otro reformista, Calvino. Cinco años después de la muerte de Servet, en 1558, Realdo Colombo, profesor en Padua, se refería con más claridad a la parte derecha y la izquierda del corazón; la primera enviaba la sangre a los pulmones, de donde regresaba a la parte izquierda. Sin embargo, una explicación completa de la circulación de la sangre no llegaría hasta el médico inglés William Harvey (1578-1657), buen clínico y mejor observador, al que ya podríamos incluir entre los grandes científicos del siglo XVII. Distinguió, en ese maravilloso motor que es el corazón, el papel de las aurículas y el de los ventrículos, y separó la circulación pulmonar de la general. La sangre, impulsada por el ventrículo izquierdo, sale por las arterias, y después de regar todo el organismo regresa por las venas. Una teoría tan correcta causó sin embargo extrañeza. John Aubrey, biógrafo de Harvey, dice que cuando éste formuló la teoría de la circulación, muchos de sus pacientes le abandonaron, porque le tenían por loco.

La revolución del siglo XVII

En nuestra estimación más habitual, el Renacimiento, en los siglos XV y XVI, es más brillante que el barroco, que ocupa una época que transcurre en el XVII y parte del XVIII. Identificamos el barroco con lo desmesurado, lo innecesariamente complicado, hasta con lo irracional. El siglo XVII es tenido como una época de decadencia. Se registra en Europa una grave crisis económica, motivada en parte por la disminución de los aportes metálicos y del tráfico con el Nuevo Mundo (América va aprendiendo a valerse por sí sola), de disminución de la población europea por obra de una serie de pestes terribles, y por guerras interminables, entre ellas la Guerra de los Treinta Años, que asoló a gran parte del continente. Por si fuera poco, hay en muchos países monarcas indolentes y ministros corruptos, tal vez porque la excesiva complejidad de la administración del estado hace la función de gobernar cada vez más incómoda, y no se han inventado funciones nuevas. Todo eso es cierto. Pero también es cierto que el siglo XVII es el siglo de Cervantes, Shakespeare, Velázquez, Rembrandt; como también lo es, en el campo científico, de Descartes, Kepler, Galileo, Neper, Leibniz, Newton. O que en la música consagra las tonalidades y las formas que hoy seguimos considerando «clásicas». Hay en el siglo XVII un misterio, capaz de suscitar grandes genios y grandes innovadores, en medio de una época convulsa, llena de dificultades y que muestra signos de languidez. La ciencia, por su parte, se independiza de la filosofía, racionaliza sus métodos, observa los fenómenos, deduce leyes, y utiliza instrumentos de cálculo desconocidos o poco conocidos hasta entonces, que permiten un avance espectacular, como tal vez ningún otro siglo había conocido. Y de este avance deriva la «ciencia clásica», tal como se la concibe y se la practica en el siglo XVIII y sobre todo en el XIX.

Descartes: el método y el análisis

Suele identificarse, según los criterios, a Descartes o a Galileo como «el introductor de la ciencia moderna». Quizá con cierta imprecisión, por cuanto la moderna concepción científica fue llegando poco a poco, tuvo sus predecesores y más tarde sus confirmadores; pero es cierto que tanto Descartes como Galileo tuvieron un evidente sentido «moderno», aunque cada cual a su estilo, que independizaron la ciencia de cualquier otro tipo de conocimiento, que buscaron lo riguroso y que dieron una especial importancia a la relación entre la razón humana y la experiencia.

Descartes goza de una fama especial como filósofo, y esa fama es merecida, pero no puede separarse su filosofía de su espíritu científico. Tanto es así, que su obra más famosa, el *Discurso del Método*, no es más que el prólogo a un libro general de ciencias, el «Tratado del Mundo», del cual solo llegó a publicar tres partes: «Dióptrica», «Meteoros» y «Geometría». René Descartes (1596-1650) nació en La Haye, Turena, Francia. Estudió con los jesuitas, y más tarde cursó derecho, pero la carrera no le convenció. Durante un tiempo participó como militar en la guerra de los Treinta Años, y sirvió a Mauricio de Nassau. En 1619 sufrió un impulso interior, que él interpretó como una revelación, que le condujo a dedicar su vida al hallazgo de un método infalible para alcanzar la verdad. Desde entonces fue filósofo y científico a un tiempo. A diferencia de otros autores del siglo XVII, no establece una distinción específica entre la filosofía y la ciencia. Estuvo en Italia, más tarde en Holanda, donde publicó la mayor parte de sus obras. Al final decidió establecerse en Suecia, donde la reina Cristina quería recibir sus lecciones. El frío invierno sueco agravó su enfermedad pulmonar, de la que falleció cuando tenía 54 años.

Descartes parte de la idea de que no cabe apoyarse en los conocimientos antiguos, porque contienen muchos errores y no es posible partir de lo equivocado. En realidad, el conocimiento ha sido hasta el momento un mar de dudas. Y Descartes siente un ansia infinita de alcanzar lo cierto, lo absolutamente indiscutible. Le encantan las matemáticas, y cree saber por qué: las matemáticas no fallan, llevan a conclusiones apodícticas, sin posible recurso en contra. «Las matemáticas demuestran todo lo que expresan, expulsan todas las dudas». ¿No podría encontrarse para las demás ciencias, para la misma filosofía, un «método matemático» capaz de alcanzar en todos los ámbitos una certeza absoluta? Toda su vida estuvo obsesionado con la búsqueda de ese método. En el *Discurso del Método*, como es bien sabido, parte de una «duda metódica», en que se refugia en sí mismo, como si lo demás no existiera (o no fuese seguro que existiera), y en ese refugio encuentra un hecho que se le aparece como evidente, como un axioma que no se puede discutir: *cogito, ergo sum*, pienso, luego existo. Descartes parte así de su propio yo, del hecho de «su» pensar y de la conclusión de «su» existencia. Introduce un elemento subjetivo, aunque le parece evidente. Y a partir de este hecho deduce la existencia de Dios, que hay una «res cogitans», digamos un espíritu capaz de pensar, y una «res extensa», es decir, una materia conocible. Y por este camino va reconstruyendo la realidad, que resulta ser más o menos como le han dicho. ¡Ah!, pero la admite no porque se la han dicho, sino porque *él* la ha comprobado. Con Descartes se introduce el papel del yo como suprema instancia, la correspondencia entre el sujeto cognoscente y el objeto conocido, y el uso de la razón como supremo árbitro en la elucidación de la verdad. Una concepción de esta naturaleza será la base de toda la ciencia clásica desde entonces hasta la gran crisis científica del siglo XX. Y, por supuesto, la admisión de la matemática como la base —«la puerta» dice Descartes— de todo el desarrollo del conocimiento.

Por lo que se refiere a la ciencia en sentido estricto, la mayor aportación de Descartes fue la geometría analítica, llamada también geometría cartesiana. Ya otros habían trazado ejes de coordenadas, pero es él quien generaliza el método, y, sobre todo, quien de acuerdo con el sistema de referencia que esos ejes crean (llamando x a los valores en ordenadas, e y los valores en abscisas), aplica el álgebra a la geometría. Así, representando una circunferencia, una elipse, una parábola en función de los puntos que estas figuras ocupan respecto de un eje de coordenadas, deduce las ecuaciones de la circunferencia, de la elipse, de la parábola. Las figuras pueden representarse por ecuaciones, y puede operarse con ellas como si fueran las propias figuras. La geometría analítica significó un avance de importancia colosal en el método matemático, y permitió las más insospechadas aplicaciones. Más aún: hemos escrito las palabras «en función de», un concepto que hoy empleamos con frecuencia para muchas cosas, no solo estrictamente científicas. El concepto de «función» sería tomado más tarde por Leibniz para introducir los fundamentos del cálculo infinitesimal. Descartes, efectivamente, había abierto la puerta.

Kepler y el triunfo insospechado de la elipse

Johannes Kepler (1571-1630) es quizá menos famoso entre las personas relativamente cultas que sus contemporáneos Descartes o Galileo, pero no por eso es menos importante, si no lo es más. Eso sí, no fue un rebelde ni amigo de gestos espectaculares. Hijo de una familia relativamente modesta, nació en Weil, Würtenberg, Alemania, y con el propósito de hacer la carrera eclesiástica estudió filosofía en la universidad de Tubinga. Allí encontró un profesor de matemáticas y astronomía, que cambió su destino. «Yo iba a ser teólogo —escribió una vez Kepler—. Luego me di cuenta de cómo Dios se manifiesta también vivamente en la obra de sus manos». En 1594 fue profesor en Graz, Austria, y vivió en una modesta casita que aún se conserva. Su fama de sabio creció de tal manera, que en 1602, a la muerte de Tycho Brahe, el emperador Rodolfo II le nombró su astrónomo oficial. Kepler disfrutó de la inmensa ventaja que suponía poder disponer de las numerosísimas y precisas observaciones de Brahe, y tuvo el inconveniente de estar obligado a hacer horóscopos —una actividad que él bien sabía que era anticientífica—, porque el oficio de astrónomo imperial incluía tal cometido y Rodolfo se lo reclamaba.

Kepler apenas fue observador. No dispuso de los complicados instrumentos que Brahe había tenido en Uranienborg, y su enfermedad de la vista hubiera dificultado su labor. Fue en cambio un fabuloso calculista, y además estaba convencido de que los cielos están regidos por leyes expresables matemáticamente. Partió de la concepción copernicana, pero halló un obstáculo al estudiar detenidamente la retrogradación de los planetas. Sobre todo en el caso de Marte, el más fácil de estudiar, la retrogradación variaba según la posición de aquel astro en el cielo, y además era tanto más fuerte cuanto más brillante aparecía Marte, (es decir, podía colegirse: cuanto más cercano). No todos los acercamientos de Marte se producían a la misma distancia. Copérnico había tratado de resolver este problema suponiendo que las órbitas de los planetas eran circulares, pero el sol no estaba exactamente en el centro de estos círculos. Kepler se dio cuenta de que tal explicación era insuficiente. La solución matemática era muy sencilla, pero muy insatisfactoria: ¡los planetas giran en torno al sol describiendo una órbita elíptica! Ya en 1605 se dio cuenta de que no podía ser de otra manera, pero su imaginario, influido por convicciones de milenios, se resistió durante unos años a admitirlo, hasta que al fin hubo de rendirse ante la evidencia. En 1609 se decidió a formular sus famosas tres leyes:

1. *Los planetas describen una elipse en su movimiento en torno al sol, el cual se encuentra en un foco de esa elipse*. Es la más sencilla de expresar de las tres, pero también, aunque hoy estemos muy lejos de imaginarlo, la que a sus contemporáneos pareció más revolucionaria. El mismo Kepler intentó buscar otras explicaciones: no le gustaban las órbitas elípticas, pero al fin hubo de atenerse a los hechos. El mundo científico vivía inmerso en las concepciones pitagóricas sobre la armonía universal, y en la idea de Platón de que la circunferencia es la línea más perfecta de todas, y la figura más perfecta es la esfera. Y los cielos son perfectos, como proclamaba Aristóteles en una afirmación que nadie se había atrevido a negar. Recordémoslo porque es curioso: un científico tan inconforme con la autoridad y tan progresista como Galileo escribía a Kepler: «vuestras elipses me quitan el sueño. Pensar que los movimientos celestes no son perfectos supone que cualquier día todo el majestuoso edificio de la Creación puede venirse abajo. Os lo repito: vuestras elipses no me dejan dormir». Hoy no se nos ocurre pensar que una elipse pueda ser menos «perfecta» que una circunferencia, o que la maquinaria de los cielos corra peligro por el hecho de que las órbi-

tas sean elípticas: pero la resistencia a un cambio de paradigma es tenaz hasta en los científicos más preparados.

2. *El radio vector de un planeta barre espacios proporcionales al tiempo empleado en recorrerlos.* Lo que viene a significar que un planeta se mueve tanto más rápidamente cuanto más cerca se encuentra del sol, y más lentamente cuanto más lejos. Puesto que las órbitas son elípticas, un planeta se mueve unas veces más que otras: acelera y decelera. En Marte el fenómeno es mucho más visible. En la Tierra, no tanto, pero lo es también. La mayoría de las personas cultas —pero no todas, ciertamente— saben que en diciembre la Tierra se encuentra más cerca del sol que en junio (por supuesto, la distancia al sol no tiene nada que ver con las estaciones). Pero quizá no nos hemos dado cuenta de que, en el hemisferio Norte, el verano dura 94 días y el invierno 89: basta tomar un calendario para comprobarlo. Y es que la Tierra marcha más deprisa en diciembre-enero que en junio-julio. En Marte la diferencia es más escandalosa: en el hemisferio Norte, el verano dura 183 días y el invierno 158. Todo porque la órbita marciana es mucho más marcadamente elíptica que la terrestre.

3. *El cuadrado del tiempo de revolución* (digamos el año de un planeta) *es proporcional al cubo de su distancia al sol.* Esta tercera ley fue establecida por Kepler años más tarde, después de arduos cálculos, y nos sirve para conocer la distancia al sol de cada planeta: naturalmente, siempre que conozcamos la de un planeta determinado. Por ejemplo, podemos observar que Júpiter da una vuelta completa al sol en 11,8 años. Aplicando la ley, resulta que Júpiter dista del sol 5,2 veces más que la Tierra. Para conocer la distancia exacta tenemos que saber de antemano la de la Tierra al sol. Esta distancia, hallada por triangulación, o por los pasos de Venus por delante del disco solar, era entonces muy difícil de determinar. Horrocks, en 1639, calculó una distancia de 90 millones de kilómetros, pero Huygens, en 1659, la estimó en 160 millones. Fue un acierto increíble para aquellos tiempos. Hoy sabemos que el sol, está a 150 millones de kilómetros de nosotros. Conocida la distancia al sol, conocida la de los demás planetas. El siglo XVII terminaba con este sensacional logro que permitía conocer con notable aproximación las dimensiones del sistema solar. Por otra parte, las leyes de Kepler serían básicas para que Newton, antes de terminar aquella centuria, descubriera la ley de la Gravitación Universal.

Galileo, genio y polémico

Galileo Galilei (1564-1642) nació en Pisa, hijo de un músico notable, progresista y rebelde, que pretendía realizar experimentos con los sonidos y lograr una música nueva. Su retoño heredó unas cuantas de sus cualidades, entre ellas un carácter polémico y la afición a la música, que no dejó de practicar toda la vida. El padre, Vincenzo, le hizo estudiar medicina en la universidad de Pisa, pero Galileo salió también rebelde y dejó la carrera para aprender matemáticas y física. Llegó a catedrático, y fue siempre original. Tuvo unas dotes de observación extraordinarias. Su biógrafo Viviani cuenta que, durante una función en la catedral de Pisa, observó las oscilaciones de una lámpara que colgaba de la bóveda: las oscilaciones eran isócronas, aunque cada vez menos acentuadas, es decir, el recorrido de la lámpara era cada vez menor, pero el tiempo que empleaba en cada ciclo o vaivén, era siempre el mismo. Si fue así, descubrió de joven la ley del péndulo, aunque no la publicó hasta muchísimo más tarde. También se cuenta, aunque no es nada seguro, que arrojó una serie de bolas de plomo y de madera desde lo alto de la Torre inclinada de Pisa, para demostrar, contra la teoría de Aristóteles, que todos los cuerpos caen a la misma velocidad, y no, como se decía, que los más pesados caen más de prisa. Si hizo tal experiencia, falló ante sus contrincantes. Porque es cierto que en el espacio libre, donde no hay atmósfera —digamos en la luna—, cae con la misma velocidad una bola de plomo que una pluma; pero en nuestro mundo, por el rozamiento del aire, la pluma lo hace más despacio. La teoría era genial, la práctica, tal como la hizo, parecía dar la razón a sus contrarios. Galileo era un hombre rebelde. Odiaba vestir la toga en la universidad, que entonces era la prenda reglamentaria; y lo que es peor, escribió un epigrama sarcástico contra los que usaban toga. Sus intemperancias le ganaron enemigos, y fue expulsado de la universidad.

Le invitaron entonces a enseñar en la universidad de Padua, donde estuvo durante dieciocho años (1592-1610). Allí destacó como matemático y como físico. Se dedicó a la dinámica, al estudio de los cuerpos en movimiento y a la determinación del centro de gravedad de las diversas figuras geométricas. También mejoró el principio de Arquímedes sobre la flotabilidad de los cuerpos. Aunque se quejaba de que no le pagaban lo suficiente y protestó con frecuencia, su vida hubiera sido relativamente plácida si un hecho no hubiera venido a alterarla de forma dramática en 1610. Muchas personas creen que Galileo fue el inventor del telescopio. No es exacto. Ya Bacon hizo un instrumento para aumentar el tamaño aparente de los objetos lejanos, aunque no sabemos en qué consistía (vid. pág. 74). Y sabemos que por 1580 un individuo vendía por las calles de Sevilla un tubo para «catar lejos» (catalejo). Estos inventos no dieron resultado, a lo que parece. En 1608 un fabricante de lentes flamenco, Hans Lippersey, colocó en un extremo de un tubo una lente convexa y en el otro extremo una lente cóncava, y observó con asombro que aumentaba el tamaño de los objetos lejanos, como una lupa aumentaba el de los cercanos. El invento era de utilidad incalculable para los marinos, y Lippersey dio a conocer por escrito su descubrimiento: fue este escrito el que le dio difusión, con independencia de que otros hubieran logrado antes lo mismo. En 1609 un comerciante y marino flamenco recaló en Venecia y enseñó su catalejo. Galileo, que ya había hecho experimentos de óptica, comprendió la utilidad del hallazgo, fabricó un instrumento igual y se dispuso a sacarle partido. Esta iniciativa cambió la historia.

Las primeras observaciones telescópicas de Galileo parece que se hicieron desde lo alto del Campanile de San Marcos de Venecia, naturalmente sobre objetos terrestres: navíos o edificios lejanos. El Dux y los caballeros que le acompañaban quedaron entusiasmados, y le ayudaron. Galileo pudo fabricar así telescopios cada vez mayores. Ya en Padua, observó manchas en el sol (que él atribuyó a nubes solares, escandalizando a los que sostenían que el sol es inmaculado); las montañas de la luna (¡la luna es un mundo como la Tierra, con montañas y al parecer mares oscuros!); las fases de Venus (¡Venus tiene fases como la luna, y esto solo se explica si unas veces está más lejos que el sol y otras más cerca!); los satélites de Júpiter (la primera noche vio tres «estrellitas» en torno al planeta, la segunda vio cuatro, y volviendo a observar noche tras noche, llegó a la conclusión de que giraban alrededor de Júpiter: ¡luego hay unos astros que giran alrededor de otros, y no todos alrededor de la Tierra!). No tuvo tanta suerte con Saturno: le parecieron tres planetas ensartados uno a otro; años más tarde, creyó ver un planeta en forma de huso con dos agujeros: su modestísimo telescopio le producía estos efectos ópticos. Sólo en 1655 Christian Huygens, operando con un telescopio mucho más potente, descubrió los anillos de Saturno. El último descubrimiento astronómico de Galileo fue que la Vía Láctea se resolvía en millones de estrellas individuales. Tuvo que ser más una intuición que una constatación, porque su aparatito no daba para más. Pero esa intuición venía a destruir para siempre la idea de «la esfera de las estrellas». Estas se encuentran a distancias muy distintas, algunas infinitamente más lejos que otras.

Los descubrimientos de Galileo venían a trastornar la concepción del Cosmos. Por supuesto, levantaron polémicas, que el sabio pisano disfrutaba fomentando. El astrónomo papal, el alemán Clavius, uno de los autores de la reforma del calendario (vid. pág. 98) creyó escandalizante que la luna pudiera tener montañas. Galileo llevó su telescopio a Roma, y allí Clavius quedó plenamente convencido. Otra polémica tuvo con el P. Scheiner, que también había descubierto las manchas del sol: ambos discutieron sobre quien las había descubierto primero y cuál era su verdadera naturaleza. Pero el hallazgo que Galileo quiso considerar primordial fue el de los satélites de Júpiter: reforzaba la concepción copernicana, pues aunque no demostraba que los planetas giran alrededor del sol, dejaba en claro que unos satélites giran alrededor de un planeta, y no de la Tierra. En 1610 publicó *Sidereus nuntius* («el mensajero celeste»), y, se lo dedicó a Cosme II de Médicis: como el gran sabio era un magnífico vendedor, llamó a los satélites de Júpiter los Astros Mediceos. Ni que decir tiene que Cosme II se sintió halagado, recibió con los más altos honores a Galileo y le hizo su Astrónomo Mayor.

David Brewster escribe que «la imprudencia con la cual Galileo insistió en hacerse enemigos sirvió aún más para que éstos se alienaran de la verdad». Fue un perjuicio para ambas partes. Y creó una falsa leyenda muy difícil de desarraigar. Una encuesta reciente recoge el dato de que el 30 por 100 de los universitarios cree que Galileo murió en la hoguera de la Inquisición, y un 80 por 100 que fue torturado. No sufrió daño físico alguno, y murió, casi octogenario, en su magnífica «villa» de Arcetri. Un hecho que puede sorprendernos en principio es que Copérnico, canónigo de Cracovia y descubridor del sistema heliocéntrico, no fue molestado por ello; que Kepler, otro hombre profundamente religioso, no solo aceptase la teoría copernicana, sino que descubriese las leyes que rigen el movimiento de los planetas alrededor del sol, sin encontrar enemigos (como no fuese el propio Galileo, más conservador, que no podía tolerar la idea de las elipses). Y que en cambio, Galileo, que no descubrió en este campo más que el movimiento de los satélites de Júpiter, y no precisamente en torno al sol, generase dramáticos problemas con la Iglesia. Es muy posible que en los inicios del Barroco, por razones del cambio de mentalidad y por intuirse el peligro de la interpretación libre de la Biblia que defendían los protestantes, se hubiera hecho más conservadora. Es indudable también que la época barroca es extremadamente tendente a polémicas. Y que Galileo era polémico, y además sarcástico, por naturaleza. Se ha discutido si aquel hombre genial se consideraba a sí mismo «el mensajero celeste» o si esas palabras se refieren solo al libro que escribió con ese título. El hecho pudo escandalizar. Ludovico Geymonat pretende que Galileo quiso instrumentalizar a la Iglesia para hacer triunfar su doctrina. Si en las Universidades, centros muy ligados a la Iglesia, se enseñaba como verdad oficial el heliocentrismo, y con él las teorías de Galileo, el sabio adquiriría un renombre universal.

Sea de ello lo que fuere, Galileo viajó a Roma en 1611, y fue recibido por todos con admiración como un gran científico. El telescopio fue colocado en los jardines del Quirinal, y hasta el papa contempló admirado las manchas del sol y otras maravillas. El sabio estaba a punto de conseguir su objetivo. De momento todo fue bien, aunque, como en todas partes, Galileo encontró enemigos, pero sobre todo entusiastas partidarios. La cosa comenzó a estropearse cuando uno de esos entusiastas, el P. Foscarini, pretendió encontrar en la Escritura pruebas de la teoría heliocéntrica. Y lo peor fue cuando el propio Galileo empezó a hacer exégesis bíblica por su cuenta. Se estaba mezclando innecesariamente la interpretación de los libros sagrados con hechos científicos, de una naturaleza distinta. Galileo fue objeto de numerosas denuncias ante la Inquisición. No llegó a juzgársele, pero el cardenal Bellarmino, primera autoridad sobre la cuestión en aquel momento, pidió a Galileo que no enseñara el heliocentrismo como un hecho comprobado, sino solo como una hipótesis, *en tanto no pudiese demostrarla*.

Ni triunfo apoteósico ni fracaso completo. Galileo regresó a Florencia, donde siguió siendo sumamente estimado. Continuó haciendo experimentos sobre la gravedad de los cuerpos, e inventó el primer tipo de termómetro, todavía un tanto imperfecto.

Eso sí, sostuvo una polémica con el jesuita Orazio Grassi sobre la naturaleza de los cometas. Ninguno acertó. En 1623 fue elegido papa Maffeo Barberini, que tomó el nombre de Urbano VIII. El cardenal Barberini era uno de los incondicionales admiradores de Galileo, y éste vio su camino abierto. Para cumplir su promesa de no defender como tesis la teoría heliocéntrica, utilizó un recurso muy socorrido entonces: la forma literaria del Diálogo. Fue el *Diálogo sobre los dos sistemas del Mundo*, publicado en 1630. Los principales protagonistas son Salviatti, copernicano, y Simplicio, un aristotélico de ideas rancias que hacen honor a su nombre. La obra es, en efecto, una sucesión de argumentos y contraargumentos, en que Salviatti, digamos el autor, se muestra muy superior a su contrario. La obra resulta ingeniosa, aunque en extremo satírica y despectiva hacia los teóricos tradicionales. El *Diálogo* fue buen recibido, y Galileo volvió a Roma decidido a imponer su criterio. El papa y la mayoría de los cardenales le recibieron calurosamente. No es fácil saber cómo se torció de nuevo la cosa. Los enemigos de Galileo se movieron activamente. Una de las acusaciones consistió en la supuesta identificación de Simplicio con Urbano VIII, algunas de cuyas ideas se recogen, en efecto; pero parece sumamente improbable que Galileo cometiese semejante acto de imprudencia con quien además se consideraba su amigo.

Lo cierto es que las acusaciones acabaron promoviendo un juicio por parte de la Inquisición que sorprendió a todos. Galileo sufrió una decepción tremenda y lo pasó mal, porque además se consideraba un fiel católico. Tampoco los inquisidores disfrutaron con el proceso. Se encontraron en la dramática situación de tener que definirse entre dos concepciones del mundo, un asunto muy comprometido entonces, y en el cual no hubieran debido entrar. M. Artigas ha encontrado recientemente documentos en que se aprecia que los inquisidores no querían condenar a Galileo; pero se veían presionados por las denuncias y por el peligro de aceptar oficialmente una doctrina que podía ser falsa. Al fin, y como era imposible un acuerdo, decidieron someter el asunto a votación. Fue la votación la que decidió por mayoría: Galileo fue condenado. Teóricamente a prisión. Se deduce que todo fue fruto de un consenso, puesto que no llegó a estar preso nunca. Vivió durante un tiempo en el Quirinal, después en la residencia del arzobispo de Siena, y finalmente en su villa de Arcetri. No podía enseñar en la universidad, aunque sí seguir investigando y recibir visitas. La condena de Galileo fue un baldón para la Iglesia, puesto que a la larga (entonces era imposible) se demostró que la teoría heliocéntrica era la verdadera. Las repercusiones históricas de esta condena, aunque hubiera sido mínima, y hoy siga siendo tergiversada y exagerada, fueron inmensas. La frase atribuida a Galileo al salir del tribunal, *eppur si muove* («y sin embargo [la Tierra] se mueve») fueron inventadas en el siglo XVIII, aunque todo el mundo se las crea. La condena a Galileo fue revocada en 1741, cuando ya el sistema heliocéntrico estaba claramente probado.

El científico pisano siguió trabajando. En Arcetri practicó sus mejores experiencias. Realizó un estudio decisivo sobre resistencia de materiales, y sobre todo sobre la caída de los graves. Galileo descubrió y formuló la ley del péndulo, pero no fue capaz de construir un reloj de péndulo (lo conseguiría Huygens en 1656), pero ideó un ingenioso reloj de agua con un frasco cuidadosamente graduado que le permitió comprobar el movimiento uniformemente acelerado de los cuerpos que caen. Este principio, no lo olvidemos tampoco, había sido enunciado en el siglo XIV por los tan olvidados Buridan y Oresme (vid. pág. 75); pero fue Galileo quien lo comprobó experimentalmente mediante un método impecable. Se valió de un plano inclinado, también graduado, y de bolas que se deslizaban por una ranura experimentando una mínima fricción, y siempre constante. Como pronto comprobó que las bolas que caen por un plano inclinado suben luego por otro colocado a continuación y cuesta arriba, descubrió también la ley de la inercia. Ambos descubrimientos colocan a Galileo entre los pioneros de la mecánica experimental y formulada: realmente fue el primero que aplicó la matemática al movimiento de los cuerpos. Sus descubrimientos serían básicos para los que después efectuaría Newton.

Galileo fue perdiendo la vista, y falleció en Arcetri el 8 de enero de 1642.

Los logaritmos

Como expresó uno de sus inventores, Henry Briggs, «los logaritmos son unos números inventados para resolver más fácilmente los problemas de aritmética y geometría». Esa invención

114

se realizó a principios del siglo XVII, y ya por 1660 era conocida por la mayoría de los matemáticos. La idea no partió de Briggs, que era, efectivamente, matemático, sino de un propietario de tierras y aficionado a hacer cuentas, que se llamaba John Napier (generalmente es conocido como Neper) barón de Merchiston. Neper (1550-1617) fue un ardiente patriota a quien preocupaba la posibilidad de una invasión de las Islas Británicas por los españoles, hacia los que sentía mucha rabia, y a este efecto inventó sistemas de fortificaciones y cañones de grueso calibre que no llegaron a fabricarse nunca. También publicó libros de teología, que fueron su obra entonces más famosa, de los que se hicieron muchas ediciones. A Neper le fastidiaba hacer cuentas, sobre todo elevar a potencias y extraer raíces. Y de aquí que idease un sistema de operaciones aritméticas simplificadas, mediante lo que él llamó «números artificiales», que luego pasaron a ser conocidos como «logaritmos». El sabía que para dividir potencias bastaba restar exponentes. Pues bien, operemos con exponentes.

Partió de la correspondencia entre dos progresiones

1	2	3	4	5	6
2	4	8	16	32	64

La primera es una progresión aritmética en que cada número es igual al anterior más uno. La segunda es una progresión geométrica en que cada número es el doble del anterior. Pues bien, el 1 es el logaritmo de 2, el 2 el logaritmo de 4, el 4 el logaritmo de 16, y así sucesivamente. En 1614 Neper escribió un libro sobre «las maravillosas propiedades de los números artificiales». Tales son los logaritmos neperianos, que siguen teniendo un importante valor matemático. Pero poco después, el matemático Henry Briggs, que visitó a Neper y conoció su invento, prefirió valerse de una base decimal. Así, el logaritmo de 10 es 1; el de 100, 2; el de 1000, 3, y así sucesivamente. Los logaritmos de Briggs o logaritmos decimales son los que empleamos usualmente. Para multiplicar basta sumar, para dividir basta restar, para potenciar basta multiplicar y para radicar basta dividir. Las operaciones mediante logaritmos se hacen mucho más sencillas. Lo complicado es hacer una tabla de logaritmos, ya que no todos los números son exponentes de 10. Así, el logaritmo decimal de 584 es 2,7664128471124; el logaritmo de 2006 es 3,3023309286844. Naturalmente, el logaritmo de un millón es 6. Neper empleó 23 años en elaborar sus tablas, y

Briggs por lo menos 13. Pero una vez que el calculista conoce esas tablas, sus operaciones se hacen incomparablemente más rápidas. (Y por lo general, no hace falta emplear tantos decimales como aparecen en las tablas). Kepler difundió los logaritmos por Europa, y Blas Pascal les encontró toda clase de aplicaciones. Cálculos que exigían semanas enteras podían realizarse en un día. Simón de Laplace dijo que «los logaritmos han duplicado la vida de los matemáticos» (en el sentido de que les han ahorrado muchísimo tiempo). Sin duda se quedó corto. Solo a fines del siglo XX y en el siglo XXI, con las máquinas calculadoras y los ordenadores, las tablas de logaritmos se han quedado obsoletas. Pero cumplieron una función histórica e insustituible durante tres siglos.

Algo sobre Torricelli y Huygens

En 1642 el Gran Duque de Toscana, Fernando de Médicis, había decidido construir una nueva fuente en los jardines de su palacio, y los obreros estaban abriendo un profundo pozo. Conforme aparecía el agua, la extraían por medio de una bomba, para que pudieran continuar las obras. Sin embargo, al llegar a los 11 metros de profundidad, el agua dejó de subir por el tubo, por afanosamente que trabajara la bomba. Nadie se explicaba el fenómeno. La idea vigente desde los tiempos de Aristóteles era que el agua, o cualquier fluido, sentía «horror al vacío», y tendía a llenar todo espacio que se dejase vacío de aire. Así funcionaban las bombas, y nadie discutía tal principio. ¿Por qué el extractor de agua dejaba de sentir «horror al vacío» a partir de once metros de desnivel? Curiosamente, la inexplicable falta de horror del agua llenó de horror a los entendidos. Nadie se explicaba aquella falta flagrante a las leyes de la naturaleza. El Gran Duque consultó con el matemático de la corte, Evangelista Torricelli, que se propuso resolver el misterio.

Torricelli era ya un científico reconocido. Había sido secretario de Galileo en la última etapa de su vida, y por eso precisamente fue su sucesor en la corte de los Médicis. Intuyó que alguna fuerza empujaba al agua a subir por un tubo cuando en él se hacía el vacío, pero esta fuerza no era ilimitada: no podía con el peso del agua cuando esta llegaba a poco más de diez metros de

116

altura. No cabía pensar en el horror al vacío. Y a Torricelli se le ocurrió la idea de que el agua subía por el tubo porque estaba empujada por el aire. Probó con un líquido más pesado que el agua, el más pesado de todos: el mercurio. Encontró un tubo de cristal de metro y medio de longitud. Llenó el tubo de mercurio, lo invirtió con la boca hacia abajo, y lo sumergió en una cubeta llena del mismo metal. El mercurio descendió hasta una altura de 76 centímetros por encima del nivel de la cubeta. En la parte superior del tubo se había hecho el vacío. ¡Y el peso de una columna de mercurio de 76 centímetros de altura es igual al de una columna de agua de 10,13 metros! El aire pesa, esa fue la deducción de Torricelli. Y es ese peso el que hace subir un fluido por un tubo en el que se ha hecho el vacío. Pero no indefinidamente: el peso de ese fluido nos indica cuál es el peso del aire. Es falso que el aire no pesa, como se creía por entonces. Presiona sobre todas las cosas, sobre nosotros mismos. Y si no somos aplastados es sencillamente porque las partes huecas de nuestro cuerpo no están vacías... están llenas también de aire. Torricelli inventó el barómetro, es decir, un instrumento para medir el peso o presión del aire. Naturalmente, hoy empleamos el barómetro como un medio para predecir el tiempo, puesto que la presión del aire es más baja en el seno de las borrascas que en el de los anticiclones. Eso Torricelli no lo sabía, pero el descubrimiento del barómetro iba a ser fundamental en el mundo de la física, y dejó en claro que los gases también pesan: unos más que otros.

Torricelli descubrió otras muchas cosas: por ejemplo la velocidad de salida de un fluido por un tubo, un hecho relacionado también con la presión, y con la altura del nivel del fluido (es el llamado «Principio de Torricelli»). Trabajó, como Galileo, a quien perfeccionó, sobre el centro de gravedad de los cuerpos, e intuyó la posibilidad de manejar valores infinitesimales, adelantándose a Leibniz y a Newton. Sin duda aquel sabio laborioso y sencillo hubiera descubierto muchas cosas más, si una fiebre tifoidea no se lo hubiera llevado inesperadamente cuando tenía 39 años.

—Otro sabio también sencillo y humilde, a quien no se dio demasiada importancia en su tiempo fue el holandés Christian Huygens (1629-1695). Fue discípulo de Descartes, a quien conoció en los viajes que éste hizo a Holanda, y hasta le alojó en su casa. Más tarde viajaría a Inglaterra, donde conoció a Newton.

Huygens se convierte así en una especie de enlace entre dos grandes generaciones de científicos. Fue el típico sabio que abarcó los más diversos saberes. Conocía el latín y el griego, escribía música, pulía lentes y fue un excelente mecánico. Pasó quince años (1666-1681) en Francia, donde Luis XIV le hizo miembro de la Real Academia de Ciencias. Allí hizo muchos de sus más notables descubrimientos. Mejoró el sistema de pulimento de lentes y construyó el mejor telescopio de su tiempo. Con él resolvió el famoso problema de Saturno: no era un planeta triple, ni un astro con asas, sino que tenía un brillante anillo alrededor. Y además descubrió un satélite de Saturno, Titán. También observó Marte, e hizo los primeros dibujos de este planeta. Se dio cuenta de que los accidentes marcianos no ocupaban siempre la misma posición, y así calculó la rotación del planeta, que gira sobre sí mismo en poco más de 24 horas, ¡casi como la Tierra! Al mismo tiempo trabajó con lentes en la observación de objetos muy pequeños, y junto con su compañero Leeuweenbroek descubrió el microscopio: fue el primer hombre que consiguió ver las células de nuestro cuerpo (aunque no pudo interpretarlas).

En París publicó *Horologium oscillatorium*, en que da cuenta del descubrimiento del reloj de péndulo. Galileo, descubridor de la ley del péndulo, se había esforzado inútilmente en construir un reloj. Huygens, mejor mecánico, no solo hizo relojes, sino que inventó el péndulo compuesto, que corrige la dilatación de la longitud del péndulo por efecto del calor, con lo cual sus oscilaciones son isócronas bajo las más diferentes temperaturas. ¡Y muy poco después descubrió el reloj de resorte! Mediante un muelle en espiral, logró un movimiento constante de la maquinaria sin necesidad de péndulo. Un reloj de resorte es transportable, y puede llevarse de cualquier forma, caminando, o bien a bordo de un navío. Naturalmente, necesitaba aún muchos perfeccionamientos antes de que un reloj así pudiese marchar de forma satisfactoria. Con Newton discutió sobre la naturaleza de la luz, y concluyó que era un fenómeno vibratorio. Trabajando con espejos y prismas dejó en claro las leyes de la reflexión y refracción de la luz. A veces es difícil separar lo que son descubrimientos de Huygens de los que pertenecen a Newton. Otro trabajo de Huygens que más tarde resultó utilísimo a Newton fue la teoría de la fuerza centrífuga. De ahí dedujo que la Tierra debe ser achatada por los polos y abultada en el ecuador. Y también enunció mejor que Galileo la ley de la caída de los cuerpos en el vacío. Todo ello nos hace ver lo mucho que le debe su amigo Newton. Otra aportación de Huygens fue un tratado completo sobre el cálculo de probabilidades. Fue, en suma, el científico del siglo XVII que tocó más temas e hizo más descubrimientos. Nunca se enzarzó en una polémica. Era tímido y amable, y siempre respetó la obra de los demás. Tuvo la mala suerte de que la mayor parte de sus escritos no llegaron a publicarse por entonces, al menos de una manera amplia, de modo que solo fue bien conocido con posterioridad a su muerte. Y aun así, es posible que nunca se le haya hecho justicia.

Leibniz y el cálculo infinitesimal

Zenón de Elea, un filósofo griego del siglo V a.J.C., que pasa por ser el inventor del arte de discutir, propuso una serie de problemas o «aporías» que pese a la aparente sencillez de su planteamiento, sus contemporáneos no pudieron rebatir, aun sabiendo que las teorías de Zenón eran absurdas. La «aporía» más conocida es la que se refiere a la apuesta entre Aquiles y la tortuga. El héroe «de los alados pies» fue desafiado por una tortuga a que nunca la alcanzaría en una carrera, siempre que le diese una determinada ventaja. Supongamos, para entendernos mejor, que Aquiles corre diez veces más rápido que la tortuga, y que concede a ésta cien metros de ventaja. Cuando Aquiles ha corrido esos cien metros, la tortuga ha corrido diez, esto es, aún va diez metros por delante. Cuando Aquiles recorre esos diez, la tortuga ha recorrido uno, y todavía le lleva un metro de ventaja al héroe. Cuando este ha recorrido ese metro, la ventaja de la tortuga es aun de diez centímetros. Y si Aquiles avanza esos centímetros, la tortuga le llevará un centímetro. Cuando el héroe recorra ese centímetro la ventaja de la tortuga será de un milímetro, después será de una décima de milímetro, de una centésima de milímetro, y así sucesivamente... Pero Aquiles nunca alcanzará a la tortuga.

Nosotros nos damos perfecta cuenta de que la argumentación encierra un sofisma... y los griegos también lo sabían, porque eran dueños de una lógica tan depurada como puede ser la nuestra; pero con su tosca contabilidad por medio de ábacos, no encontraban manera de contradecir a Zenón. La trampa consiste en escoger cada vez trechos más pequeños, hasta llegar a los infinitamente pequeños, siempre *dentro del ámbito en que Aquiles no ha alcanzado a la tortuga*. Los últimos trechos acaban siendo irrisorios, al fin absolutamente despreciables. Reparemos en el recorrido de Aquiles antes de alcanzar a la tortuga: cien metros, diez metros, un metro, un decímetro, un centímetro, un milímetro, una décima de milímetro...

Lo que, expresándonos en metros viene a ser: 100 +10 +1 +0,1 +001 +...

O, lo que es lo mismo, 111,111111111111... metros. Por este camino no llegaremos nunca hasta el momento en que Aquiles alcanza a la tortuga, porque necesitamos escribir un número infinito de unos, y no tenemos una pizarra en el mundo donde quepan todos. Ese punto exacto al que queremos, pero al que no podemos llegar es el *límite* en el cual el alcance se produce. Naturalmente que Aquiles alcanza a la tortuga. Sin ir más lejos, en el metro 112 ya la adelantado en casi 89 centímetros [1].

El concepto de *límite* ya fue teorizado por muchos matemáticos, pero fue Leibniz el que lo expresó más claramente que nadie. Gottfried Wilhelm Leibniz (1646-1716) fue quizás el último sabio universal. Fue teólogo, filósofo, jurista, historiador, lingüista, diplomático. y al mismo tiempo uno de los grandes genios del cálculo. Para B. Russell fue una de las inteligencias más preclaras de todos los tiempos. Gauss, uno de los grandes matemáticos del siglo XIX, le critica por haber desperdiciado su enorme talento para el cálculo, al haber dedicado gran parte de su precioso tiempo a otros y muy variados menesteres. Pero Leibniz fue así: polifacético, y al mismo tiempo dotado de una ilimitada ansia de síntesis. Quiso abarcarlo todo. Dominaba el latín, el griego, el alemán, el francés, el inglés, conocía el español y el italiano y se interesó por el chino. La primera de sus grandes ideas unificadoras, cuando le hicieron diplomático, fue conseguir una paz universal. Luego trató de reconciliar a católicos y protestantes. Era luterano, pero se fue acercando progresivamente al catolicismo; sin embargo, se negó a convertirse, porque lo que

---

[1] Escribiendo números quebrados, podemos decir que Aquiles alcanza a la tortuga en el metro 111+1/9. Con esta expresión, no necesitamos infinitos decimales. Dividamos 1 entre 9 y veremos por qué.

quería era lograr una única confesión cristiana. No hace falta decir que fracasó en su propósito (era demasiado idealista, y los tiempos no eran quizá los más propicios para aquella misión, pero por lo menos no dejó de intentarla). Más tarde concibió la idea de unificar todas las formas de conocimiento humano: al parecer fue la lectura de Raimundo Lulio, a quien Leibniz admiraba, el que se la sugirió. El ideal era una *sciencia generalis*, expresada por un lenguaje común y perfecto, la *lingua characterica*. De aquí la búsqueda de «un método en que todas las verdades de la razón sean reducidas a un tipo de cálculo». A Leibniz, lo mismo que antes a Descartes, le seducía el lenguaje matemático, porque lo encontraba infalible, sin posibilidad alguna de error. Si todas las proposiciones de la razón humana pudieran ser expresadas mediante un lenguaje parecido al matemático, desaparecerían todas las dudas. Tampoco hace falta decir que Leibniz no encontró este lenguaje, pero se le considera el primer gran pionero de la lógica matemática.

Leibniz, cuya profesión era la de diplomático, estuvo en París, Londres, Berlín, Roma, Amsterdam. Fue en París (1873-1879) donde conoció a Huygens, que le instruyó en los principios matemáticos. Leibniz ya había estudiado aritmética y geometría, pero quizá nunca hubiera llegado a ser un gran genio del cálculo sin esa fecunda amistad. Filósofo como era, intuyó muy pronto la importancia de los sistemas de numeración, y teorizó como nadie el sistema binario (el que hoy emplean los ordenadores); enseguida desarrolló el cálculo combinatorio y la teoría del cálculo de probabilidades, dos campos afines, en que la matemática iba a desarrollarse muy ampliamente en el futuro. Pero muy pronto se preocupó de lo que él llamó el *calcul de l'infinément petit*. Del concepto de límite llegó al del infinitesimal. No olvidemos que en París se familiarizó Leibniz con la geometría cartesiana. Una curva puede ser representada en un sistema de coordenadas, y esta representación puede ser expresada por una ecuación. Ahora bien, una curva está formada por infinitos puntos. Y un punto no es curvo, ¡es solo un punto! ¿Puede ser localizado e identificado un punto? Sí, por su posición exacta respecto del eje de coordenadas. Leibniz pensó entonces en una serie de rectas tangentes a la curva. Podemos trazar todas las tangentes a la curva que queramos, cada una de ellas tendrá una inclinación, *pendiente*, distinta. Y cada tangente toca a la curva en un solo punto. Ese punto, solo ese punto, será común a la curva y a la tangente que toca con ella. Y la pendiente de la tangente es perfectamente determinable, y coincide además con la pendiente de la curva *en ese punto*.

La pendiente de cada punto de la curva coincide con la pendiente de una recta tangente a ella. Aunque la curva, en ninguno de sus puntos, «es» la recta. Ni la recta, en ninguno de sus puntos, «es» la curva. Y nadie puede protestar. Basándose en esta equivalencia, que es perfectamente válida, llega Leibniz a los supuestos del «cálculo», lo que llamamos hoy cálculo infinitesimal. Descartes había expresado el concepto de *función* (un punto de una curva puede determinarse en función de los ejes de coordenadas: (vid. pág. 105). Pues bien, Leibniz idea la *función derivada* (hoy simplemente «derivada») con la que puede operarse como si ese segmento infinitesimal de una curva fuese una recta. Y esa posibilidad de operar sobre términos equivalentes abre un inmenso camino a los recursos del cálculo, antes inimaginables. El descubrimiento del cálculo infinitesimal fue probablemente el avance más importante de la ciencia matemática en muchos siglos. Y gracias a la matemática, lo fue también de la física, de la ingeniería, de la astronomía y de otras muchas ciencias. Si nuestra civilización ha llegado a donde ha llegado es en gran parte gracias al cálculo infinitesimal.

Ahora bien: la invención del cálculo infinitesimal no puede atribuirse únicamente a Leibniz. Ya lo insinuó claramente Barrow años antes. Y contemporáneamente, lo descubrió Newton. El «análisis» de Leibniz fue publicado en *Acta eruditorum* en 1684, y los *Principia* de Newton en 1687; pero desde mucho antes habían descubierto los dos genios, con absoluta independencia, los fundamentos del nuevo cálculo. Ya en 1676 había expuesto Leibniz lo que el llamaba *differentia* (diferencial) y hasta escribió la notación que hoy se emplea, *dx*, o diferencial de equis. Pero Newton asegura que la idea se le ocurrió ya en el *annus mirabilis* de 1666, cuando por culpa de una peste tuvo que refugiarse en su finca de Woolsthorpe: y todo es posible. Varios testigos lo aseguran. Y también es cierto que cuando Leibniz estuvo en Londres en 1673 conoció a Newton o supo cuando menos de sus trabajos. Varias veces se escribieron los dos sabios, y se comunicaron algunos de sus secretos, pero fueron empleando un lenguaje cada vez más cabalístico conforme temieron que el otro le plagiara. La denuncia de plagio partió al fin de Newton, ya cuando ambos habían publicado sus trabajos. Y siguió una polémica ingratísima, e indigna de dos de los sabios más grandes de todos los tiempos, azuzados por sus respectivos amigos. Leibniz era tan ingenuo, que sometió la disputa al arbitraje de la Royal Society de Londres... cuyo presidente era Newton (!!). Innecesario es decir cuál fue el veredicto.

Hoy tiende a considerarse que ambos fueron descubridores independientes del cálculo moderno. Tal vez Newton se adelantó un poco, pero Leibniz lo formuló mejor. Las expresiones que hoy empleamos son las de Leibniz, que parecen más claras. De hecho, ambos pueden compartir con todos los honores la gloria de haber realizado un descubrimiento que la humanidad debe agradecerles a lo largo de los siglos.

Newton y la ley del Universo

Nadie hubiera apostado por Isaac Newton el día que nació, ni siquiera algunos años más tarde. Las distintas biografías dan como fecha de su nacimiento el 14 de diciembre de 1642, o el 4 de enero de 1643, no porque existan dudas sobre la cuestión, sino porque entonces regía en Inglaterra el calendario juliano, y los ingleses no querían aceptar una reforma, por científica que fuera, establecida por decisión de un papa. En todo caso, el padre de Isaac, un granjero de Woolsthorpe, Inglaterra, había muerto tres meses antes. Y nació sietemesino. Quizá sean exageradas las informaciones según las cuales solo pesaba dos libras (un kilo); sí está claro que vino al mundo como un ser enclenque, y enclenque se mantuvo durante su niñez. Por si fuera poco, su madre volvió a casarse cuando el pequeño tenía dos años, y el padrastro no quiso cargar con él, de suerte que Isaac se crió en la granja con sus abuelos. Mucho se ha hablado de la relación de estos hechos con su vida retraída: es imposible asegurarlo. Sus abuelos lo enviaron a una escuela cercana, donde no destacó por sus estudios, ni tuvo amigos: sí mostró interés por los juguetes mecánicos: inventó un cochecito manejado por una manivela, un molino de viento, una cometa que llevaba luces encendidas...

Muerto su padrastro, la madre volvió a Woolsthorpe y pretendió convertir a Isaac en un buen granjero, pero el muchacho descuidaba sus deberes, y siempre lo encontraban leyendo libros de matemáticas... Así fue como por consejo de un tío lo enviaron, a los 18 años, a estudiar en el Trinity College de la Universidad de Cambridge, no muy lejos de Woolsthorpe. Obtuvo media beca y lo alojaron como «estudiante sirviente», es decir, como criado de sus compañeros, aunque podía recibir lecciones como los demás. Hasta entonces no había destacado gran cosa, pero lo descubrió el matemático Barrow, que encontró en él un extraordinario discípulo. Era ya un destacado universitario cuando, con motivo de la peste de 1664, cerró la universidad de Cambridge. Isaac volvió a la granja de Woolsthorpe, donde trabajó muy poco y meditó mucho. Fue en aquellas circunstancias cuando según él mismo, y sobre todo según sus partidarios, vivió el *annus mirabilis* de 1666. De acuerdo con estas versiones solo en ese año descubrió la Ley de la Gravitación Universal, la ley de desarrollo del binomio, las leyes del movimiento, y las «fluxiones», nombre que él daba a las «tasas de cambio en las variables en un intervalo infinitamente pequeño», es decir, las propias del cálculo infinitesimal. Parece lógico suponer que no desarrolló en su integridad todas las teorías; hubiera sido un auténtico milagro. Pero pudo, en sus reflexiones solitarias, haber intuido el núcleo de muchas de las que luego serían sus principales aportaciones a la ciencia universal.

La famosa historia de la manzana ha sido siempre tenida por falsa, pero no debemos olvidar que fue el propio Newton quien la inventó. Absolutamente nadie puede negar que una noche de verano, cuando la luna llena brillaba en el cielo, oyera caer una manzana. Conocía perfectamente ese ruido característico. Y pudo preguntarse, en aquel momento o bien más tarde, por qué, si cae una manzana, no cae también la luna. ¿Cuál es la diferencia entre la manzana y la luna? Cualquier otro científico hubiera podido señalar cien diferencias, pero Newton halló la fundamental: la manzana parte del reposo, mientras que la luna está en movimiento. Concretamente, da vueltas alrededor de la Tierra. Y porque da vueltas, no cae. De sobra conocía Newton lo que es la fuerza centrífuga. Es más, si la luna da vueltas alrededor de la Tierra y sin embargo no sale disparada como la piedra de la honda de los pastores, es precisamente porque la Tierra la atrae. El sabio tuvo que meditar profundamente sobre la cuestión. Si la luna no cae sobre la Tierra, pero tampoco sale disparada, sino que se mantiene siempre en la misma órbita, es porque, solicitada por dos fuerzas, la centrífuga y la centrípeta, se mantiene en equilibrio dinámico. ¿Cómo puede explicarse ese equilibrio? A Newton le habían fascinado las leyes de Kepler, tal como se las había explicado Barrow. Y trabajando con aquellas leyes y con los hechos observados, dedujo, no sabemos exactamente cuándo, porque entre aquella primera reflexión y la solución definitiva pudieron mediar años y muchos cálculos, la Ley de la Gravitación Universal: dos cuerpos se atraen entre sí en razón directa de sus masas, e inversa del cuadrado de su distancia. Se ha dicho —al menos durante siglos— que es la ley más importante del Universo.

Es posible que durante el mismo verano maravilloso intuyese Newton los principios del cálculo infinitesimal, y, por supuesto, el desarrollo del binomio y las leyes del movimiento. Todo está relacionado en cierto modo. Y todo lo iría madurando en años sucesivos. Sin embargo, pasarían más de veinte años antes de que se decidiese a publicar sus *Principia mathematica*, en que todo ello está expresado. ¿Por qué esa inexplicable tardanza? El genio de Newton es muy difícil de comprender. Sabemos que su mentalidad un poco retorcida era enormemente susceptible a las críticas; y él vivía en una época extremadamente propicia a la polémica. Newton era un genio, y poseía un altísimo concepto de sí mismo. No podía soportar que le contradijesen: montaba en cólera, se ponía malo. Y, cuando menos varias veces, aseguró que no quería publicar sus teorías ante la posibilidad de que alguien las negase. Pudo ser así, pudo sentir el deseo de dejar sus principios irrebatiblemente asentados, pudo existir cualquier circunstancia psicológica que le impidiera expresar en público lo que había descubierto. Lo cierto es que cuando al fin publicó los *Principia*, en 1687 —redactados al parecer entre 1684 y 1686— todos aquellos principios estaban descubiertos por Newton desde mucho tiempo antes, y, en algunos casos, desvelados ya a sus discípulos.

En el campo del cálculo infinitesimal llegó a casi los mismos resultados que Leibniz, aunque por un camino en cierto modo distinto. Leibniz partió exclusivamente de la geometría analítica y de la identificación de puntos en que una curva y una recta tangente se encuentran. Newton estaba más preocupado por el movimiento. Sobre todo el movimiento de los astros. Las leyes de

Kepler, el hecho de que las órbitas de los planetas sean elípticas le hicieron ver que el movimiento uniforme se da muy pocas veces. Los astros, contra lo que se hubiera podido suponer un siglo antes, aceleran y deceleran. Esta consideración fue el punto de partida que le permitió deducir la Ley de la Gravitación Universal. Ahora bien, para determinar una órbita, es preciso conocer con exactitud todos los puntos que recorre, y el momento en que ese cuerpo estará en cada uno de esos puntos. De aquí la necesidad de calcular las «fluxiones» y recomponer las órbitas. Newton recurrió tanto al concepto de derivada como a la recomposición de todos esos infinitésimos en forma de «integral». Quizá las expresiones que usó no resulten tan cómodas ni a primera vista tan claras, pero su trabajo fue tan genial y tan irreprochable como el de Leibniz.

Fue justamente el cálculo de la órbita de un cometa el que le movió a dar publicidad por escrito a su método de cálculo. Veamos. En 1682 se hizo visible un gran cometa. El astrónomo Edmund Halley encontró similitudes entre la trayectoria aparente descrita por aquel llamativo astro y la de los cometas que se vieron en 1531 y en 1607. ¿Se trataría quizás del mismo cometa que regresaba a las cercanías de la Tierra una y otra vez? El período parecía ser de 75 o 76 años. Si esto era así, los cometas no son astros errantes que surgen cuando menos se piensa y luego desaparecen para siempre: vuelven, después de haber descrito una órbita cerrada. ¡Qué gran idea!: los cometas no son unos monstruos siderales que anuncian desgracias, sino astros como los demás, solo que sus órbitas son mucho más alargadas que las de los planetas. ¿Pueden calcularse estas órbitas? Halley recurrió a Newton, del que sabía que ya había encontrado un método nuevo que permitía calcular trayectorias celestes. De sus conversaciones con el gran genio pudo Halley confirmar sus ideas, y al mismo tiempo le animó insistentemente a publicarlas de una vez. Fue así como más o menos entre 1683 y 1686 Newton se puso a redactar los tres impresionantes libros de sus *Principia mathematica*. La tenacidad de Halley en este sentido fue decisiva, y tenemos que agradecérsela. Por otra parte, Halley pudo calcular que el cometa volvería a aparecer en 1758. Para esa fecha, el astrónomo había fallecido, pero su retorno sobrevino con absoluta puntualidad. ¡La predicción se había cumplido! En honor de Halley, el famoso cometa fue bautizado con el nombre de aquel astrónomo. Pero la intervención de Newton fue también decisiva.

Otros dos puntos importantes que también se tocan en los *Principia* son la fórmula para el desarrollo del binomio y las leyes del movimiento de los cuerpos. La fórmula de desarrollo del binomio facilita enormemente el cálculo. Casi todos sabemos que $(a+b)^2 = a^2 + 2ab + b^2$. Menos gente sabe que $(a+b)^3 = a^3 + 3a^2b + 3ab^2 + b^3$. Y así sucesivamente. Cuanto mayor sea la potencia a la que deseamos elevar un binomio mayor es el número de términos que hemos de emplear. Pero Newton dio con la fórmula aplicable a todos los casos, e intuyó que por ese camino podía operar con series polinómicas infinitas.

Y por lo que se refiere al movimiento, Newton formuló tres leyes fundamentales; 1ª, la de la inercia: un cuerpo inicialmente en reposo, si no es solicitado por ninguna fuerza, permanecerá indefinidamente en reposo. Un cuerpo en movimiento, si no es solicitado por ninguna fuerza, permanecerá indefinidamente en movimiento, y ese movimiento será uniforme. (Es lo que ocurre con un cuerpo lanzado al espacio, cuando no es atraído por ningún otro cuerpo).

2ª, la fuerza que impulsa constantemente a un cuerpo es igual a la masa por la aceleración. Es decir, ese cuerpo se mueve de forma uniformemente acelerada. Todavía hoy se llama «newton» (N) a la fuerza que hay que ejercer sobre una masa de 1 kg. para que adquiera una velocidad de 1 m. s^2. De aquí que la energía sea igual a la masa por el cuadrado de la velocidad. Y por eso la velocidad es el factor más importante cuando sufrimos un accidente de carretera.

3ª: toda fuerza ejercida sobre un cuerpo provoca en éste otra fuerza de reacción equivalente a la que ha recibido. Si desde un bote que flota sobre el agua empujamos otro bote para apartarlo, el bote se separará de nosotros, pero también nuestro bote se separa de él. Es una experiencia que nos extrañaba de niños, y a la que nos hemos ido acostumbrando. Cuando disparamos una carabina, sentimos un empuje hacia atrás que, si no estamos preparados, hasta puede tumbarnos de espaldas. Todos estos principios eran más o menos conocidos, pero nadie los había formulado matemáticamente (y por tanto nadie los había explicado y universalizado) como Newton.

La publicación de los *Principia* en 1687 hizo a Newton famoso de la noche a la mañana. Habría que añadir al hecho otro más coyuntural, pero decisivo: la revolución inglesa de 1688, que, de rebote y por circunstancias políticas, lo convirtió en un héroe. Pronto fue elegido parlamentario, luego le nombraron director («Guardián») de la Casa de la Moneda. Este hecho alejó a Newton de la Universidad. Fue muy celoso de su cargo: inventó un sistema de pequeñas estrías en el borde de la moneda que la hacían muy dificilmente falsificable, estrías que aún conservan las monedas actuales. Por cierto que nuestro hombre fue implacable con los falsificadores. Luego le hicieron «sir», y le nombraron presidente de la Royal Society. Había llegado al momento de su máxima gloria, pero en cambio se había acabado el de los grandes descubrimientos.

En 1704 publicó su última obra, *Opticks* (en su tiempo se escribía así), pero sus experiencias en el campo de la óptica fueron muy anteriores, y hasta las había realizado públicamente ante la Academia. Newton, operando con prismas, observó que éstos desviaban la luz y al mismo tiempo la descomponían en los distintos colores del iris. Ya Bacon en el siglo XIII (vid. pág. 74) había observado y enunciado el fenómeno, pero no pudo teorizarlo ni formularlo como Newton. También Descartes, entre otros, lo había observado, pero creía que la luz era unitaria y que el prisma producía un efecto falso. Newton intuyó que la luz del sol «está compuesta por rayos diversamente refractables», de modo que el prisma descompone lo que es ya diverso. Por experimentos demostró que el color blanco es la suma de los distintos colores. Es más, añadía Newton, «posiblemente la luz es una combinación de pequeñísimas partículas de diferentes tamaños, siendo las rojas las mayores y las violetas las más pequeñas». Huygens había propuesto que la luz es un fenómeno ondulatorio (vid. pág. 118). Newton, en cambio, creyó que era un fenómeno corpuscular, e intuyó los fotones. Los dos acertaron, puesto que hoy la teoría cuántica admite que la luz es un fenómeno corpuscular y ondulatorio a un tiempo. Los fotones no tienen tamaño propiamente dicho, pero acertó en cierto modo Newton, puesto que el rojo tiene una longitud de onda más larga que el violeta.

Otro invento importante: el telescopio de espejo. Los telescopios de lentes obraban un poco como prismas, y descomponían ligeramente la luz: los bordes de la luna o de los planetas aparecían irisados. Newton corrigió este defecto construyendo un telescopio cuyo objetivo no era una lente, sino un espejo. Hoy se le sigue llamando telescopio newtoniano. Curiosamente, el gran sabio inventó un nuevo tipo de telescopio, pero no fue un asiduo observador, como lo habían sido Galileo o Huygens. No hay ningún descubrimiento observacional que podamos atribuirle.

Los últimos treinta y tantos años de Newton fueron casi perdidos para la ciencia. Mucho se ha especulado sobre la «crisis de 1693», que dejó al sabio sin ánimos. Pudo estar provocada por un pequeño incendio que destruyó gran parte de sus papeles: y ya es sabido que Newton, como su émulo Leibniz, escribió más que publicó. Bien es verdad que muchos de los manuscritos que no publicó carecen de interés científico. Es increíble que un hombre como él creyera en los horóscopos, ya entonces desacreditados, y que practicase la astrología, que pretendiese hallar la piedra filosofal, que escribiese farragosos tratados de cabalística, y que ideara una teología de escasa altura, muy poco original. También es triste que sufriese ataques de «melancolía» (entendamos depresión), que le costase cada vez más entenderse con la gente, que fuese desconfiado y receloso, y que en las sesiones de la Academia, que tenía que presidir, se quedase invariablemente dormido. La explicación más compasiva es la de Bertrand Russell: el increíble esfuerzo mental de Newton en sus años de plenitud le dejó intelectualmente agotado, incapaz de seguir más adelante. Su cuerpo aguantó muy bien hasta los ochenta y cuatro años. Murió en 1727, y fue enterrado con todos los honores en la abadía de Westminster. Con él se coronó la increíble revolución científica del siglo XVII.

LA CIENCIA EN EL PERIODO DE LA ILUSTRACIÓN

Cuenta Paul Hazard en uno de sus mejores libros sobre el espíritu del siglo XVIII esta curiosa anécdota. Un conocido contertulio ilustrado, M. de Lagny, se encontraba gravemente enfermo, y los amigos que rodeaban su lecho intentaban sin éxito hacerle hablar. Hasta que llegó el Director de la Academia de Ciencias, M. de Maupertuis, y aseguró que podía hacerlo. Dijo simplemente:

—Monsieur de Lagny: ¿el cuadrado de doce?

—Ciento cuarenta y cuatro— murmuró el enfermo con voz débil.

Fueron sus últimas palabras.

Monsieur de Lagny estaba dispuesto a cualquier cosa menos a parecer un ignorante en cuestiones matemáticas. Tal fue el espíritu de la Ilustración.

El siglo XVIII fue más bien pacífico (y la mayor parte de las guerras que en él tuvieron lugar, concebidas casi como partidas de ajedrez, fueron poco mortíferas), en él apenas hubo grandes epidemias, se registró un aumento de la producción agrícola merced a los nuevos sistemas de cultivo, y gracias a ello un incremento general de la población, mejoraron los sistemas de manufactura, nuevos tipos de navíos (fragatas, corbetas, bergantines) cruzaron el Atlántico y realizaron amplias exploraciones en el

Pacífico; y, en general, se registra entonces una etapa de desarrollo económico y de las condiciones de vida de la mayor parte de la sociedad en Europa. No solo la nobleza, que ahora procura hacerse culta y dominar los métodos científicos, sino también una próspera burguesía, enriquecida con el ejercicio de la industria y el comercio, o con la práctica de las profesiones, buscan estar al tanto de los avances del conocimiento, y particularmente de la ciencia. En todos estos aspectos fue el XVIII un siglo particularmente amable, consciente de que las cosas marchan bien. Quizá por eso mismo el *progreso* se convierte en un mito, y los sabios o eruditos de entonces escriben esa palabra con mayúscula. Para Robert Nisbet fue aquella la centuria más optimista de la historia, la más confiada en el futuro de la humanidad. El interés por la mejora del saber se manifiesta en la formación de numerosas *Academias*, que proceden muchas veces de tertulias particulares de personas cultas o de sabios, provistas del espíritu atildado y educado de la época, a las que asisten caballeros vestidos de casaca y tocados de pelucas empolvadas y rizadas a tenaza, que discuten razonablemente, sin levantar la voz y de acuerdo con un turno riguroso.

Algunas de estas academias acaban siendo reconocidas por el poder, porque también los gobernantes creen en el progreso y se sienten en el deber de estimular el desarrollo de la ciencia. El zar Pedro I de Rusia tenía su propio planetario, el duque de Orleans su laboratorio particular, el rey de Inglaterra Jorge III coleccionaba aparatos científicos. Ya en la segunda mitad del siglo XVII nacieron algunas de ellas, como la Royal Society de Londres que presidió Newton, la Real Academia de París, fundada por Colbert, ministro de Luis XIV, o la de Berlín fundada por Leibniz. En el XVIII las academias oficiales llegaron a ser más de setenta, repartidas por toda Europa, de Lisboa a San Petersburgo. Las academias, en cierto modo, relevan a las universidades en el papel de adelantadas de la ciencia. La Universidad, más tradicional, más apegada a sus viejos usos, queda en ocasiones superada por las nuevas sociedades de sabios y eruditos que constituyen la «República de las Letras y las Ciencias», en forma de instituciones más libres, compuestas por un número limitado de personas, en que se enseña menos y se aprende más, y en que el contacto entre sabios contrasta descubrimientos y experencias que luego se publican y se difunden por todas partes. Órganos de este nuevo espíritu científico son revistas como «Le Journal des Savants», las «Nouvelles de la République des Lettres» o el «Acta Eruditorum». En ellas se defiende la idea de la ciencia como un libre desenvolvimiento de la capacidad de la razón humana por alcanzar la verdad sin necesidad de recurrir a instancias superiores, y esta tendencia muestra también un carácter ideológico, cuyas consecuencias se tocarán después de las Revoluciones que conmoverán a Europa y América a fines del siglo XVIII y principios del XIX. La confianza en la Razón manejada exclusivamente por el hombre es uno de los elementos sustentadores del optimismo de la época ilustrada.

Otra característica de la ciencia dieciochesca es el afán de conferir un sentido práctico a los saberes. Ya no se concibe el adelanto del conocimiento sin una aplicación concreta al desarrollo de la vida. El estudio debe conducir a conclusiones útiles. Ya no basta descubrir, es preciso también «inventar». La ley de la dinámica de los gases ha de estar relacionada con la máquina de vapor, la observación de la dilatación de los cuerpos con el calor conduce a la invención del termómetro, los experimentos sobre las propiedades de la electricidad sugieren la pila eléctrica, la geometría esférica permite establecer rutas más racionales y más cortas para la navegación. Se inventan nuevas máquinas para tejer y para hilar, después para fundir metales. Se sigue discutiendo si la revolución industrial comenzó ya en el siglo XVIII o hay que esperar al XIX para ver la historia humana drásticamente modificada por el avance de los medios de producción; lo único indudable es que la ciencia de la Ilustración busca «aplicaciones prácticas» a sus experiencias y sus descubrimientos, aunque los logros estuviesen todavía muy lejos de ser espectaculares. Pero se impone ya la concepción de una «ciencia útil», que no va a contentarse con la constatación del mero saber.

El siglo XVIII es, por otra parte, una época de coleccionistas. El afán por reunir es muy característico de la mentalidad ilustrada. Y para reunir ordenadamente es preciso clasificar. Se distingue entre unas especies y otras, entre unas clases y otras. Linneo clasifica plantas, Buffon clasifica animales, De Beer clasifica insectos o Lalande clasifica estrellas. El mundo queda así más «ordenado» en la mente de aquellos sabios. A la idea de la «razón» acompaña así la del «orden», la de cada cosa en su sitio, que permite proceder a un estudio más sistemático. En adelante, ya no será fácil prescindir de este afán ordenador y clasificador tan propio de la ciencia moderna de Occidente. Hasta las palabras son ordenadas y clasificadas en los numerosos diccionarios y enciclopedias que aparecen por entonces; y ese orden permite encontrarlas y utilizarlas correctamente en cuanto queda clara su acepción. El deseo de clasificar conocimientos hallará su máxima expresión en la gran *Enciclopedia* dirigida por Diderot y D'Alembert, en la que colaboraron más de sesenta sabios y eruditos. En 1770 se calculaba que iba a ocupar diez grandes tomos, de los cuales salió el primero en 1772; pero la primera edición completa, en 1780, constaba de 35 volúmenes. La *Enciclopedia* es la más depurada representación del espíritu el siglo XVIII, no solo por su prurito de alcanzar todos los sectores del conocimiento humano —y muy especialmente el científico—, sino por su afán clasificatorio y por su misma ideología, muy preocupada por destacar la capacidad de la razón humana y por atacar los conocimientos tradicionales. Miles de suscriptores en toda Europa financiaron aquella obra, que imprimió carácter a una época, hasta el punto de que se habla del «enciclopedismo» o se califica de enciclopedistas a muchos racionalistas ilustrados, hubieran colaborado o no en la elaboración de la obra. Más tarde muchos de aquellos artículos, y otros nuevos, dieron lugar a la *Enciclopedia Metódica*, que adopta una una clasificación por áreas de conocimiento, y no simplemente alfabética.

La ciencia del siglo XVIII experimentó muy notables avances, y no puede decirse que, por lo que a logros respecta, desmerezca respecto de la del siglo anterior; pero no es fácil encontrar grandes genios, como los que forman aquella serie increíble que va de Descartes a Newton. Por eso quizá resulte conveniente ordenar la materia no por autores, sino por disciplinas.

Las matemáticas

La revolución del cálculo operada en el siglo XVII puso las bases de la nueva matemática. Su desarrollo hasta las más altas posibilidades tuvo lugar en el XVIII. Los Bernouilli (hermanos Jacques y Jean, luego hubo toda una dinastía, ¡hasta siete Bernouilli grandes matemáticos!) fueron maestros en el cálculo infinitesimal: a Jacques se debe el término «integral» —el concepto fue intuido por Newton— que hoy se usa. También desarrollaron el cálculo combinatorio (variaciones, combinaciones, permutaciones), un arte de distribuir elementos de suerte que se puedan combinar unos con otros sin repetirse y sin obstaculizar las series. La combinación fue una verdadera obsesión del siglo XVIII, y aunque a nosotros nos parezca poco más que un juego, su papel en ciertos aspectos de la vida práctica resulta indispensable. Pensemos, si queremos descender a esos extremos, que sería practicamente imposible organizar el Campeonato Nacional de Liga sin dominar el cálculo combinatorio. También los Bernouilli estudiaron el cálculo de probabilidades, nada despreciable en situaciones en que conviene determinar qué valor o qué alternativa tiene más opciones de salir que otra cualquiera. ¿Por qué, en una serie infinita de opciones de similar grado, éstas tienden a igualarse? Imaginemos que echamos un dado sobre una mesa seis millones de veces, y el dado no está trucado. El resultado será un millón de unos, un millón de doses, un millón de treses, etc. etc., con diferencias porcentuales pequeñísimas que al fin acaban resultando completamente despreciables. Como si hubiese una invisible ley de las compensaciones que reparte suerte, a la larga, equitativamente. Por supuesto, puede salir el cinco en cuatro tiradas consecutivas: pero en ese momento, es el cinco el valor *menos probable* en la tirada siguiente. Los buenos jugadores de azar, que tienen el vicio metido en el cuerpo, pero que no tienen por qué no ser inteligentes, llevan estricta cuenta de las jugadas anteriores para saber el número al que deben apostar: es el que menos veces ha salido en la serie. Como, naturalmente, en cada caso no se cumple el cálculo de probabilidades, sino en series muy altas, el jugador sigue empecinado en un empeño que puede ser ruinoso. El afán de apostar por una opción determinada fue el que movió a diversos gobiernos dieciochescos, en Francia, en España, en Italia, a crear la lotería, en que siempre hay un ganador seguro: el que la organiza.

Discípulo de los Benouilli, y suizo como ellos fue Leonhart Euler (1707-1783), posiblemente el mejor matemático del siglo XVIII. Tenía una memoria y una capacidad para realizar operaciones de cálculo realmente fabulosa. Llevado por Bernouilli a la Corte de Catalina I de Rusia, fue admirado por todos e ingresó en la Academia de San Petersburgo. Allí resolvió en tres días un problema que los académicos calculaban que exigiría un trabajo de varios meses. Luego estuvo en la corte de Federico el Grande de Prusia, otro monarca admirado por el progreso de las ciencias y protector de sabios. Finalmente regresó a Rusia, contratado por Catalina II. Perdió un ojo por causas desconocidas (se dice que por una concentración visual en sus cálculos, por un incendio, por un accidente), y siguió trabajando, incluso cuando fue perdiendo el uso del otro ojo, hasta quedar completamente ciego. Aun en ese estado, siguió dictando sus cálculos: seguramente es exagerada la afirmación según la cual «escribió» la mitad de su obra después de haber perdido la vista. Fue un hombre bondadoso, muy piadoso y amigo de los niños. Tuvo 13 hijos, cuyos gritos y juegos no le impedían concentrarse en el cálculo.

Euler cultivó todas las modalidades de la matemática, especialmente el cálculo infinitesimal y el álgebra. Desarrolló hasta sus más impensadas posibilidades la combinación de ambas, las *ecuaciones diferenciales*, indispensables hoy a los matemáticos, físicos e ingenieros. Representó por medio de signos números que no pueden representarse de otra manera; así, generalizó el uso de π (razón de la circunferencia al diámetro), e (la base de los logaritmos naturales o neperianos) o i (raíz cuadrada de -1), y, es más, escribió una fórmula que emplea los seis valores más importantes de las matemáticas: $e^{\pi}+1 = 0$. «Pi» (π) es el valor más importante en la geometría, e el más importante en el cálculo, i es el símbolo de los números imaginarios, que Euler prácticamente inaugura como términos operativos. La importancia de los números 0 y 1 es que son los dos únicos que no alteran el resultado de una operación; el 0, la suma o la resta: así, 7+0=7; 7–0=7; y el 1 la multiplicación y la división: $7 \times 1 = 7$; 7/1= 7. La cosa no parece tener importancia, pero para los matemáticos la tiene. La obra de Euler es inacabable. Las actuales obras completas de este autor ocupan 87 volúmenes con un total de más de 800 tratados distintos. Hoy aún se siguen leyendo sus manuscritos. Ningún matemático (ni posiblemente ningún hombre) escribió tanto jamás.

Joseph Louis de Lagrange (1736-1813) nació en Turín, de familia francesa. Como tantos ilustrados viajeros, pasó gran parte de su vida en Berlín, protegido por el rey de Prusia, Federico II el Grande; allí permaneció veinte años, hasta que falleció el monarca, y se trasladó a París. Fue miembro de la Academia Francesa, la Revolución le respetó, aunque no le ensalzó, y luego fue protegido por Napoleón. Siendo joven, escribió a Euler, planteándole un problema que era incapaz de resolver. El bondadoso sabio encontró la solución, pero solo dio a Lagrange las pistas necesarias para que la hallara por sí mismo, de modo que el descubrimiento fue atribuido a Lagrange. Este matemático, valiéndose de las dos grandiosas aportaciones de Newton, el cálculo infinitesimal y la Ley de la Gravitación, fue un maestro en el campo de la *mecánica analítica*, una obra que fue calificada por Hamilton de «poema científico». Uno de sus logros fue la determinación por cálculo de lo que se denominan «puntos de Lagrange», o puntos donde un cuerpo, atraído por otros dos, se estabiliza en función de dos atracciones que se compensan. El cálculo de los puntos lagrangianos tiene hoy una importancia fundamental en la era de los satélites artificiales —el satélite *Soho,* por ejemplo se encuentra en un punto lagrangiano «equidistante» mecánicamente de la Tierra y el sol—; y hasta se aplica a altas cuestiones de cosmología.

Pierre Simon de Laplace (1749-1827) fue considerado por sus compatriotas «el Newton francés». Tal vez no llegó a la genialidad de aquél, pero se le parece en su portentosa facilidad para el cálculo y la amplitud de los temas que tocó. Cultivó también aspectos de la astronomía y de la física. Por ejemplo, fue uno de los descubridores del fenómeno de la ósmosis, o paso gradual de las moléculas de un líquido a otro a través de una membrana. Fue un maestro del álgebra y de ese tema recurrente que fue entonces el cálculo de probabilidades; para Laplace, que quería encontrar a todo una solución natural, «en el fondo, la teoría de probabilidades es solo el sentido común expresado en números». Fue sobre todo un calculista de órbitas. Se descubrieron entonces pequeñas perturbaciones en las órbitas de Júpiter y Saturno, y el hecho sembró la alarma en la comunidad científica: para Newton las órbitas tenían que ser estables, porque de no ser así, tarde o temprano el Universo tenía que venirse abajo. Laplace descubrió que los dos planetas gigantes se atraen mutuamente hasta el punto de modificar sus trayectorias, pero lo hacen con un periodo que se completa en 929 años, a partir de los cuales el proceso se repite una y otra vez, indefinidamente. No debemos alarmarnos: las órbitas, en definitiva, son estables. Como fruto de sus estudios, publicó *Exposition du Système du Monde*

(1796), y la famosa *Mécanique céleste* (1799-1825), dos tratados que siguen considerándose fundamentales. A Laplace se debe también la teoría de la formación del sistema solar a partir de la contracción de una nebulosa primitiva: con gran habilidad supo demostrar cómo un movimiento de contracción puede convertirse en un movimiento rotatorio. Hoy la teoría de Laplace ha quedado superada, pero sus procedimientos matemáticos son irreprochables.

La astronomía

El XVIII fue un siglo no solo de grandes calculistas sino también, y quizá sobre todo, de grandes observadores. Se consagran los famosos observatorios de Greenwich (Londres), París, Berlín, Madrid, Cádiz (luego trasladado a San Fernando). De acuerdo con las directrices de Newton, se fabrican grandes telescopios reflectores (de espejo), aunque siguen construyéndose también refractores (de lentes), que no dejan de tener sus ventajas. Se elaboran también delicados instrumentos de medición, destinados a precisar posiciones celestes o medir ángulos. El descubrimiento del sextante de reflexión permitió calcular la posición relativa de determinadas estrellas cercanas a la posición de la luna. Con ello, con una tabla de efemérides y con un buen cronómetro fue posible vencer a la bestia negra de la navegación de altura: el cálculo de la longitud geográfica. Ya Colón pudo calcular más o menos bien la latitud, pero durante mucho tiempo la determinación de la longitud (la posición de un barco o un país con respecto a los meridianos) se consideró «el límite que la Providencia ha puesto a la mente humana». El mismo Colón quiso determinar la longitud de la isla de Jamaica, por un eclipse de luna, pero se equivocó. Felipe II ofreció un premio elevadísimo a quien inventara un método para medir la longitud; años más tarde, Galileo optó a él ofreciendo la observación de los eclipses de los satélites de Júpiter; pero estos fenómenos son muy difíciles de cronometrar con un catalejo desde alta mar. Aparte de esto, no basta un catalejo, sino que es preciso un buen reloj, y un reloj de péndulo se para con el balanceo de un barco. En 1707 la escuadra del almirante Shovell se estrelló contra las islas Scilly, catástrofe que costó la vida a más de 2.000 marinos, y el parlamento inglés ofreció otro premio sustancioso a quien resolviese el dichoso problema. Realmente, se fue resolviendo poco a poco; los catalejos fueron perfeccionados, y los relojes de escape y de áncora de Grahan y Harrison (luego nos referiremos a ellos) permitieron cada vez una mayor precisión.

Justo la precisión fue uno de los grandes pruritos de los astrónomos del siglo XVIII, preocupados de obtener medidas cada vez más exactas, empleando a veces una paciencia infinita. Y también por supuesto, predominó el afán de catalogar y clasificar. John Flamsteed, director del observatorio de Greenwich publicó ya a comienzos de la centuria el más completo catálogo de estrellas que se había realizado hasta entonces. Pero Flamsteed prefería medir la posición de las estrellas con instrumentos enormes, que no podían utilizar más que la vista humana. Joseph Jerome Lalande (1732-1807) usó un telescopio muy bien orientado, y con él hizo un catálogo, para aquellos tiempos fabuloso, de 47.000 estrellas. Quedaba claro que las estrellas son de magnitudes muy distintas, y por tanto hay más motivos que nunca para pensar que se encuentran a distancias también muy distintas. Y es más: la Vía Láctea, como ya había intuido Galileo, quedó confirmada como un conjunto de innumerables estrellas. Podía parecer una cinta de maravillosa riqueza estelar que rodeaba el Universo; pero el filósofo Enmanuel Kant (1724-1804), que también se ocupaba de estas cosas, intuyó que la Vía Láctea es el propio Universo. Concretamente, el Universo tiene la forma de un disco o lenteja: estamos más o menos en el centro de ese disco: si miramos hacia los bordes del disco, veremos muchas más estrellas y mucho más lejanas que si miramos hacia los planos. La intuición resultó cierta, y Kant adivinó la forma aproximada de la Galaxia; comoquiera que intuyó que podían existir además otros «universos islas» (digamos otras galaxias), tuvo una idea relativamente aproximada, que más no podía exigirse en su tiempo, de la maravillosa estructura del Universo.

Pero volvamos a Lalande. La ciencia tiene que agradecerle bastante más que su trabajoso y muy preciso catálogo de estrellas. Otra de sus grandes aportaciones fue una extraordinaria medida de precisión. Se puso de acuerdo con su colega Lacaille. Lalande se fue a Berlín y Lacaille a la Ciudad de El Cabo: dos ciudades situadas en el mismo meridiano, pero en muy distinto paralelo. Llegado un día determinado, ambos midieron la posición exacta de la luna desde sus respectivos puntos de observación. Así se pudo determinar un triángulo Berlín-El Cabo-el centro de la luna. Conocidos dos ángulos y un lado, resuelto el triángulo. La luna estaba —y está— a 384.000 kilómetros de distancia. Nunca hasta entonces había podido nadie medirla con tal precisión. Lalande organizó otras muchas expediciones internacionales: fue el primer «internacionalizador» de la astronomía.

Una profesión entonces muy practicada entre los astrónomos fue la de «cazador de cometas». Una vez comprobado el regreso del cometa Halley, quedó demostrado que estos cuerpos giran alrededor del sol, aunque en órbitas muy alargadas. Cada una distinta, pero siempre con el sol en uno de sus focos. ¿Qué naturaleza tienen estos extraños cuerpos? ¿Hasta dónde se extienden esas órbitas? ¿Son elípticas, parabólicas, hiperbólicas? La perfección del cálculo permitía ya evaluar sus elementos, y el hallazgo de un nuevo cometa hacía famoso a su descubridor. Uno de los más renombrados fue Charles Messier (1730-1813), un hombre de origen humilde, que solo destacaba como dibujante. Pero, una vez demostrada su vista extraordinaria, se le concedió el puesto de astrónomo en el observatorio de París. Descubrió trece cometas, uno de los cuales lleva su nombre. Pero su fama le viene de un aparente fracaso. Con gran alegría descubrió un «cometa» nuevo en la constelación de Tauro. Era el año 1758, y todo el mundo estaba ansioso por encontrar el predicho por Halley: ¿retornaría o no? El que lo descubriese se haría famoso [1]. Messier anotó su posición, y se dispuso a observar su movimiento en las noches consecutivas. Pero el cometa no se movía. Incomprensible. Hasta que, después de dos semanas, llegó a la conclusión decepcionante de que aquel objeto no era el cometa que se buscaba, sino una nebulosa. Hasta entonces nadie había concedido importancia a las nebulosas. Messier, despechado, tomó buena nota de aquel falso cometa (hoy conocido como Messier 1) y decidió hacer un catálogo de otros objetos tan inútiles como aquél, «con el fin de evitar que los astrónomos pierdan el tiempo observándolos». Con los años encontró 110 nebulosas, cuya posición anotó cuidadosamente. Hoy esos 110 objetos figuran entre los más famosos del cielo.

---

[1] Curioso: el Halley lo descubrió en 1758 un pastor alemán, llamado Palizsch.

El más importante observador del siglo XVIII fue William Herschel (1730-1817), alemán de origen e inglés de adopción. Es una de las figuras más curiosas y simpáticas de su tiempo. Experto en lenguas, aficionado a la mitología clásica, músico y compositor, director de orquesta... y descubridor de Urano. Su afición a la astronomía fue creciendo gradualmente, hasta que por 1780 se construyó un telescopio gigantesco, de 12 metros de longitud y 1,50 m. de diámetro: jamás un ser humano había podido disponer de un ojo tan grande para asomarse al cielo. Herschel encontró millares de objetos celestes, entre ellos uno que tenía forma de un circulito azulado. Lo observó durante varias noches consecutivas: ¡se movía, pero no era un cometa! No pudo explicarse el misterio. Ni siquiera cuando lo bautizó como *Georgium Sidus*, el Astro de Jorge, en honor de Jorge III de Inglaterra. A nadie se le ocurrió que pudiera ser un planeta. ¿No se había dicho siempre que los planetas eran seis, y no podían ser más de seis? Al fin se venció el prejuicio, y al nuevo planeta se le dio el nombre de Urano. Bien sabía Herschel que Urano era el padre de Saturno. El descubrimiento de Urano fue tal vez el hecho astronómico más importante del siglo XVIII [2]. Herschel descubrió además unos 2.500 objetos notables: varios satélites, nuevos cometas, más de mil estrellas dobles, cúmulos, nebulosas, y esos misterios de entonces que hoy conocemos como galaxias. Muerto Herschel, siguió observando su hermana Margarita, que vivió 97 años y a los 80 descubrió un cometa. Su hijo, John Herschel, fue también, en el siglo XIX, un famoso astrónomo.

La centuria acabó, simbolicamente, con un nuevo descubrimiento. En la noche del 31 de diciembre de 1800 al 1° de enero de 1801, casi todos los habitantes de Palermo estaban en la calle,

---

[2] Otro hecho curioso: Urano se distingue, aunque débilmente, a simple vista, en una noche oscura. Muchos astrónomos, que no disponían de un instrumento tan potente como el de Herschel, lo catalogaron como una estrella (que, por cierto, no volvió a verse en el punto que señalaba cada catálogo). Pero algunas culturas primitivas conocían la existencia de Urano, entre ellos los indígenas de Tahití, que hasta le habían dado un nombre. Otro hecho anecdótico que tal vez conviene recordar. Urano fue visto como sospechoso de no ser una estrella por Le Monnier , que anotó su posición en el papel de un paquetito para empolvar pelucas. Alguien tiró aquel papel, y Le Monnier se desesperó buscándolo. Despistes de sabios, que a veces tienen malas consecuencias.

celebrando alborozadamente el cambio de siglo. Una de las pocas excepciones era Giuseppe Piazzi, director del observatorio, que no perdía ocasión de seguir trabajando, ni aun en excepcionales circunstancias. Y aquella noche encontró un pequeño planeta, situado entre las órbitas de Marte y Júpiter. Todo el mundo estaba buscando aquel objeto, pues en esa zona se producía un «hueco» que rompía la regularidad de la distribución de los planetas en el sistema solar. Pero nadie daba con «el que faltaba». La verdad es que lo que encontró Piazzi era un cuerpo muy pequeño, que no llegaba a los 1.000 Km. de diámetro: mucho menor incluso que la luna. Pero era un planeta, y venía a restablecer la regularidad. Se le dio el nombre de Ceres. En realidad, Ceres es considerado hoy un «asteroide» o planeta menor. En el siglo XIX se descubrieron cientos de ellos, y hoy se sabe que son muchos millares. Piazzi se hizo famoso por el hallazgo. Más famoso se hizo más tarde con un descubrimiento que sugirió la posibilidad de conocer la distancia a las estrellas. En su momento lo veremos.

La medida y el conocimiento del mundo

En el siglo XVIII renace el ansia exploradora, ahora por vía marítima. Todas las expediciones van acompañadas de científicos, astrónomos o naturalistas, que, además, realizan amplios relatos de sus aventuras. Los libros de viajes fueron devorados con extraordinaria avidez por los lectores ilustrados. Los españoles habían llegado a América y los portugueses a Extremo Oriente a fines del XV y principios del XVI. Magallanes y Elcano habían dado la primera vuelta al mundo en 1519-1522. Más tarde, a los descubrimientos habían seguido las conquistas. El Pacífico fue explorado por españoles (Saavedra, Mendaña, Quirós, Torres) en el siglo XVII. Algunos archipiélagos, como las Marianas, las Carolinas o las Salomón fueron incorporados al imperio español, aunque apenas colonizados. El interés renació en la segunda mitad del XVIII. El francés Louis Antoine de Bouganville hizo un viaje de circunnavegación del mundo en 1767-1769, y descubrió varias islas de Polinesia. Se detuvo especialmente en Tahití, una isla que por su clima delicioso, sus paisajes fascinantes, su flora exótica y sus indígenas acogedores le hizo pensar en un maravilloso paraíso. Se piensa que los entusiastas relatos de Bouganville y compañeros contribuyeron a crear el «mito del buen salvaje», tan extendido en la época ilustrada, y que iba a encandilar a Rousseau.

El almirante Cook hizo dos viajes de vuelta al mundo, el primero de ellos en 1768-71. Se detuvo también en Tahití, en este caso para una misión fundamentalmente científica, la observación el tránsito del planeta Venus por delante del disco del sol, uno de los acontecimientos más deseados por los astrónomos, para medir la distancia Sol-Tierra. De resultas de estas observaciones y otras muchas, se supo que el astro solar se encuentra a unos 150 millones de Km. de nosotros. Cook pretendía encontrar una gran tierra austral. La mayoría de los continentes se encuentran en el hemisferio Norte, y desde los tiempos de Ptolomeo se estimaba que tenían que existir grandes tierras en el Sur, para «equilibrar» nuestro planeta. Ya Torres adivinó Australia. Cook la exploró en grado suficiente para saber que es todo un continente. Sin embargo, no bastaba. Se pensó que tenía que existir un continente todavía mayor. Por eso hizo Cook un segundo viaje en 1772-75. Descubrió nuevas islas, pero el Pacífico Sur resultó ser un enorme océano casi desolado. Hasta el siglo XIX no se descubriría la Antártida. Por supuesto, la idea de la necesidad de un «contrapeso» había sido abandonada mucho antes.

Estrictamente científica fue la expedición de los franceses Godin y La Condamine y los españoles Jorge Juan y Antonio de Ulloa a las costas de Ecuador y Perú en 1736-38. Su finalidad principal era la de medir un arco de meridiano en la región ecuatorial, y comprobar así si la Tierra es abultada por el ecuador (que es achatada por los polos ya lo habían descubierto Huygens y Celsius). Los dos equipos midieron cuidadosamente los ángulos, y para trazar mapas realizaron triangulaciones: un método absolutamente preciso. También midieron la altura del volcán Chimborazo, y concluyeron que era la montaña más alta del mundo: de hecho era la más alta conocida entonces. ¿Lo sigue siendo hoy? He aquí una curiosa polémica. Si por altura concebimos el punto más alejado del centro de la Tierra, el Chimborazo, gracias al abultamiento ecuatorial, reúne esa cualidad. Si la altura se mide sobre el nivel del mar, como estiman los criterios actuales, la gloria se la lleva el Everest. Jorge Juan y Ulloa permanecieron más tiempo en América, y al fin trazaron un mapa muy exacto de toda la costa del Pacífico.

Conocida la curvatura de la Tierra cerca del polo y en el ecuador, quedaba conocer la curvatura en latitudes medias. Hubo muchas medidas, pero la definitiva fue otra vez francoespañola. En 1792 se determinó exactamente el ángulo entre la horizontal de Dunkerque y de Barcelona, dos ciudades situadas en el mismo meridiano, pero en distinto paralelo (estas mediciones dieron lugar a nombres barceloneses muy conocidos, como La Meridiana y El Paralelo). Y se adoptó como unidad universal de medida el *metro*, que equivale a «la diezmillonésima parte del cuadrante del meridiano terrestre». ¡Y casi, casi, es así! Pero como no hay medida tomada por los hombres que otros hombres no denuncien más tarde como inexacta, en el colegio hemos aprendido que el metro «es la longitud trazada sobre una barra de platino iridiado que se conserva en el Museo de Pesas y Medidas de París». Tampoco ahora es así. Oficialmente, el metro es «la longitud del trayecto recorrido en el vacío por la luz durante un tiempo de $1/299\,792\,458$ de segundo». El que no se lo crea puede consultar el B.O.E. del 3 de noviembre de 1989. Otras generaciones se encargarán de corregirnos en un orden de milmillonésimas de segundo o de millonésimas de micra. Antes de que terminara el siglo XVIII se determinó también el litro como unidad de capacidad (un decímetro cúbico) y el gramo como unidad de peso (el peso de un centímetro cúbico de agua a 4 grados centígrados). La determinación precisa de unidades es también muy propia del afán de precisión y de clasificación propia de la época. Pero no pensemos que estas medidas fueron aceptadas muy pronto. Las guerras revolucionarias y napoleónicas, así como el celo entre los países retrasaron su adopción. Todavía los anglosajones siguen midiendo por pies, pintas o libras. El sistema métrico decimal fue reconocido, sin embargo, como válido en todo el mundo en 1875.

La física y los aparatos

Desde los tiempos de Newton se hizo inevitable que la física se hiciera inseparable de la matemática, como sigue ocurriendo hoy día. La concepción mecanicista del siglo XVIII contribuyó también a esta relación. Aunque la física necesita de la matemática, también es cierto que en ocasiones los problemas físicos hicieron trabajar a los matemáticos en el sentido que la física reclamaba.

Ya se sabía que los cuerpos se dilatan con el calor. En el siglo XVIII se quiso saber cuáles se dilatan más y cuáles se dilatan menos, o cuál es el coeficiente de dilatación de cada uno. Ahora bien, no se sabía qué es el calor. Se teorizaba sobre el «calórico», un material que afectaba a los cuerpos, y los calentaba. Incluso un químico tan innovador como Lavoisier, al que nos referiremos muy pronto, consideró que el «calórico» era uno de los elementos químicos fundamentales. La dilatación de los cuerpos, especialmente de los metales, sugirió muy pronto la idea de medir la temperatura mediante esa dilatación. Ya Galileo ensayó un termómetro de agua, que surtió pocos resultados. Fue Gabriel Fahrenheit (1686-1736), un hábil e inteligente constructor de aparatos, el que fabricó los primeros termómetros fiables, primero de alcohol (1709), luego de mercurio (1714). Naturalmente, para medir la temperatura, hacía falta una escala convencional. Fahrenheit colocó el cero de su escala en la temperatura más baja que consiguió obtener, mediante una mezcla de hielo y cloruro amónico. Este punto cero, que Fahrenheit imaginó como «cero absoluto», equivale a −18 grados en la actual escala centígrada. Y el 100 estaría en el punto de evaporación del cloruro amónico, a 37,5 grados centígrados. Esta temperatura coincide también, casi exactamente, con la del cuerpo humano. (En Inglaterra, durante doscientos años, los niños estaban dispensados de acudir a la escuela si su temperatura sobrepasaba los 100 grados). Si continuamos esta escala hacia arriba, resulta que el punto de ebullición del agua —cuando el agua comienza a hervir, a presión normal— es de 212 grados Fahrenheit. Esta escala, que apenas necesita decimales en el uso corriente, es para la mayoría de la gente, en el mundo no anglosajón, un poco incómoda (llegar a Nueva York un agradable día de primavera, y encontrarse con que los termómetros marcan 75 grados sorprende bastante).

El sueco Anders Celsius (1701-1744), profesor de la universidad de Upsala, observador de auroras boreales, y partícipe en la expedición a las regiones árticas para medir allí la curvatura de la Tierra, propuso en 1744 una escala de cien grados siendo el valor 0 el de la congelación del agua y el 100 el del punto de ebullición. La escala de Fahrenheit no preveía los valores negativos; la de Celsius los admite. Con frecuencia, en invierno nos encontramos con temperaturas bajo cero, y no hay inconveniente en medirlas. En Oimiakon, Siberia, se ha llegado a −76°, y en la Antártida a −85°. Desde lord Kelvin, a fines del siglo XIX, se sabe que el «cero absoluto» se encuentra en el −273 de la escala centígrada: en su momento habremos de referirnos a ello. También la escala Celsius permite medir temperaturas superiores a 100 grados. Así, podemos decir que el hierro se funde a 1.536 grados. La escala Celsius es coherente con el sistema métrico decimal, y se usa en la mayor parte de los países del mundo.

También se sabía que los gases se dilatan —y mucho más que los sólidos o líquidos— con el aumento de la temperatura. Ya en el siglo XVII Robert Boyle (1627-1691) advirtió esta relación, aunque la tasa de expansión de los gases no sería formulada hasta Gay Lussac, a principios del XIX. Pero se encontró una aplicación muy espectacular ya a fines del XVIII: el globo aerostático. En 1783 los hermanos Joseph y Etienne Montgolfier, que no eran científicos, sino fabricantes de papel, pero sabían que el aire caliente es más ligero que el frío, fabricaron el primer globo —¡de papel!— que se elevó hasta 12 metros de altura. El hombre había construido un aparato capaz de volar. Al año siguiente se realizó, con gran peligro para el aeronauta, pero en medio de un éxito apoteósico, el primer vuelo tripulado. Luego, los Montgolfier utilizaron el hidrógeno, un gas descubierto en 1766, más ligero aún que el aire caliente. Los Montgolfier tuvieron muy pronto audaces competidores, de modo que los vuelos tripulados se convirtieron ya a fines del XVIII en un espectáculo de multitudes y en un magnífico negocio para los aeronautas, que, por supuesto, cobraban grandes cantidades por sus ascensiones. Reyes, nobles, burgueses, gentes del pueblo, acudían en masa a presenciar el increíble espectáculo. El primer vuelo tripulado en España tuvo lugar en la madrileña plaza de la Armería delante del rey Carlos IV, el ministro Godoy y una inmensa multitud. El hombre había cumplido el fabuloso mito de Ícaro. No siempre con éxito: muchos audaces aeronautas perdieron la vida trágicamente, y el espectáculo fue prohibido por un tiempo en varios países.

Una aplicación si se quiere menos vistosa, pero mucho más práctica de la dilatación de los gases fue la máquina de vapor. Ya por 1712 Thomas Newcomen inventó una máquina impulsada por vapor recalentado, todavía muy tosca, a la que se encontraron pocas aplicaciones. En 1764 James Watt fabricó una máquina de vapor que movía un émbolo vertical, que se elevaba, al final de su recorrido perdía el vapor, y volvía a caer hasta recibir una nueva masa de gas caliente. En 1776 Watt consiguió ya máquinas de vapor útiles a la industria. El socio de Watt, Boulton escribía al rey Jorge III de Inglaterra: «*Majestad: tengo a mi disposición lo que el mundo necesita; algo que impulsará más que nunca la civilización, al librar al hombre de todas las tareas indignas: tengo la máquina de vapor*». El invento no iba a cambiar el mundo tan rapidamente como Watt imaginaba, ni tampoco iba a hacer felices a todos los miembros de la sociedad (al contrario, la máquina suplantó al hombre), pero la profecía iba a cumplirse, y acabaría siendo la base de la revolución industrial.

—Otro tema que el hombre del siglo XVIII tomó con enorme interés fue el de la energía eléctrica , o electromagnética. La electricidad es realmente una fuerza conocida por los antiguos. Los griegos llamaban *elektron* al ámbar (resina fósil), y sabían que una varilla de ámbar, convenientemente frotada, atraía objetos ligeros, como virutas u hojas secas. El hecho llamó la atención de los sabios medievales o renacentistas, aunque no consiguieron explicarlo. Los científicos del siglo XVIII experimentaron con la electricidad y encontraron métodos más eficaces para obtenerla. Y algo tan importante o más: medios para almacenarla. Por 1744 se descubrió la botella de Leyden, por obra de varios profesores de aquella universidad holandesa. Una botella medio llena de agua —más tarde con láminas de diversos metales— cuyo corcho es atravesado por un alambre, puede recibir una carga eléctrica, previamente obtenida por frotación. Si en cualquier momento tocamos el cable, recibimos una pequeña descarga. O también, aproximando otro metal, es posible obtener una chispa. Eso sí, la descarga es cada vez más débil: la botella se descarga pronto. Alessandro Volta (1745-1827) obtuvo hacia 1800 la primera pila eléctrica, a base de dos metales y un trapo húmedo. No era mucho mejor que la botella, pero mucho más manejable. Más tarde, Davy perfeccionaría el invento. En el siglo XIX las pilas serían cada vez más prácticas y duraderas.

Otro italiano como Volta, Luigi Galvani (1737-1798) descubrió que una descarga eléctrica puede activar los músculos de una rana. Esta propiedad portentosa de la electricidad de produ-

146

cir movimientos automáticos en los seres vivos causó sensación en su tiempo, y sugirió al rey de Francia, Luis XV, la peregrina idea de electrificar a su cuerpo de guardia, para provocar en los soldados movimientos instantáneos de prodigiosa precisión. El proyecto, irrealizable por otra parte, fracasó, entre otros motivos, porque los soldados se negaban a recibir descargas eléctricas. Uno de los pioneros de la electricidad, de nombre bien conocido por todos, es el político norteamericano Benjamín Franklin (1701-1790), aficionado, como tantos hombres cultos de su tiempo, a hacer experimentos. Inventó la mecedora, las gafas bifocales (muy toscas todavía), un taladro de hierro... ¡descubrió la Corriente del Golfo! Sintió un entusiasmo especial por la electricidad, ese gran misterio de la época. E intuyó que los rayos que se producían en las tormentas eran chispas eléctricas de enorme potencial. Para comprobarlo, hizo un experimento de casi todo el mundo conocido: construyó una cometa, provista en su parte superior de una punta metálica (como las de la botella de Leyden), y acompañado de su hijo, la hizo volar un día de tormenta. Afortunadamente para él, o para el niño, que sujetaba el hilo de vez en cuando, comenzó a llover, y padre e hijo se refugiaron bajo un cobertizo. Así evitaron que la parte del hilo que sostenían en las manos se mojara; de lo contrario, es probable que hubieran perecido. Franklin ató una llave al extremo del hilo; cada vez que acercaba otro objeto metálico a la llave, se producía una pequeña chispa. Ya estaba claro: ¡los rayos son fenómenos eléctricos! De ahí devino el pararrayos, un invento que no dejó de producir beneficios a la humanidad. Poco después Coulomb enunciaría su famosa ley: la fuerza que se ejerce entre dos cargas eléctricas es proporcional al producto de las cargas e inversamente proporcional al cuadrado de la distancia. Nos recuerda, no sin fundamento, a la Ley de la Gravitación Universal. En honor a Coulomb se llama culombio a la cantidad de electricidad, como en honor a Volta se llama voltio a la unidad de tensión eléctrica.

No olvidemos otros aparatos típicos del siglo XVIII. Ya nos hemos referido al reloj de bolsillo o reloj transportable. Graham inventó el sistema de escape de áncora y Harrison preparó los primeros relojes de cuerda de gran resultado. Un reloj de Harrison fue llevado en una expedición a Jamaica: en 161 días atrasó 165 segundos: un segundo por día. Más tarde fabricó otros que solo variaban un segundo cada tres días. Ya era posible navegar conservando la hora del punto de partida, y midiendo la hora local con el sextante: la diferencia de horas permite conocer la diferencia de meridianos. El ingenio del hombre había conseguido vencer el famoso problema de las longitudes geográficas. Ya era posible orientarse en alta mar, o determinar la posición exacta de un lugar desconocido. Para prevenir tormentas, fue muy útil el descubrimiento del barómetro aneroide, transportable, por J. E. Zeiher (1793). E. Regnier descubrió en 1798 el dinamómetro de resorte, base, por ejemplo, de la báscula. Y la balanza de torsión, descubierta el mismo año por H. Cavendish, permitió medir la densidad de la Tierra.

La revolución de la química

Antoine de Lavoisier (1743-1794) fue un revolucionario en el sentido de que aceptó los principios de la Revolución francesa, fue elegido diputado y ocupó cargos. Aunque, para hacer bueno el principio de que «la revolución devora a sus propios hijos», murió en la guillotina. Hombre moderado, antes y después de los sucesos de 1789, fue ante todo un revolucionario en el campo de la química: nadie en toda la historia había imprimido a esta ciencia un avance tan espectacular. Con razón se le considera el «padre de la química moderna». Ciertamente, antes de Lavoisier hubo buenos químicos en el siglo XVIII: su maestro, J. F. Rouelle, que experimentó con ácidos, Joseph Black que descubrió un cuerpo que se encuentra en el aire, que procede de la combustión, ¡incluso de la respiración!, pero que no es aire; se refería al dióxido de carbono, aunque todavía no podía llamarlo así; C. W. Scheele, que descubrió el magnesio, H. Cavendish, que descubrió el hidrógeno, al que dio el nombre de «aire inflamable»; J. Priestley, que descubrió el oxígeno, aunque ni le dio este nombre ni acertó con su papel en la combustión. Antes de Lavoisier, y especialmente después de las teorías de G.E. Stahl, se admitía la existencia del flogisto, un cuerpo invisible que ardía: los cuerpos más combustibles son los más ricos en flogisto. Este provoca la combustión, y después de arder, se difunde en el aire. Pero ¿qué es el flogisto? ¿Como se le puede aislar? La respuesta tópica era que no se le podía aislar, porque solo existía en los cuerpos compuestos: pasaba de un compuesto a otro, pero nunca se daba en estado libre. El misterio del flogisto permaneció inexplicado hasta que Lavoisier demostró que no existía. Por otra parte reinaba una caótica confusión sobre cuáles son los elementos básicos, que, combinándose con otros, producen los cuerpos compuestos. Ya en el siglo XVIII los químicos dudaban de la teoría de los cuatro únicos elementos, de Empédocles: la tierra, el agua, el aire, y el fuego, pero discutían si alguno de estos cuatro es un verdadero elemento, si hay otros cuerpos que también lo son. Igualmente se hablaba del «calórico» como de un elemento químico: ¿cómo es que algunas reacciones producen calor? El calor parece ser parte esencial de esas reacciones. Y aún había quien creía, si no estrictamente en la piedra filosofal, sí en la posibilidad de transformar un elemento en otro mediante una reacción química.

Lavoisier, constante y metódico, se propuso acabar con los tópicos que aún lastraban la química, sin duda por el fuerte peso que conservaban las tradiciones clásicas. No especuló, experimentó. Sus instrumentos preferidos eran la retorta o el matraz, una balanza de precisión y la «caja neumática», un recipiente cerrado en que se podían introducir gases que quedaban aislados respecto del entorno. Ante todo, acabó con la alquimia. Demostró que el agua no produce sedimentos: estos sedimentos pueden estar disueltos en agua, y al evaporarse ésta, aparecen convertidos en residuos sólidos; pero estos residuos *no forman parte del agua*, ni están «producidos» por ella. La idea del agua como «madre» de otros elementos quedó destruida. Tampoco es cierto que la tierra produzca madera. Los vegetales nacen de la tierra, pero lo hacen alimentándose de sustancias que la tierra contiene (sobre todo si esas sustancias son fácilmente asimilables cuando están disueltas), pero no es la tierra, ni el agua que disuelve esas sustancias, la que «crea» los vegetales, sino éstos, los que al poseer una forma determinada de vida, se *alimentan* y transforman esas sustancias en componentes de la planta, como el organismo de los animales transforma también las sustancias de que se alimenta. La idea de que el agua o la tierra, elementos fundamentales, son «madres» de otros cuerpos, quedaba en entredicho.

Luego la emprendió con el flogisto. El flogisto, como lo había definido Stahl, era otro de los «elementos fundamentales» de Empédocles, el fuego. Todos los cuerpos contienen flogisto, que se desprende de ellos al arder en forma de llama. Esos cuerpos que han ardido quedan «desflogistizados», y han perdido una parte de su masa. Siempre las cenizas pesan menos que la madera o el papel. Lavoisier hizo arder una serie de materiales en frascos cerrados. El frasco, después de la combustión, mantenía exactamente su peso. Lo que había perdido el cuerpo al arder lo había ganado el gas contenido en el frasco. ¿Qué era ese gas, flogisto? No: un compuesto de carbono, tal como lo había descubierto su maestro Rouelle, lo que hoy llamamos CO o CO_2. El flogisto no existe. La llama es el resultado de una reacción muy violenta, que libera una gran cantidad de calor. Pero pesando todos los componentes de la materia que entra en combustión, la masa es la misma. «No se crea masa, tampoco se destruye, solo se transforma». El gran triunfo de Lavoisier llegó cuando consiguió hacer arder metales, por ejemplo estaño, luego plomo. ¡El metal había ganado peso, no lo había perdido! En cambio, la cantidad de aire que había en el recipiente había disminuido. El peso total del conjunto se mantenía invariable. ¿Qué es lo que hace que un metal gane peso al arder? ¡El óxido! El aire posee un componente que oxida, al que Lavoisier llamó *oxígeno* (que genera óxido). No hay flogisto, hay oxígeno, y la combustión es una reacción química.

Ahora bien: cuando un cuerpo arde, el oxígeno se combina con él y forma un cuerpo compuesto. Sin embargo, queda un gas, que no es oxígeno, y que no reacciona con la combustión. Se mantiene sin combinarse. Lavoisier descubrió que este otro gas es inerte. Si lo respiramos, nos ahogamos. Por eso le llamó «ázoe» (sin vida). Hoy le llamamos nitrógeno. En el aire hay dos gases mezclados: el oxígeno y el ázoe o nitrógeno. El oxígeno oxida y reacciona con muchos elementos; el nitrógeno es neutro, refractario a combinarse (Lavoisier lo imaginaba así: realmente, el nitrógeno también se combina, aunque menos fácilmente). Total: que el aire no es un elemento, sino una mezcla de dos elementos. ¿Y el agua? ¡El agua también oxida! Lavoisier demostró que el agua contiene oxígeno, y por eso genera óxidos, pero también otro elemento muy ligero, ya descubierto por Cavendish, que es el hidrógeno. En otras palabras: el aire no es un elemento, sino la mezcla de dos elementos; el agua tampoco es un elemento, sino la mezcla —más bien la combinación— de dos elementos. El aire y el agua no son elementos: lo son el oxígeno, el hidrógeno, el nitrógeno. Tampoco la tierra y el fuego son elementos. Todo lo que quedaba de la química clásica cayó por los suelos.

En 1789 publicó Lavoisier su *Traité élémentaire de Chimie*. En él distinguía hasta 32 elementos diferentes, a los que llamó *principios*. Estos elementos o cuerpos simples pueden combinarse químicamente, produciendo cuerpos compuestos. Comprendió muy aceptablemente las bases de las combinaciones químicas, definió los metales y los metaloides, los ácidos y las sales, y la forma como pueden combinarse entre sí. No acertó plenamente, ni se le podía exigir tal cosa. Por un lado, se quedó corto, porque los elementos son muchos más que 32. Hoy se conocen unos 120, aunque solo 86 son estables. Y por otro lado se pasó de largo, porque admitió como cuerpos simples la cal (óxido de calcio), la alúmina (óxido de aluminio) o la sílice (óxido o sal de silicio)... e incluso el calórico... Lavoisier descubrió que la combustión oxida, pero no supo explicar la causa del calor que produce. De todas formas, como observa B. Bensaude-Vincent, «hizo olvidar todas las químicas que le habían precedido y puso las bases de la química moderna». A partir de él la ciencia que estudia la composición de los cuerpos y sus combinaciones no haría más que avanzar.

El triunfo de las ciencias naturales

El espíritu del siglo XVIII se mostró muy interesado por la realidad de los países exóticos, sus paisajes, sus volcanes, su fauna, su flora. Los viajes se multiplicaron, como hemos visto páginas más atrás, y los viajeros trataron de reflejar en memorias y estudios aspectos de la naturaleza de muy distintos países. Puede decirse que, en este sentido, la familiaridad del hombre de Occidente por su mundo habitual quedó enriquecida por el conocimiento descriptivo y muchas veces científico de gran parte del resto del mundo. El viaje se convirtió en una especie de deber de las clases cultas. En este sentido, conviene destacar la práctica del *Grand Tour*, una gira por distintos países que debían realizar los alumnos más aristocráticos de las universidades británicas al finalizar su carrera. Anthony Ashley escribía ya en 1707, que «el escenario del mundo es la verdadera escuela de todas las ciencias que un caballero debe conocer, y que no encontrará nunca en los colegios». El deseo de disecar animales raros, coleccionar plantas o reunir minerales curiosos formó parte también de este afán no solo de conocer, sino de poseer y de clasificar.

Nada tiene de particular que haya sido en el siglo XVIII cuando se realiza un estudio generalizado, y sobre todo una clasificación universal de los animales y plantas, y también, hasta cierto punto de los minerales. El afán clasificador de la mentalidad ilustrada alcanza en este punto sin duda su ápice más espectacular.

Karl von Linné, o Carlos Linneo (1707-1778) era sueco, y estudió en la universidad de Lund, de donde pasó a Upsala. Concretamente, se hizo médico, pero su afición primordial fue la botánica. Participó en la expedición que para medir el arco de curvatura terrestre recorrió Laponia, y allí se familiarizó con las especies vegetales de la región. También viajó al Cáucaso, a Inglaterra, a Francia, y permaneció tres años en Holanda, donde aprendió de otros botánicos y pudo estudiar aquellos «jardines» exóticos tan apreciados en la Europa de su tiempo. Fue justamente en Holanda donde publicó su *Systema Naturale*, en que realiza una completa clasificación de las plantas, ante todo por sus órganos de reproducción: fanerógamas son las que tiene flores visibles, y criptógamas las que no las muestran. Estudió los pétalos, los sépalos, los estambres, los pistilos, y las diferencias entre los distintos tipos de flores. Al fin adoptó los módulos de «clase», «orden», género», «especie» y «variedad»: tal es el orden que acepta en el subtítulo de su libro. Más tarde se introdujo también en el reino animal, y trató de establecer una clasificación más o menos similar. Y, aunque no llegó a ser un mineralogista propiamente dicho, estableció los tres «reinos»: el animal, el vegetal y el mineral, dotados de las siguientes características: «los minerales crecen; los vegetales crecen y viven; los animales crecen, viven y sienten». El *Systema Naturale* fue recibido con gran éxito en la mayor parte de Europa. En la décima edición establece Linneo el sistema binomial: con solo dos palabras distingue el género y la especie. Por lo general, la primera palabra es un sustantivo y la segunda un adjetivo. Este sistema perdura hasta hoy, aunque, naturalmente, el número de nombres se ha multiplicado casi hasta el infinito. Así, la *quercus pedunculata* es el roble común, la *quercus rotundifolia* es la encina y la *quercus suber* el alcornoque: tres árboles muy parecidos, pero con características que pueden distinguirse entre sí. De mismo modo, hay que distinguir entre el *canis canis*, el perro; el *canis lupus*, el lobo, y el *canis vulpes*, el zorro. Linneo se hubiera vuelto loco ante la cantidad de perros —producto de cruces— que hay ahora. Hasta la pulga recibe el merecido nombre de *pulex irritans*. (Hay, naturalmente, otras clases de pulgas que no molestan al hombre). Linneo recurre al latín, no solo porque aún era el idioma común de la cultura, sino para evitar los muy diversos nombres que a los mismos seres vivos se daban en los distintos idiomas, y que provocaban confusiones. Hasta entonces, la clasificación de animales y plantas era caótica. Desde Linneo quedó perfectamente establecida, y el sistema, en líneas generales, se mantiene hasta nuestros días.

Georges Louis Leclerc, conde de Buffon (1707-1788), riguroso contemporáneo de Linneo, fue un entusiasta observador de la naturaleza, aunque no tan sistemático como el sueco. Viajó por Suiza, Italia, Inglaterra, y se enamoró de los paisajes, y de las especies que los animan. A diferencia de Linneo, prestó menos atención a las plantas y más a los animales y hasta a los minerales, como que se le puede considerar uno de los padres de la mineralogía. Atendiendo a la lenta formación de las rocas y de los sedimentos, dedujo que la edad de la Tierra era mucho mayor de la que se le atribuía: se atrevió a sugerir una antigüedad de 50.000 a 75.000 años, lo que en aquellos tiempos no dejó de parecer una exageración. También realizó audaces —y equivocadas— teorías sobre el origen de los planetas. No es cierta su tesis de que hubo un tiempo en que el mar cubrió la totalidad del planeta (Buffon encontró conchas fósiles hasta en los Alpes), pero no deja de ser verdad que aquellas regiones donde se encuentran esas conchas estuvieron alguna vez en el fondo del mar.

Luis XV le hizo director del «Jardin du Roi» (hoy «Jardin des Plantes»), en que se reunían especies vegetales traídas de todas las partes del mundo; y allí aprendió Buffon mucho más. Su obra es enorme, y abarca los 36 tomos de su *Historia Natural*, en la que trata lo mismo de los orígenes de la Tierra que de las especies menos conocidas. Para Buffon, la mayoría de los animales son más parecidos entre sí de lo que se supone: todos respiran, digieren, tienen una sangre que circula, se reproducen. Todos ellos parecen ser producto de «un plan». También intentó desterrar los tópicos: «el león no es el rey de los animales, ni el gato es infiel...» Buffon fue hombre al que le gustaba la polémica. Sus discusiones con Réamur fueron violentas. Y pretendió que sus sistema de clasificación era superior al de Linneo, y le retó a un debate. El sueco prefirió no entrar en él. La verdad es que el sistema de Linneo es que ha prevalecido, perfeccionado a comienzos del siglo XIX por Cuvier. A Buffon le perdió un poco su excesivo entusiasmo y su cierto desorden, pero ello no impide considerarle el pionero de la zoología.

La medicina

La revolución científica del siglo XVII quizá no tuvo, en el campo médico, otro hecho importante que el descubrimiento de la circulación de la sangre por Harvey (vid. pág. 102). Sirvió más para el desarrollo de la fisiología humana que para favorecer el tratamiento clínico, pero fue un hito fundamental. Quizá merezca mencionarse también el hallazgo de la quina como remedio contra las fiebres palúdicas, las tercianas y la malaria. Los indios americanos de la zona del Perú se valían ya de la corteza de la quina, y fueron los misioneros jesuitas los que conocieron y difundieron su uso. Parece que fue la condesa de Chinchón la primera persona que la trajo a España. Conocido es el hecho de que el Lord Protector de Inglaterra, Oliver Cromwell, muy anticatólico, contrajo el paludismo, pero se negó a utilizar la quina, a la que consideraba un «medicamento papista». Y murió. Solo en el siglo XIX se obtendría el extracto de quinina, de muy amplia aplicación.

En el siglo XVIII, la ciencia médica no avanza todo lo que hubiera podido esperarse. Las discusiones entre los partidarios de la medicina tradicional y los de la innovación a ultranza fueron interminables, sin que los innovadores lograsen abrir nuevos caminos alternativos. Los especialistas en la cuestión afirman que la medicina no pudo progresar porque aún no se conocían bien las funciones de los órganos del cuerpo humano. Quizá sea más importante el hecho de que tampoco se conocían los gérmenes patógenos. Existía ya el microscopio, pero no se habían aislado e identificado los microorganismos, ni era fácil relacionar a éstos con las enfermedades. El hecho es que la profesión médica no gozaba de mucho prestigio, sin que por ello muchos enfermos llegasen a acudir al galeno cuando su mal cobraba caracteres amenazadores. Los remedios prescritos, todavía en el siglo XVIII, eran las sangrías (se suponía que la enfermedad estaba en la sangre) y la dieta (después de comer suele subir la fiebre). El P. Feijóo, un clásico del criticismo propio de la época, refiere un caso sangrante, aunque hoy nos parezca gracioso. Un amigo suyo se puso enfermo, y el médico le prescribió dieta: solo pan y agua. Como su mal empeoraba, el doctor se mostró más exigente: solo agua. El estado del paciente se hizo más grave todavía: ¡dieta absoluta, ni agua siquiera! El amigo de Feijóo se encontraba gravísimo cuando le visitó Fray Benito. —Amigo mío: tal como está, ya no puede ponerse peor: coma y beba usted lo que quiera. El buen hombre comió y bebió a su gusto, y se puso estupendamente. La anécdota, probablemente, no es cierta, pero revela el descrédito que en plena época de la Ilustración rodeaba todavía a la clase médica.

Entre las disputas figuran, por ejemplo, la de los partidarios de que la digestión es un fenómeno físico, y los que pretendían que es un fenómeno químico: al final, parecieron llevar razón estos últimos, pero faltaba mucho para que se conociera en grado suficiente la química orgánica capaz de sacar partido de ese descubrimiento. John Brown era partidario de dispensar a los pacientes grandes dosis de fármacos, para reforzar su actividad; pero en ocasiones prevalecían los efectos secundarios, y resultaba peor el remedio que la enfermedad. Frente a él se alineaba Hahnemann, a quien se considera el padre de la homeopatía, que estimaba preferible la administración de medicamentos a dosis muy pequeñas, pero de manera continuada. Franz Mesmer, que descubrió, como Galvani, la acción electromagnética sobre los músculos, fue una especie de precursor de la magnetoterapia, pero sus experimentos no tuvieron un resultado terapéutico. William Cullen atribuía las enfermedades a un exceso o bien a una deficiencia de la energía nerviosa, y era por tanto a los nervios a los que convenía atender. G. Magnani estimaba que la enfermedad está localizada en una parte del cuerpo, y era esta parte aquella a la que había que prestar atención: y acertó muchas veces; pero también confundió muchos síntomas con la raíz de la enfermedad. No faltaron clasificadores: en el siglo XVIII esta tendencia era inevitable. Siguiendo el mismo sistema que Linneo y Buffon, Sauvage intentó dividir las enfermedades en diez grupos, con 195 géneros y 2.400 especies distintas. El sistema no dejaba de ser ingenioso, pero no encontró aplicaciones prácticas.

Por supuesto, se realizaron avances, algunos de indudable importancia. Mejoraron los conocimientos anatómicos y progresó la cirugía. Las operaciones tuvieron cada vez más éxito. También mejoró la obstetricia, y aunque la mortalidad en el parto —de la madre o de la criatura— siguió siendo elevada, disminuyó notablemente: he ahí un factor, todo lo modesto que se quiera, del crecimiento demográfico del siglo XVIII. Ambrose Paré impuso la ligadura de vasos, venas e incluso arterias, en lugar de la cauterización de heridas, que resultaba demasiado traumática. Lázaro Spallanzoni descubrió el jugo gástrico, responsable de la digestión estomacal. Sin duda el descubrimiento más importante del siglo fue el de la vacuna contra la viruela, una enfermedad que causaba muchos miles de muertes al año, sobre todo en épocas de epidemia (en Rusia parece que murieron dos millones de personas en un solo año), y que dejaba además secuelas para toda la vida. Parece que fue la esposa del embajador británico en Turquía la que contó que las mujeres circasianas pinchaban a sus hijos con agujas infectadas en vacas que padecían la enfermedad: esos niños no llegaban a contraer nunca la viruela. Edward Jenner, un médico rural inglés, intuyó la utilidad del remedio como medida preventiva. Supo de varios casos de infecciones similares en granjas inglesas que inmunizaban a quienes las contraían. El secreto consistía en inocular una cantidad insuficiente de materia contagiosa, para estimular las defensas del organismo. Al fin, cuando estuvo seguro de sus resultados, probó con un niño, que a los pocos días se puso ligeramente enfermo, luego sanó, y nunca llegó a contraer la viruela, incluso durante las más graves epidemias. Otras experiencias del mismo tipo surtieron idénticos resultados. Había descubierto la vacuna antivariólica (la palabra «vacuna» viene precisamente de vaca. Las vacas padecen de costras variólicas, pero no graves). El gran descubrimiento causó sensación, y también una fuerte polémica. Hubo caricaturas que representaban a Jenner con cabeza de vaca. Pero el sistema produjo resultados sensacionales, y no muchos años más tarde Jenner figuraba como uno de los grandes benefactores de la humanidad.

LA ÉPOCA DE LA REVOLUCIÓN INDUSTRIAL

A fines del siglo XVIII y comienzos del XIX la revolución política cambió los destinos del mundo occidental. El Antiguo Régimen, caracterizado por la supremacía del poder real, fue sustituido por un Nuevo Régimen cuyos principios fundamentales son la libertad, el derecho del pueblo a la soberanía, la separación de poderes y el ejercicio del legislativo por un parlamento elegido. No siempre los electores fueron la mayoría, ni mucho menos la totalidad, pero por lo general se ejerció, en mayor o menor grado, el principio representativo. También se presumió de libertad de expresión y de prensa, y nacieron los partidos políticos. El Nuevo Régimen se impuso en los distintos países de América y en los de Europa occidental. En Europa central tendría que esperar más, y más todavía en Europa oriental; pero el ambiente de libertad cundió en casi todos los países del mundo civilizado, y el hecho no dejó de tener repercusiones en el desarrollo de la ciencia, que contó en adelante con menos entorpecimientos, y hasta, por lo general, con un ambiente admirador del progreso científico. Tal admiración existió ya, ciertamente, por parte de algunas clases distinguidas, en la época ilustrada; pero en el siglo XIX alcanzó un ámbito incomparablemente más amplio.

Tan importante como la revolución política fue la revolución social que la acompañó. En general, la vieja nobleza de sangre

157

perdió en parte o del todo su antiguo poder, y fue sustituida en la mayoría de los puestos de mando por la «burguesía». Esta palabra, puesta de moda por la historiografía marxista, resulta hoy bastante resbaladiza. Hay muchas formas de entender lo que es la burguesía. Marx la asocia a la noción de «plusvalía», es decir, a la obtención por el «burgués» de un margen de beneficios abusivo en detrimento de un proletariado «explotado» por los poderosos. Proletario será así aquel trabajador que recibe como salario una cantidad inferior a lo que vale su trabajo. En este sentido solo serían «burgueses» los capitalistas que han emprendido un negocio, se enriquecen con él, y pagan un bajo salario a sus trabajadores. Sin embargo, las revoluciones suelen colocar en el poder a otro tipo de «burguesía», la que podemos llamar clase política, formada fundamentalmente por abogados y funcionarios. También existe una «burguesía intelectual», que es la que da las ideas, y con frecuencia las defiende en los parlamentos o en los periódicos. Raras veces la burguesía intelectual —y lo mismo podríamos decir de la «burguesía científica»— recibe más de lo que vale su trabajo. Con frecuencia ocurre todo lo contrario. De todas formas conviene recordar dos hechos: primero, que existe en el siglo XIX una «mentalidad burguesa» muy característica, que abarca en cierto modo a todos los ciudadanos de las clases medias; y segundo, que quizá precisamente por eso cabe una suerte de alianza, consciente o inconsciente, entre las distintas burguesías.

Son las personas acomodadas, que poseen un suficiente capital inicial, las que inician un movimiento tan grande por lo menos como el político, o el social: la transformación del mundo por la producción masiva de productos cada vez más perfectos y sofisticados que llenan los mercados, y por la aparición de medios de comunicación y transporte que ponen en contacto a sociedades muy diversas y contribuyen a acortar distancias que en otro tiempo se consideraban casi insalvables. Este progreso, lo mismo en el campo de la producción industrial que en las facilidades de desplazamiento y transporte, modifica las condiciones de vida de millones de seres humanos, hace el mundo más pequeño y crea nuevas e insospechadas formas de relación. Es lo que se conoce con el nombre de Revolución Industrial. Esta revolución obedece al invento de nuevos instrumentos válidos para la utilidad humana, o cuando lo menos para la de determinados hombres, y se prevale de la *técnica*, que viene a ser, decíamos la aplicación de la ciencia a un fin práctico. En adelante ya no podremos prescindir de la técnica. Pero conviene tener en cuenta que el triunfo de la técnica no puede conseguirse sin una nueva alianza: el ingenio del investigador o inventor, y los medios aportados por quien es capaz de hacer posible la conversión del invento en una realidad ampliamente producida y fácilmente distribuible. Con el descubrimiento de aparatos útiles a la producción, que la hacen más fácil, más eficaz o más barata, se pasa, en comentario de S. Lilley, de la manufactura a la *maquinofactura*. Hace falta el hombre que con su ingenio sepa fabricar o sepa cómo se fabrican esos aparatos. Pero para fabricarlos en serie y distribuirlos hace falta dinero. De aquí la asociación, buscada o no, pero casi siempre indispensable, del inventor y un socio capitalista.

El triunfo de la máquina de vapor

La revolución industrial comenzó en Gran Bretaña. Se han dado muchas explicaciones al caso. Una de ellas es que en ningún otro país fue tan fácil al inventor encontrar su socio capitalista. Parece como si los ingleses adinerados hubiesen intuido antes que nadie las ventajas que representaba la invención de nuevas máquinas. Goethe comentaba a comienzos del siglo XIX que «los ingleses son libres para descubrir, para usar su descubrimiento y para valerse de él para descubrimientos nuevos. Así se explica por qué están más avanzados que nosotros en todo». Hay otras muchas explicaciones, entre ellas la de que ya había en Inglaterra una rica burguesía comercial deseosa de nuevas inversiones, o la costumbre de utilizar carbón mineral. En otras partes se empleaba carbón de madera, pues una vieja leyenda pretendía que el de piedra desprendía gases venenosos.

Los primeros inventos se realizaron en el sector textil. Dos hombres de apellido muy parecido, Richard Arkwright y Edmund Cartwright inventaron, respectivamente, el huso y el telar mecánicos. Cartwright era un clérigo anglicano que deseaba favorecer a la humanidad y facilitar el trabajo a los obreros, y se encontró, paradójicamente, con la primera revuelta social en el campo de la industria, porque las máquinas hacían el trabajo de los hombres y disminuían la contratación de mano de obra. Comenzaba así la dolorosa contradicción entre el progreso industrial y la pauperización de unos trabajadores condenados a elegir entre salarios bajos o el paro. Los instrumentos, manejados durante siglos por los propios operarios, a mano o mediante pedales, pasaron a utilizar la fuerza animal, y de ahí el nombre de una de aquellas máquinas, la *mule jenny*. Luego, conforme se fabricaron máquinas más grandes, se trató de aprovechar la fuerza de las corrientes de agua. La historia de los instrumentos textiles, aunque sumamente interesante, no debe ocuparnos demasiado en el sentido de que no fue obra de científicos propiamente dichos. Hasta que apareció la máquina de vapor, y entonces cambió el mundo.

Ya por 1708-1712, Thomas Newcomen, a quien ya hemos mencionado (pág. 145) había inventado una máquina de vapor: el vapor recalentado impulsaba un émbolo embutido en un cilindro. Sin embargo, la máquina era bastante tosca, y apenas se usaba, sin mucho éxito, para extraer agua. James Watt (1736-1819) no fue un científico de primera fila, pero conocía la ley de la cinética de los gases, tal como la había formulado Boyle, y se dispuso a obtener de ella el máximo partido. En primer lugar, introdujo en la máquina de vapor dos geniales innovaciones: a) una caldera independiente, que es alimentada por vapor a presión de forma continua, de modo que el émbolo sube y baja sin parar, y siempre a la misma velocidad, y b) el cigüeñal, un ingenio inspirado en el pedal de los afiladores, que transforma el movimiento lineal en otro circular; y así, el eje o biela hace girar una rueda. Poder mover una rueda mediante una máquina de vapor fue un adelanto sin el cual no hubiera podido desarrollarse la revolución industrial. Otros logros de Watt fueron unos cilindros muy perfectos y unos émbolos muy bien ajustados, que aprovechaban toda la fuerza del vapor; y finalmente, el sistema de doble empuje, con émbolos por los dos lados de la rueda; cuando uno subía, el otro bajaba, y la rueda no dejaba de recibir empuje ni un solo momento.

En 1800, Watt había fabricado 496 máquinas de vapor; de ellas 164 eran utilizadas como bombas de agua, 24 para los fuelles de los altos hornos, y 308, o sea la mayoría, para suministrar energía a otras máquinas (generalmente textiles). Hay que tener en cuenta que una máquina de vapor (de 1800) desarrolla una fuerza equivalente a la de cien hombres, o doce caballos. Los fuelles a su vez insuflaban una gran cantidad de aire a los altos hornos, de suerte que la industria siderúrgica se desarrolló con impulso increíble conforme avanzaba el siglo XIX. La revolución industrial estaba en marcha. En 1830 había en Gran Bretaña unas 10.000 máquinas de vapor. Su secreto no solo radica en su capacidad de trabajo, sino su autonomía: ya no necesita de la fuerza animal, de la corriente del agua o del aire, como a lo largo de los siglos; es autónoma y funciona dondequiera que se la coloque. Solo necesita de carbón y agua. Pronto revolucionará también los sistemas de transporte.

El barco de vapor

El americano Robert Fulton (1765-1815) fue uno de esos típicos inventores que se dedican a múltiples actividades. Trabajó en el taller de un joyero, fue pintor, trazó canales y esclusas, e ideó un molino para aserrar el mármol. Ensayó torpedos, y proyectó un submarino lanzatorpedos que convenció a Napoleón, el cual contrató sus servicios. El famoso barco de Fulton se partió en dos en aguas del Sena, y el desgraciado inventor hubo de regresar a Estados Unidos. Allí ideó un barco de vapor, aunque ya nadie le hacía caso: se hablaba de «las locuras de Fulton». Sin embargo, esta vez el proyecto resultó: en 1807 el *Clermont*, dotado de una máquina de vapor que movía unas paletas, remontó el curso del río Hudson de Nueva York hasta Albany en 32 horas (a una velocidad de unos 7 Km./ hora). No era un éxito sensacional, pero se había descubierto un nuevo sistema de transporte. En 1812 funcionó el *Comet*, construido en Glasgow, que podía remontar las aguas del Clyde. Casi al mismo tiempo empezaron a funcionar barcos de vapor en el Escalda (Bélgica) y en el Guadalquivir. En 1816 se botó el *Real Fernando*, un barco que cubría el trayecto entre Sevilla y Sanlúcar en 9 horas. El Guadalquivir, después de las grandes riadas del siglo XVII, se había hecho casi innavegable para barcos de vela a causa de los «tornos» o meandros que obligaban a continuas y peligrosas maniobras. La travesía podía durar entre uno y ocho días. Ahora, el barco de vapor podía cambiar de dirección a voluntad, con absoluta independencia del viento. La ventaja era manifiesta, porque al mismo

161

tiempo el barco de vapor, que podía transportar grandes cargas, era más barato que el transporte a lomos de mulas.

Como podemos observar, los barcos de vapor navegaban por los ríos, en los que las tempestades no levantan fuerte oleaje. En mar abierto eran torpes, bandeaban peligrosamente, las ruedas o paletas se hundían de forma desigual en las olas, y derrochaban mucha energía. Por otra parte, una navegación a través del Atlántico obligaba a dedicar el 80 por 100 de la carga a carbón y agua, con lo cual la carga útil se reducía a un 20 por 100: aparte de que el peligro de una navegacion oceánica en barcos tan poco estables era francamente grande. En la primera mitad del siglo XIX atravesaban el mar algunos barcos mixtos de vapor y vela. El vapor funcionaba justamente cuando no hacía viento. Pero la navegación oceánica se practicaba fundamentalmente en barcos de vela hasta que en 1859 se inventó un artilugio de extraordinaria eficacia: la hélice. Y sobre todo desde que en 1869 se abrió el canal de Suez.

El triunfo arrollador del ferrocarril

El primer barco de vapor surcó las aguas con éxito en 1807; el primer tren sobre raíles, arrastrado por una máquina de vapor lo hizo en 1825, es decir, con 18 años de retraso; sin embargo, la revolución ferroviaria sería infinitamente más rápida y espectacular en la primera mitad del siglo XIX. Realmente, la primera locomotora fue inventada por un ingeniero militar francés, Nicolas Cugnot, en 1769. Impulsada por una máquina de vapor, se movía, sin raíles, a la no muy asombrosa velocidad de 4 km/h. Lo malo del caso es que consumía todo el carbón que podía cargar en 12 minutos, y era preciso aprovisionarla de nuevo. Luis XV quiso conocer aquella maravilla, que fue probada en el palacio de Vanves, donde, por un defectuoso sistema de dirección y de frenos, derribó un precioso muro. ¡Qué fuerza, pero qué desastre! El rey no quiso saber nada del invento, y, como de costumbre, la gloria de la aparición del ferrocarril correspondió a los ingleses. El sistema solo funcionó cuando se unieron el «carril» —vías de madera, luego de hierro, que hacían más facil el movimiento de vagonetas, generalmente en las minas— con la máquina de vapor locomotora. En 1800, Richard Trevithick construyó la primera locomotora, que transportaba 8 toneladas de carga, ¡pero la vía se hundió!. Fueron precisos muchos ensayos hasta que en 1825 George Stephenson (1781-1848) logró hacer correr un tren con locomotora y 36 vagonetas de carbón entre Stockton y Darlington, a 16 kilómetros de distancia. La velocidad no era mucha, pues delante del convoy iba un hombre montado a caballo con una bandera, para prevenir a los viandantes. Más tarde, el tren admitió también viajeros.

El sistema tuvo tal éxito, que el gobierno británico abrió un concurso para construir una vía férrea entre Liverpool y Manchester, dos ciudades distantes 65 kilómetros. Lo ganó Stephenson, que presentó la «Rocket», una locomotora capaz de hacer la asombrosa velocidad de 15 kilómetros por hora. Él fue el técnico, y una sociedad se encargó de asumir los gastos. La explotación de la línea fue un completo éxito, y Stephenson fabricó locomotoras cada vez más potentes, hasta alcanzar velocidades de 40 km/h. La fama del inventor se propagó por el mundo entero, y todas las naciones se lo disputaban para contruir líneas de ferrocarril. En 1832 Charles Fox inventó el sistema de agujas, que permite el cruce de dos trenes (con vía doble solo en las estaciones). La fiebre ferroviaria fue uno de los fenómenos del siglo. En 1830 estaban contruidos 50 kilómetros de vía; en 1850, alcanzaban los 35.000. En 1875, 220.000. Y en 1900, ¡un millón de kilómetros de via tendida! Entretanto, la velocidad de los trenes pasó de 20 a más de 100 km/h. Los trenes cubrían continentes enteros, transportaban millones de toneladas de carga y millones de viajeros. Los gastos eran inmensos, e hicieron trabajar a fondo a los ingenieros: nuevos materiales, estudio del terreno, resistencia de los carriles y precauciones para evitar que la dilatación de las vías con el calor provoque una catástrofe, trazados de no más de un 3 por 100 de pendiente, con puentes, viaductos, trincheras y túneles: la ciencia avanzó increíblemente con la revolución ferroviaria, y la economía de los países adelantados también. Construir una línea costaba mucho dinero, pero los beneficios eran todavía mayores. Hasta para las clases modestas se abrió el camino de las migraciones y la posibilidad de transportes baratos. Los precios de los productos lejanos bajaron, y los domésticos se unificaron en todo país, gracias a la facilidad de comunicaciones. Los poetas cantaban al ferrocarril como a la maravilla de los nuevos tiempos, y Saint-Simon los creía garantes de una «paz perpetua en el mundo» por su capacidad para unir naciones. Tal fue lo que se conoce como la *railway age*.

Los avances de la electricidad

Alessandro Volta (vid. pág. 146) había conseguido almacenar energía eléctrica en una pila formada por dos metales distintos. Su capacidad de carga era muy limitada, pero una prueba de lo sensacional de su descubrimiento fue el interés de Napoleón, que llamó al físico a París, y, admirado por su descubrimiento, lo llenó de honores. En 1808 Humphrey Davy (1778-1827) construyó una pila de gran tamaño y mucha más capacidad, formada por 250 placas metálicas. Davy descubrió también la electrolisis, un método para separar un elemento químico de otro bañándolo en un líquido electricamente cargado. Por este sistema pudo, por ejemplo, separarse el oxígeno del hidrógeno en el agua. Y otro descubrimiento de Davy, menos genial, pero muy práctico, fue la lámpara que lleva su nombre, capaz de evitar las explosiones de gas grisú en las minas de carbón, entonces en plena explotación por el auge de la industria siderúrgica.

El danés Hans Christian Oersted (1771-1851) descubrió una sorprendente relación entre electricidad y magnetismo. Parece que por una afortunada casualidad. Acercó una pila con un cable conductor a una brújula que estaba enseñando a sus alumnos, y la brújula se desvió considerablemente, como si le hubieran acercado un imán. ¡La electricidad atrae! A esta misma conclusión llegó el francés André Marie Ampère. Es más, las cargas eléctricas se atraen o repelen. Por similitud con el imán, empezó a llamarse a estas cargas «positivas» y «negativas», y la corriente eléctrica no parecía ser otra cosa que un fenómeno de atracción y repulsión. Empezaban a descubrirse las posibilidades de la electricidad como fuente de energía utilizable mecánicamente. Un paso más lo dio el británico Michael Faraday (1791-1867), que intuyó la inducción eléctrica: la energía eléctrica no solo se transmite a través de un cable, sino que puede sentirse cerca del cable (por eso es peligroso acercarse a un cable de alta tensión). Apareció el electroimán, una barra de hierro no previamente magnetizada, que sin embargo, atrae cuando se la rodea de una bobina por la que pasa una corriente eléctrica. Y entonces

164

se le ocurrió a Faraday construir un aparato que el llamó de «rotación eléctrica». Fue el primer motor eléctrico de la historia. Todavía no encontró una aplicación industrial, pero acababa de darse un paso de inmensas posibilidades.

Los prodigios de la luz

Huygens había intuido que la luz era un fenómeno ondulatorio; por el contrario, Newton creía que consistía en un fenómeno corpuscular. En todo caso, los corpúsculos o las ondas se desplazaban a una velocidad endiablada. Nadie fue capaz de medir en la Tierra la velocidad de la luz. Pero un contemporáneo de Newton y Huygens, Olaf Römer, se dio cuenta de que los eclipses de los satélites de Júpiter se retrasaban cuando el planeta estaba lejos de nosotros, y se adelantaban cuando se acercaba. Como no cabe suponer que el periodo orbital de los satélites sufra tales modificaciones, la conclusión era lógica: cuando Júpiter está lejos, su luz tarda más en llegar a nosotros que cuando está cerca. Los cálculos de Römer, que no disponía de los medios necesarios, no fueron muy exactos, pero ya en el siglo XIX se supo que la luz se desplaza en el vacío a una velocidad de 300.000 kilómetros por segundo.

Sin embargo, los científicos de la primera mitad del siglo XIX se preocuparon menos de la teoría que de la práctica. El hecho puede parecer extraño en una época en que prevalece en el ambiente la mentalidad romántica. Pero los sabios de la era romántica fueron poco románticos, y sí muy realistas. Joseph Fraunhofer (1787-1826) era fabricante de cristales de alta calidad. Hacía magníficos espejos, y soberbias lámparas de cristal de Bohemia. También fabricaba lentes, y descubrió que superponiendo dos lentes de cristales de distinta refringencia, podía eliminar el cromatismo de las imágenes que tanto molestaba a los astrónomos: había descubierto la lente acromática. Era un artista, pero al mismo tiempo muy aficionado a las ciencias. Observó que un prisma descompone la luz en los colores del iris (eso ya lo había descubierto Newton, pero Fraunhofer en su juventud aún no lo sabía). Entonces se dedicó a fabricar prismas cada vez más grandes y con mayor capacidad de refracción, algo que Newton nunca pudo permitirse, porque no era un orfebre en cristales.

Obtuvo franjas de colores de más de un metro de longitud. Y de pronto descubrió que en esta franja de colores aparecían unas líneas oscuras muy finas. En 1814 experimentó con la luz del sol. Sorpresa: la franja del arco iris, debidamente ampliada, aparecía cruzada por infinidad de líneas negras. Ampliando el «espectro» todo lo posible y observando con una lupa la sucesión de colores, desde el rojo hasta el violeta, contó hasta 600 líneas. Increíble. Fraunhofer no supo a qué se debían aquellas rayitas misteriosas. Lo descubriría Kirchoff. Pero había puesto las bases del análisis espectral.

Robert Bunsen (1811-1899) era químico. Estudió la técnica de los altos hornos, y se dio cuenta de que perdían un 50 por 100 de combustible. ¡Cuántas veces el técnico trabaja de espaldas al científico, o el científico de espaldas al técnico! Pero cuando se asocian, los resultados son espectaculares. Desde entonces, la industria siderúrgica obtuvo los mejores rendimientos. Uno de sus inventos fue el «mechero Bunsen», que consta de dos fuentes independientes, de gas y de aire: graduando una y otra hasta obtener los mejores resultados, se puede conseguir una llama que no despide humo. El mechero Bunsen, mucho más limpio que las demás fuentes de luz y calor, encontró múltiples aplicaciones; una de ellas fue el análisis espectral, cuando se asociaron el químico Bunsen y el físico Kirchoff, que estaba interesado por los experimentos de Fraunhofer. Un prisma acoplado a un pequeño catalejo fue el primer espectroscopio. Y el mechero Bunsen resultó el mejor emisor de luz limpia. Bunsen y Kirchoff observaron que un gas interpuesto entre el mechero y el espectroscopio produce un espectro de rayas características. Por ejemplo, el sodio muestra dos rayas gemelas en la región del amarillo; el calcio una raya ancha en la región del rojo, el hidrógeno, multitud de líneas muy finas en la región del azul... ¡Cada cuerpo se distingue por sus rayas propias, distintas de las de los demás cuerpos! Una noche, cuando nuestros dos sabios estaban cenando en un lugar cerca de Hamburgo, vieron un voraz incendio a gran distancia. Apuntaron el espectroscopio a la luz del incendio, y descubrieron dos rayas gemelas en la región del amarillo. ¡Sodio! Al día siguiente supieron que había ardido un almacén de sal. Estaba perfectamente claro: el espectroscopio es un magnífico instrumento para analizar los cuerpos, sin necesidad de efectuar operaciones químicas.

Y enseguida se les ocurrió: ¿Y el sol? Construyeron un anteojo mayor, acoplado a un potente prisma, y lo dirigieron al sol. Casi no fue sorpresa, porque en cierto modo lo esperaban: en el sol descubrieron las rayas del sodio, del calcio, del hidrógeno, y hasta de un cuerpo desconocido en la Tierra, que por parecer privativo del sol, llamaron helio (Hoy se conoce la existencia de helio en nuestro planeta, aunque en escasa proporción). Habían analizado por primera vez la composición química del sol, un hecho que parecía imposible. Más tarde se pudo dirigir el espectroscopio a las estrellas, a través de grandes telescopios: también el hidrógeno, el helio, el calcio, el sodio, el oxígeno, el hierro... Increíble: el hombre podía conocer la composición química de los astros. Cuando, ya a fines de siglo, se publicó el hallazgo de oro en el sol, los periódicos difundieron el hecho en grandes titulares, y la noticia causó sensación en el mundo civilizado, como si el descubrimiento pudiera hacer ricos a los hombres... Pero en definitiva, una conclusión era clara: el Universo entero está fabricado con los mismos materiales. Fue un descubrimiento que contribuyó a dar una idea de la unidad de la Creación.

Una aplicación de la óptica, menos profunda, pero sumamente práctica, fue la fotografía. Ya a fines del siglo XVIII Davy descubrió que las sales de plata se ennegrecían con la luz, y consiguió algunas imágenes proyectándolas sobre una placa revestida con estas sales. Pero aquellas «fotos» primitivas duraban muy poco, porque pronto, con la luz natural, se ennegrecía todo el papel. En 1827, el francés Niepce obtuvo reproducciones algo más estables, pero fue en 1831 cuando su compatriota Louis Daguerre logró obtener imágenes dentro de una cámara, en placas recubiertas de yoduro de plata. Luego las «fijaba» con una disolución concentrada de sal común. La sal hacía que el yoduro de plata dejase de ser sensible a la luz, y la imagen pudiese conservarse. Obtener una fotografía no era cosa fácil. Para que la placa se sensibilizara hacía falta una exposición de varios minutos, a veces de media hora: naturalmente, era mucho más fácil obtener una reproducción de una casa o de un paisaje que de una persona. En 1839 Daguerre consiguió ya exposiciones de menos de un minuto: con cierto esfuerzo, el retratado era capaz de mantenerse sin mover un músculo. Por 1842, la exposición era ya de diez o doce segundos. Los habitantes de París se volvían locos por conseguir su propio «daguerrotipo», y el inventor hizo su agosto. Luego, se fueron descubriendo métodos más fieles de reproducción y exposiciones más cortas. Con todo, era preciso emplear una cámara de gran tamaño sostenida por un trípode. El proceso de fijación y revelado era largo; pero el proceso valía la pena, y el invento de Daguerre, secundado por otros, se difundió por el mundo.

John Dalton (1766-1844), hombre de origen humilde y de gran talento, fue matemático, físico, químico, zoólogo, botánico, meteorólogo... y daltónico. Hizo infinidad de estudios sobre el tiempo atmosférico, y llevó durante muchos años constantes registros meteorológicos: hasta cientos de miles de datos. Intuyó que la causa de la lluvia no depende precisamente de la presión, sino del enfriamiento del vapor de agua contenido en la atmósfera. Sin embargo, al darse cuenta de que tenía una apreciación de los colores distinta a la de sus amigos, dedicó varios años al estudio de los colores. Intuyó —aunque otros desarrollarían mejor estos conocimientos— que las cosas no «son» blancas, verdes, amarillas o rojas, sino que reflejan, o bien todos los colores (las blancas), o bien el verde, el amarillo o el rojo. Un papel blanco, iluminado solo por una luz roja no es que se vuelva rojo, sino que, aunque puede reflejarlo todo, no recibe otra luz qué reflejar que la roja. Sobre todo intuyó el papel de la retina al provocar las sensaciones de los colores que recibe. Algunas retinas provocan reacciones similares ante colores distintos, y de ahí las confusiones en que incurren los «daltónicos» como él. Con todo, la gran aportacion de Dalton a la ciencia se centró en el campo de la química, como enseguida vamos a ver.

La química puede formularse

Lavoisier, a fines del siglo XVIII, había puesto los cimientos de la química moderna. Había acabado con viejos mitos, como la alquimia o el flogisto, e intuyó la existencia de cuerpos simples o «principios» y de cuerpos compuestos. Pero no siempre acertó. No tuvo una clara idea del mecanismo de las reacciones. Un paso fundamental lo dio el personaje al que acabamos de aludir, John Dalton, que descubrió que en una reacción química los elementos se combinan en «proporciones fijas». Por ejemplo, para formar agua, se combinan el oxígeno y el hidrógeno, pero siempre en la misma proporción: el peso del oxígeno ha de ser ocho veces mayor que el peso del hidrógeno [1]. Si añadimos una mayor proporción de oxígeno o de hidrógeno, tendremos una parte sobrante. Lo mismo ocurre si combinamos cloro y sodio para formar sal común, etc. Los cuerpos se combinan siempre entre sí en proporciones fijas. Estudiando las formas de combinación y los cuerpos resultantes, Dalton escribió sus *Principios de filosofía química*. Por primera vez, Dalton establece una distinción esencial entre cuerpos simples y cuerpos compuestos. Los cuerpos simples están formados exclusivamente por *átomos* iguales. Los átomos son indivisibles, perfectos, exactamente idénticos a los demás del mismo cuerpo, e indestructibles. No hay nada más pequeño que el átomo. Dalton concebía los átomos de hierro o de cloro como «el principio esencial» del hierro o del cloro. Los átomos son los determinantes de los caracteres de los cuerpos simples: en ellos está como contenida su naturaleza fundamental. Pero los cuerpos simples pueden combinarse entre sí para formar cuerpos compuestos. Dalton da el nombre de «átomos de compuesto» a lo que hoy llamamos moléculas. Una molécula está formada por varios átomos, generalmente de distintos cuerpos simples. La molécula del agua es el resultado de la combinación de dos átomos de hidrógeno y uno de oxígeno; una molécula de sal común es la combinacion de un átomo de cloro y otro de sodio; una molécula de ácido sulfúrico es la combinación de un átomo de azufre, cuatro de oxígeno y dos de hidrógeno. Cada molécula de un cuerpo compuesto es igual a otra cualquiera del mismo cuerpo: dos moléculas de agua son iguales entre sí. Pero ya no son «perfectas», «unitarias» ni «indestructibles». Dalton aún no alcanza plenamente el concepto de «valencia», ni tampoco puede precisar el mecanismo de las combinaciones, pero sí da con las proporciones necesarias para cada una y con el concepto que deduce acerca de lo qué es átomo y lo que es molécula.

El sueco Berzelius aclaró mejor el número de átomos de cada elemento que se unen para formar una molécula, calculó el lla-

---

[1] Por si hace falta recordarlo, desterremos para siempre la idea infantil de que el hidrógeno «pesa hacia arriba». Tiende a subir en la atmósfera, porque es menos pesado que el aire; pero en el vacio el hidrógeno pesa, aunque sea el más ligero de los elementos.

mado «peso atómico», e inició un sistema de notación simbólica, con letras para designar cada elemento y subíndices (realmente Berzelius escribía exponentes) para designar el número de átomos que entraban en la combinación. Pero fue el italiano Stanislao Cannizzaro el que arbitró los signos que hoy se usan, con una o dos letras del nombre latino de cada elemento. El más importante o el primeramente conocido lleva solo una letra: H es hidrógeno; B, boro; C carbono... etc.; en tanto que He es helio; Hg (Hydrargirium), mercurio; Ba, bario; Ca, calcio. Con este sistema de notación a base de una o dos letras, y el conocimiento que ya existía sobre las combinaciones de elementos, fue posible formular reacciones químicas con la misma precisión con que se manejaban expresiones matemáticas. Era posible formular una reacción sobre la pizarra, antes de que ésta se produjese en el laboratorio. La química clásica había nacido.

Los avances en la medicina

La ciencia médica comienza a experimentar en la primera mitad del siglo XIX un progreso en sus conocimientos y sus métodos que ya no se interrumpirá hasta ahora mismo. Caducan definitivamente sistemas antiguos como la dieta generalizada o la sangría, se abandonan las viejas tradiciones galénicas, se estudian las enfermedades y se relacionan con sus síntomas correspondientes, a la vez que se procuran remedios específicos para cada una de ellas. Proliferan los hospitales y los centros de salud, y el estudio de la medicina se independiza definitivamente del de otras ciencias. La mayor parte de los grandes médicos del primer cuarto del siglo XIX son franceses. En parte por casualidad, en parte porque los maestros destacados tienden a crear escuela.

Georges Cabanis (1774-1808) se preocupó muy especialmente por la higiene. No se conocía aún el origen de la mayoría de las enfermedades, pero estaba claro que muchas de ellas se transmiten especialmente en ambientes poco limpios. El cuidado corporal, del ambiente doméstico, de la calle, y, quizá más aun, de los hospitales, justo donde los contagios son más fáciles, fueron para Cabanis principios fundamentales en la medicina preventiva. Gaspard Bayle (1774-1816) fue un especialista en anatomía patológica. Relacionó mejor de lo que nadie había hecho antes cada enfermedad con sus síntomas específicos. Distinguió hasta seis tipos distintos de tisis. Auscultaba cuidadosamente a sus pacientes, atendiendo a las pulsaciones de su corazón o a los ruidos respiratorios que se producían en el pecho, y de todo ello sacaba sus conclusiones. Fue uno de los pioneros de la medicina experimental. También experimental fue el método de Pierre Louis (1787-1822), al que muchos consideran el iniciador de la *medicina de observación*. Clasificó hasta 50 hechos clínicos distintos, y los relacionó con enfermedades específicas, que requerían cada cual su tratamiento. En este último aspecto, la medicina no logró aún dar su paso decisivo, aunque Louis prohibió terminantemente las sangrias, y estimó la importancia de la fiebre. Fue el primero en aplicar a los enfermos un nuevo y sensible tipo de termómetro, el termómetro clínico, siguiendo ciudadosamente la evolución de la temperatura. A mayor temperatura, casi siempre mayor gravedad del mal. Pero se dio cuenta también de que la fiebre tiende a bajar por la mañana y a elevarse por la tarde, sin que ello represente una mejoría o un empeoramiento de la enfermedad.

Los remedios de la época romántica no fueron muchos ni infalibles, pero supusieron un paso. Se sabía utilizar la morfina contra el dolor intenso, la quinina (un extracto de la quina) era útil para combatir la fiebre y especialmente la malaria; el yodo era un buen desinfectante; el tanino un eficaz astringente. En 1831 comenzó a usarse el cloroformo como anestésico, y con él la cirugía cambió de estilo. Hasta entonces había primado la rapidez, para evitar sufrimiento al operado. Ahora se pudo dar más importancia al cuidado, la precisión y la eficacia. Al mismo tiempo, el desarrollo de la asepsia y la antisepsia disminuían las complicaciones postoperatorias, que hasta entonces habían provocado más muertes que la operación misma. Cada vez se curaban más y mejor los males tradicionales. No había llegado todavía la época de los grandes específicos, mucho menos la de los medicamentos de síntesis, pero el genio del hombre comenzó a obtener victorias cada vez más espectaculares sobre la enfermedad, y este hecho, reconocido por todos, revalorizó social y profesionalmente la imagen del médico, hasta entonces, recordémoslo, un tanto despreciada. Sin embargo, a comienzos del siglo XIX pareció consagrarse un nuevo enemigo: la tisis o tuberculosis. Un tópico muy repetido pretende que la tuberculosis es una enfermedad romántica. ¿Es así realmente? ¿Pudo existir una mutación que hizo que el bacilo de Koch adquiriera nueva virulencia, o todo es una simple impresión, producto del hecho de que unos cuantos literatos o artistas románticos murieron tuberculosos? ¿O bien es que antes se había confundido la tuberculosis con otras enfermedades pulmonares? La discusión continúa, y no cabe decidirse sobre ella.

Lo cierto es que muchos médicos se dedicaron a estudiar detenidamente la tuberculosis y la forma de combatirla. Uno de ellos fue el citado Bayle. Pero sin duda el más luchador fue Theophile Laennec (1781-1826). Uno de sus descubrimientos fue el estetoscopio, un aparato muy sencillo que facilita la auscultación. A muchos pacientes les molestaba que el médico aplicara el oído a su cuerpo; las mujeres, especialmente, sentían un cierto pudor. El estetoscopio no solo evitaba estos inconvenientes, sino que permitía escuchar mejor los ruidos internos, y localizarlos con precisión, según el punto sobre el que se aplicaba sucesivamente el aparato. Laennec aprendió mucho sobre las dificultades respiratorias y sobre la frecuencia o las irregularidades cardíacas. Muchas de sus indicaciones siguen conservando hoy validez. Pero sobre todo, se aplicó al caso de la tuberculosis, cuyos síntomas determinó muy bien. Ganó batallas, perdió la guerra. Murió a los 45 años, víctima de la enfermedad con la que había estado en tan estrecho contacto. Fue, si se quiere, un mártir de la ciencia. Aquellas batallas acabarían por surtir resultados, y eso es lo que la humanidad debe agradecerle.

La actitud positivista
y la gloria de la ciencia

Decía un personaje de Dickens: «lo que yo quiero son hechos; hechos es lo que hace falta en el mundo. Es preciso desterrar para siempre la palabra *imaginación*». La imaginación había sido una cualidad propia del hombre romántico; Dickens, autor realista, quiere hechos, se atiene a los hechos, no a las fantasías. Está expresando claramente un cambio de mentalidad, una mentalidad que deja atrás las formas del romanticismo. El sentido realista hace decir a un científico y divulgador de la ciencia, François Arago, allá por 1850: «no es con bellas palabras como se obtiene el azúcar de la remolacha, ni con versos alejandrinos como se extrae la sosa de la sal marina». Es la afirmación de un positivista que fue en vida, aunque no romántico, muy combativo. ¿Nos sentimos movidos a darle la razón? Por supuesto, la poesía no sirve para esas cosas, pero muchas personas de categoría tienen derecho a pensar que «sirve» para algo muy importante. Lo que interesa a Arago es defender aquellos conocimientos encaminados a fines prácticos. Otra cita que también puede parecernos necesitada de matización es del gran creador de la medicina experimental, Claude Bernard: «Kant, Hegel, Schelling, etc., no introdujeron la más insignificante verdad en la tierra. Solo los científicos pueden hacerlo». De nuevo el desprecio a las actividades del espíritu que

173

no son ciencia. Millones de personas alegarían que la filosofía busca encontrar la verdad tanto como la ciencia misma, y no tiene por qué ser, en sí, menos rigurosa ni menos respetable. Pero aquí, como es frecuente en la época, hallamos una militante defensa del conocimiento práctico. La nueva mentalidad alcanzó a todos los órdenes. Un ministro de Napoleón III, Émile Olivier observaba en un discurso que «hemos acumulado en nuestros corazones suficientes imágenes, demasiados sueños... Para que todo eso sea útil, debemos colmarnos de hechos prácticos».

Probablemente no son necesarias más citas. Llegó un momento en que, dentro de nuestra cultura occidental, el romanticismo soñador, que cultivaba las leyendas, las quimeras, los sueños imposibles, y que concedía en el campo del arte y de las costumbres, tanta o más importancia al corazón que a la cabeza, apareció de pronto como pasado de moda, y se impuso lo práctico, lo útil, lo que da resultado. Esta nueva actitud se denomina, en el arte y la literatura, realismo; en la ciencia, y también por lo que se refiere a cierto modo de entender la vida, positivismo. No cabe duda de que la nueva mentalidad es más pragmática, en algunos aspectos también más materialista. No se trata en este punto de destacar los aspectos positivos o negativos que pueda tener en la vida y en las conciencias; sí es evidente que esa nueva mentalidad estaba a favor de una concepción más científica del mundo, e iba a favorecer como pocas en la historia el desarrollo de la ciencia y sobre todo el de sus aplicaciones.

La edad del optimismo por naturaleza es la positivista. Nunca estuvo el hombre tan seguro de su porvenir en este mundo, del avance del Progreso como en la segunda mitad del siglo XIX. Y ello gracias justamente a su ilimitada confianza en una ciencia que estaba cambiando el planeta y las condiciones de la vida del hombre civilizado sobre él. La ciencia conduce al progreso y permite formas de desarrollo cada vez más avanzado; y a su vez el progreso dota de nuevos medios al científico, que ahora ve facilitada su labor, y se siente alentado y apoyado como nunca lo había sido. Una concepción basada en la práctica y la eficacia provoca tres hechos espectaculares: a) un avance de las ciencias que desborda todos los precedentes, sobre todo en aquello que respecta al conocimiento aplicado; b) una modificación sustancial de los medios que de pronto son puestos a disposición del hombre, y por tanto un progreso imparable de eso que se conoce como *civilización*; y c) el dominio del mundo, mares, tierras, montañas, selvas y desiertos, por el hombre de Occidente, como jamás se había visto. Las repercusiones de estos hechos son espectaculares. Como observa Stephen Toulmin con referencia a la ciencia y la técnica de la segunda mitad del siglo XIX, «muy pocos sueños colectivos de los hombres se han realizado de forma tan completa como éste». Tratemos de estudiar —de momento sin pararnos a aventurar ventajas o inconvenientes— esta increíble aventura.

Augusto Comte y la divinización de la ciencia

Puede parecer una gran paradoja —y muy probablemente lo es— que el gran adalid del positivismo haya sido un romántico soñador. Augusto Comte (1798-1857) fue un filósofo francés, discípulo de un socialista utópico, Henri de Saint-Simon, que soñaba una humanidad fraterna y feliz. Desde su adolescencia, estuvo preocupado por la idea de que Europa se encontraba en crisis, sin criterios de seguridad moral, sin certezas absolutas. Se había caído en una «anarquía espiritual». ¿Cuál era la causa de tal fenómeno? Comte estimó que se trataba de un debilitamiento de las creencias religiosas. La Revolución había destruido los presupuestos del Antiguo Régimen, y el sistema de respetos en que se basaba. Los principios que permitían al hombre estar absolutamente seguro de un sistema de certezas se habían oscurecido (el mismo Comte no era creyente); y, por eso se hacía necesario encontrar un sistema cuyos postulados nadie pudiera discutir, capaz de permitir un grado de certidumbre absoluta. Y esa certidumbre solo podía proporcionarla, a su juicio, la ciencia.

Ahora bien: las ciencias se habían equivocado durante mucho tiempo. Era preciso llegar a un grado de conocimiento científico sin posible recurso en contra. Comte, con un ensayismo harto discutible, creyó encontrar una ley de la evolución de todas las ciencias. «Estudiando el desarrollo total de la inteligencia humana —escribió en su «Curso de filosofía positiva»— creo haber descubierto una gran ley fundamental... Esta ley consiste en que cada rama de nuestros conocimientos... pasa sucesivamente por tres estadios teóricos diferentes: el estadio teológico, el estadio metafísico y el estado positivo, que es el verdaderamente científico». Es lo que se ha llamado «la ley de los tres estados», aunque parece preferible hablar de «estadios» o etapas. Esta triple división, que Comte considera como una especie de ley universal, es tal vez lo más forzado de su teoría. ¿En qué consiste esa pretendida evolución inevitable? En que cuando una ciencia atraviesa su estadio teológico, se atribuyen los fenómenos naturales a una causa trascendente. Zeus era para los antiguos la causa de los truenos. Durante el estadio metafísico, se teorizan los fenómenos, pero no se analizan; se permanece en una estéril abstracción, que se pierde en conceptos universales, pero no concreta. Así la distinción entre materia prima y forma sustancial. Cuando llega el estadio positivo, el conocimiento abandona las explicaciones teóricas y se funda en la observación de los hechos, para determinar sus leyes.

En la concepción de Comte, todos los fenómenos se ajustan a unas leyes inmutables y eternas. Estas leyes se obtienen por inducción, esto es, por la repetición de los fenómenos mediante la observación, y, más aun, mediante la experimentación. Si no conocemos la ley que rige el comportamiento de un fenómeno determinado, es que aún no hemos observado o experimentado ese fenómeno de la manera conveniente. Pero todo obedece a leyes naturales, y llegamos al conocimiento de esas leyes cuando las hemos experimentado un número «suficiente» de veces, cuando ya no puede caber duda de que el fenómeno se repetirá cuantas veces lo experimentemos. El conocimiento de las leyes de la naturaleza conduce a un grado de certeza absoluta, porque esas leyes no pueden fallar. Y la certeza, lo absolutamente seguro, lo siempre constatable, es la base de la verdadera ciencia. Cuando la conocemos, se alejará de nuestro espíritu el fantasma de la duda.

Ahora bien: no todas las ciencias, dice Comte, han llegado al estadio positivo. Algunas sí lo han alcanzado, y pueden considerarse «infalibles». Por ejemplo, la cabalística, con sus números simbólicos de significados mágicos, se ha convertido en matemática, y la matemática no se engaña. La astrología, que atribuía a los cuerpos celestes misteriosas influencias sobre los hombres o los acontecimientos, se ha convertido en astronomía, y la astronomía es ya una ciencia absolutamente racional, en que los hechos, como las órbitas o los eclipses, pueden predecirse, y se cumplen inexorablemente. La alquimia, que creía en elixires mágicos o pretendía obtener oro mediante la piedra filosofal, se está convirtiendo en química, una ciencia en que las combinaciones de los cuerpos pueden formularse y predecirse. La física se está convirtiendo también en una ciencia, conforme se conocen los fenómenos y sus leyes; la medicina progresa, y se están desterrando viejos prejuicios: pronto será una ciencia con todas las de la ley. Otras se encuentran más retrasadas, especialmente las que estudian el hombre: la biología, la etnología, la antropología. Comte pretendía sobre todo dominar las leyes que rigen los comportamientos humanos. Todavía no conocemos cómo y por qué obramos como obramos; pero en el futuro lo sabremos, y el filósofo francés espera pronto conocerlo: «Haré evidente —escribe a su amigo Vallot— que hay leyes tan determinadas para el desarrollo de la especie humana como para la caída de la piedra». Y el día en que puedan conocerse esas leyes, podremos dominar los secretos del hombre y modificar aquellos factores que los perturban. En el futuro, dominadas las ciencias que explican el mecanismo mediante el cual hacemos esto o lo otro, o no hacemos lo que debemos, habremos encontrado el camino de la felicidad, de la justicia en las relaciones humanas, de una auténtica solidaridad, que Comte creía posible alcanzar por medios estrictamente científicos.

Al final, el filósofo francés cayó, paradójicamente, en una especie de exaltación mística, y creyó en un progreso absoluto, continuo y necesario, gracias al método que creía haber descubierto. Imaginaba una sociedad regida por sabios —solo por ellos, por tanto muy poco democrática, en el sentido que hoy damos a esta palabra—, y acabó erigiendo la «Nueva Religión de la Humanidad», una religión que identificaba con la Ciencia, pero que no dejaba de tener sus formas de culto. Los grandes sabios serían los sacerdotes, habría templos, liturgia, sacramentos y hasta un nuevo calendario. Se establecieron templos positivistas en Europa y América. En ellos se adoraba sobre un altar una pequeña locomotora, como símbolo del Progreso. Y este Progreso garantizaba de una vez para siempre la felicidad del género humano. Aún quedan algunos templos positivistas, por ejemplo, en Brasil.

Es muy difícil asegurar que la utópica filosofía positivista haya originado la *actitud científica positivista*, tal como históricamente la conocemos, y el cientifismo como principio dominante en la segunda mitad del siglo XIX. El positivismo científico es todo lo opuesto al idealismo soñador de Comte que podamos imaginar. ¿Fue todo una simple coincidencia? ¿Imprimió el filósofo francés un decisivo golpe de timón a la historia, o ese giro se hubiera experimentado de todas formas? Algo hay de común entre la *nueva religión de la humanidad* del pensamiento comtiano y la concepción de la ciencia como una realidad sagrada e infalible por parte de algunos miembros del cientifismo. He aquí algunas citas llamativas. Etienne Vacherot: «Nosotros creemos en el dogma del Progreso como el creyente en su fe». Ernest Renan: «La ciencia es una religión; la ciencia por sí sola resuelve para el hombre los problemas eternos, de los cuales su naturaleza exige imperiosamente la solución». Pierre Berthelot: «La ciencia es la bienhechora de la humanidad, y como tal reclama la dirección intelectual y moral de las sociedades. Del conocimiento de la ciencia derivará un hombre no solo cada vez más sabio, sino cada vez mejor y cada vez más feliz». De esta concepción derivan dos actitudes: una es la absoluta seguridad del hombre positivista en la capacidad de la ciencia para hacer cada vez más felices a los hombres y llevarles a la verdad integral. La otra es la que pudiéramos llamar el «orgullo del sabio», infatuado y dogmático. Por fortuna no todos los sabios del positivismo, sino más bien una minoría y sobre todo los menos cualificados, hicieron gala de este orgullo, que es tal vez el rasgo más antipático del científico positivista. La mayoría de ellos, y muy especialmente los más eminentes, fueron más bien hombres sencillos y nada pretenciosos. Con todo, es preciso tener en cuenta que el cientifismo o cientificismo constituye un movimiento de seguridad absoluta en el progreso del hombre y su futura y total felicidad gracias a los avances de la ciencia. Sea lo que fuere, el orgullo positivista y su tremenda seguridad caerían dramáticamente por los suelos a raíz de la revolución científica de comienzos del siglo XX.

La ciencia positivista progresó de manera espectacular en la segunda mitad del siglo XIX. Descubrió leyes y aplicaciones, pues estuvo dotada de un sentido eminentemente práctico. El optimismo quedaba en buena parte justificado por los resultados que se obtenían. Su limitación radicaba en el hecho de que se conformaba con la constatación de los fenómenos, en la «fisis» o forma de manifestarse las cosas, en lo que de ellas puede contarse, medirse, pesarse, no en lo que son las cosas, y menos en la comprensión de su porqué. El positivismo huye como del fuego de las últimas preguntas. Se queda en los comportamientos, u —hoy lo sabemos— en la apariencia de esos comportamientos. Aquella actitud supuso una limitación, quién lo duda, pero tampoco puede criticarse sin más el método, la observación y la experimentación continuada de los científicos de la segunda mitad del siglo XIX.

La nueva imagen del Universo

El progreso de la astronomía en la centuria decimonónica, y en particular durante su segunda mitad, fue impresionante. Sobre todo, se fue pasando de la astronomía de posición a la moderna ciencia de la *astrofísica*. La astronomía de posición, cultivada especialmante en los siglos XVII y XVIII, calculaba de forma cada vez más perfecta el lugar exacto que ocupaban los astros en la bóveda celeste, sus movimientos, sus órbitas y permitía por tanto determinar con exactitud sus *efemérides*, es decir, predecir las posiciones que habrían de ocupar en tiempos sucesivos. Los astrónomos, desde la antigüedad, se habían preocupado de hacer efemérides, pero el grado de precisión con que podían predecirse los fenómenos astronómicos desde el siglo XVIII llegó a parecer casi milagroso. Ello fue debido a la observación con instrumentos de medida muy precisos y a los progresos realmente admirables en el cálculo. Pero en el siglo XIX va naciendo la astrofísica, que no se conforma con predecir los eclipses de sol, sino que pretende estudiar el sol, o comprender cuál es la causa de que sea una inagotable fuente de luz y calor. Ni es suficiente trazar un mapa detalladísimo de la posición de las estrellas, sino de saber qué son las estrellas, cuál es su naturaleza, cuál es su origen, su evolución, su muerte.

El planeta Urano había sido descubierto por Herschel en 1781; Neptuno, el gran planeta siguiente, en 1846. Sólo transcurrieron sesenta y cinco años entre un descubrimiento y otro, después de milenios en que no se imaginaba la existencia de más planetas. Pero el descubrimiento de Neptuno se operó de una manera completamente distinta, como símbolo de los nuevos métodos utilizados por el hombre. Efectivamente, se había comprobado que el movimiento de Urano a lo largo de su órbita no se ajustaba exactamente a los cálculos: unas veces se adelantaba ligeramente y en otras ocasiones se retrasaba. No cabía admitir ningún capricho en el movimiento de un planeta. Tenía que existir una causa capaz de provocar tales anomalías, y esta causa no podía tener sino una naturaleza gravitatoria. En otras palabras, el movimiento de Neptuno era perturbado por la atracción de otro planeta desconocido. En 1843, la Academia de Ciencias de Göttingen ofreció un premio a quien descubriese el astro perturbador. Numerosos científicos se lanzaron a la búsqueda del desconocido, no mediante la observación telescópica, que hubiera significado buscar una aguja en un pajar (¡qué enorme suerte había tenido Herschel al encontrar Urano!), sino por métodos de cálculo muy sofisticados.

En septiembre de 1846 un calculista muy meticuloso (tan meticuloso que sus compañeros le juzgaban antipático), Urbain Leverrier, concluyó su larguísimo proceso, y escribió al director del observatorio de Berlín, J.G. Galle, que observase el punto del cielo en que tenía que estar el astro misterioso. Solo cinco días bastaron a Galle para encontrar un disquito azulado que no era una estrella, y no figuraba en los mapas. ¡Un nuevo planeta! Grande como Urano, a 4.500 millones de kilómetros de distancia, y recorriendo una enorme órbita que tarda 165 años en completar. Ya no quedaban dioses de la mitología que continuar en orden ascendente, y al nuevo miembro del sistema solar se le dio el nombre de Neptuno, el dios de la profundidad de las aguas. Pero lo impresionante no fue el descubrimiento en sí, sino la forma de realizarlo: mediante el cálculo. La observación no hizo más que refrendarlo. «Con la punta de su pluma —escribía el científico y político François Arago— ha encontrado Leverrier un nuevo mundo». Era un motivo de orgullo para la nueva forma de concebir la ciencia. También un motivo de orgullo para Francia. Leverrier pasó a convertirse de hombre desagradablemente meticuloso en héroe nacional. La discusión vino después. Pronto se supo que dos años antes que Leverrier, el inglés John Couch Adams había determinado la posición de Neptuno con la misma exactitud; pero los astrónomos Airy y Challis, a los que había escrito, no hicieron gran caso de aquel casi desconocido, y no se habían molestado en escudriñar el cielo. Fue una cuestión

nacional, como la ocurrida casi doscientos años antes con Newton y Leibniz. Pero esta vez no hubo violentas discusiones: la comunidad científica reconoció conjuntamente a Leverrier y a
Adams como descubridores de Neptuno.

Ya se conocían las distancias de la Tierra a la luna y de la
Tierra al sol. Las distancias a los planetas pudieron ser calcula-
das aplicando la tercera ley de Kepler. Pero, ¿y la distancia a las
estrellas? Se suponía que era enorme, cuando no infinita, y todos los esfuerzos que se habían realizado resultaron inútiles.
Una pista de valor inestimable la proporcionó Giuseppe Piazzi,
a quien ya conocemos como el descubridor del primero de los
asteroides, Ceres (vid. pág. 141). En los años siguientes hizo
Piazzi un completo catálogo de más de 7.000 estrellas. Era una
tarea muy del siglo XVIII, que él quiso completar. Y se encontró
con que una de aquellas estrellas, la 61 del Cisne, no ocupaba el
mismo lugar que había registrado Hevelius en 1690. Era extraño: Hevelius fue un muy concienzudo observador. ¿Error en
el catálogo? Era lo más probable, pero Piazzi, con su prudencia
acostumbrada, anotó el dato y se dispuso a esperar. En 1816
volvió a medir la posición de la 61 del Cisne: con asombro descubrió que se había movido un poco más; la estrella se despla-
zaba hacia el norte. Piazzi siguió esperando, y al fin en 1823 dio
a conocer a la comunidad científica que había descubierto una
estrella que se movía entre las demás. La llamó «la estrella volante». Sorpresa en todo el mundo. Desde siempre se había admitido que las estrellas, situadas a una distancia infinita o casi
infinita, ocupan siempre el mismo lugar en la esfera celeste:
desde los tiempos de los egipcios, si queremos más exactitud,
desde los tiempos de Ptolomeo, se mantenían en la misma posición unas con respecto a otras. Y he aquí que hay una estrella
que se mueve.

Nadie podía explicarse el fenómeno. Hasta que en 1831, el
más grande matemático de su tiempo, Wilhelm Bessel intuyó que
la 61 del Cisne mostraba un movimiento apreciable, no por ser
una estrella *distinta* a las demás, sino por ser una estrella *cercana*. Él conocía muy bien el efecto de paralaje, producido por la
perspectiva. Todos sabemos muy bien que cuando viajamos en
tren, los postes o los árboles cercanos parecen quedarse atrás con
gran rapidez, mientras que un castillo o una montaña, vistos a
distancia, parecen moverse muy lentamente. Si la estrella denun-

ciada por Piazzi estaba más cercana al sol que las demás, su distancia podía ser medida por un método muy sencillo. Puesto que la Tierra gira alrededor del sol, y la distancia al sol es de 150 millones de kilómetros, está claro que el 1º de julio nos encontramos a 300 millones de kilómetros del lugar que ocupábamos el 1º de enero. Naturalmente que las determinaciones de Bessel fueron infinitamente más complicadas de lo que parece; pero en sus líneas generales podemos admitir que tomó como base de un triángulo el diámetro de la órbita terrestre. Disponía, gracias a la prodigiosa técnica del siglo XIX, de instrumentos para medir ángulos de extraordinaria precisión. ¡Y acertó! La posición exacta de la 61 del Cisne, con respecto a las demás estrellas, no era la misma un día determinado que seis meses más tarde. El efecto de perspectiva fue medido una y otra vez. La desviación de la estrella, vista desde dos puntos opuestos de la órbita terrestre resultó ser de 0"585, un ángulo pequeñísimo, que ningún ojo humano es capaz de apreciar ni remotamente. Pero es un ángulo, al fin y al cabo. Bessel calculó que la distancia a la 61 del Cisne es de 105 billones de kilómetros. Las grandes cifras nos proporcionan una idea muy grosera de la realidad. Algo más expresiva es una forma de mencionar las distancias estelares que aún se mantiene hoy día: el año-luz. La luz, que se mueve a una velocidad de 300.000 km/s. y por tanto puede recorrer una distancia equivalente a siete vueltas al mundo por cada latido de nuestro corazón, tarda dieciséis años en llegar de la 61 del Cisne hasta nosotros. El mundo se admiró ante las «cifras astronómicas» que son capaces de medir los científicos.

A fines del siglo XIX se había podido medir geométricamente la distancia de unas 60 estrellas. Otras distancias se determinaron de forma aproximada, teniendo en cuenta el color y la composición. Quedaba perfectamente claro: la distancia a las estrellas, siempre asombrosa, es mucho mayor en unos casos que en otros. Pero no siempre su brillo aparente tiene que ver con su lejanía. Hay estrellas relativamente cercanas que no se ven sino con un potente telescopio, en tanto hay otras cuya paralaje no se pudo determinar en el siglo XIX, y deben encontrarse a distancias inmensas, y sin embargo, figuran entre las más brillantes del firmamento. Hay por tanto estrellas gigantes y estrellas enanas (si concedemos a la palabra «enana» un sentido muy relativo). Y, era curioso, las estrellas rojas parecían ser las más gigantes o bien las más enanas: este misterio no podría descifrarse hasta el siglo XX. Ya es sabido que Kirchoff había conseguido conocer mediante análisis espectral la composicion del sol (vid. pág. 167). Más tarde, y sobre todo en la segunda mitad del siglo XIX, se conocieron los espectros de numerosas estrellas, y se comprobó que el Universo entero está formado por elementos químicos ya conocidos en la Tierra. Por otra parte, se dedujo que las estrellas azuladas son más calientes que las rojizas.

Los sabios no consiguieron adquirir ideas claras sobre la relación de colores, masas y temperaturas de las estrellas, ni tampoco sobre su evolución, pues algo parecía indicar que las estrellas nacen, se desarrollan y acaban por extinguirse, aunque en periodos larguísimos de tiempo. Y, lo que era más interesante todavía, no se sabía de dónde procede la fabulosa energía de las estrellas. La idea de que aquellas inmensas masas de gas se calientan por compresión —pues ya entonces se conocía la teoría cinética de los gases— se vino pronto abajo. El sol no podría tener más allá de 300.000 años de antigüedad, cuando está claro que calentaba a la Tierra desde hace millones de años. Pero la ciencia positivista no se arrugaba ante las ignorancias. Sabía que se encontraba en el buen camino, y, progresando por él, todos los misterios habrían de resolverse con el tiempo.

La ciencia positivista no solo alentaba la absoluta seguridad del hombre en el progreso de su conocimiento, sino que gustaba de escandalizar a las mentes más conservadoras. Daba por supuesta la existencia de un Universo infinito y eterno —por tanto increado—, aunque ninguna ley o ninguna constatación cierta podía asegurarlo. El positivismo, en virtud de su concepción inmanente de la razón y de la capacidad de averiguación científica del hombre, no pudo evitar caer en la contradicción de los dogmatismos. Y también estaban de moda los destronamientos. En tiempos de Copérnico la Tierra había sido destronada como centro del Cosmos. Ahora le tocaba el turno al sol, que era simplemente una estrella como cualquier otra, y no precisamente de las más grandes o de las más luminosas. Un nuevo tipo de destronamiento, aunque a escala menos enorme que la del mundo estelar comenzó a defenderse antes de que terminara el siglo XIX. En 1881, el italiano Schiaparelli descubrió unas líneas finas y rectas que atravesaban la superficie rojizoamarillenta del planeta Marte. Les llamó «canales» de manera convencional, sin pretender dar a la palabra connotación alguna; pero muy pronto empezó a hablarse de los «canales» de Marte como obra de seres inteligentes, dotados de una técnica muy superior a la del hombre, porque aquellas supuestas obras de ingeniería tenían miles de kilómetros de longitud y parecían trazadas con suma perfección. Se dijo que Marte, un mundo viejo y en gran parte desértico, estaba habitado por unos seres de larga historia y amplio desarrollo tecnológico, que habían trazado aquellas construcciones para aprovechar la poca agua que quedaba en el planeta. El millonario americano Percival Lowell, entusiasmado por la idea, hizo construir en Flagstaff, Arizona, el mayor observatorio del mundo, dedicado especialmente al estudio de Marte. El propio Lowell llegó a trazar dibujos de una red increíble de «canales» que recordaban a un mapa de ferrocarriles. No solo existían seres extraterrestres, sino que, al menos los marcianos, eran más inteligentes y adelantados que nosotros. El astrónomo C. Flammarion escribió un libro, *La pluralité des mondes habités*, que en 1892 conoció 36 ediciones. Y el novelista británico H. G. Wells publicó en 1898 *La guerra de los mundos*, en que se relataba la invasión de la Tierra por los marcianos. La obra causó sensación, y hasta en muchos casos movimientos de pánico. El afán iconoclasta del positivismo tuvo estas consecuencias paradójicas: por un lado, el hombre está en el verdadero camino del progreso y del conocimiento universal; pero al mismo tiempo aparece como un ser limitado y amenazado. Otras humillaciones esperaban al género humano fruto de los avances científicos de entonces[1].

El conocimiento del mundo

En el siglo XIX el hombre occidental coronó la exploración del mundo entero, hasta sus últimos detalles, y también, en gran manera, lo dominó mediante su presencia y control. La exploración del mundo, que es el aspecto que en este punto nos interesa,

---

[1] Es difícil comprender cómo Schiaparelli, Lowell o Antoniadi lograron «ver» tantos y tan perfectos canales en Marte. Hoy sabemos muy bien que no existen. Se trató, sin duda, de confusiones ópticas. La vista tiende a hacernos creer que son regulares formaciones muy lejanas y confusas que no podemos columbrar con seguridad. Las letras de un libro, a dos metros de distancia, nos parecen líneas rectas y continuas.

constituye una mezcla de aventuras y misiones científicas dotada de un atractivo especial. La simple exploración de mares desconocidos y tierras exóticas ya no tiene sentido si no va acompañada por el estudio y el análisis sistemático. De este interés derivó un grado de conocimiento como nunca hasta entonces se había alcanzado sobre la realidad del mundo en que vivimos y los procesos que han contribuido a su formación.

Las dos expediciones marítimas más famosas del siglo fueron la realizada por Robert Fitz-Roy en 1836-1841, y por Charles Wyville-Thomson en 1872-76, ambas con el patrocinio de la Corona británica. El capitán Fitz-Roy embarcó en el *Beagle* a todo un equipo de astrónomos, oceanógrafos, naturalistas, geógrafos, físicos, botánicos. Nunca un barco había albergado a tantos científicos. El *Beagle* atravesó el Atlántico, exploró las costas brasileñas y patagónicas, y después de invernar antes de lanzarse a la parte más difícil de la aventura, exploró el estrecho de Magallanes y encontró en él un paso más corto, el que sigue llamándose Canal de Beagle. Allí los expedicionarios midieron cuidadosamente la talla de los patagones y la longitud de sus pies. Desde el viaje de Magallanes y los relatos un poco exagerados de su cronista Pigafetta, se pensaba que los habitantes de la Tierra del Fuego eran gigantes dotados de pies enormes, a cuya sombra podían tumbados dormir la siesta. Todo se debe, al parecer, a las huellas dejadas en las playas por los grandes mocasines usados por los patagones. Aquellos aborígenes de gigantes no tenían nada, y sus pies eran más bien pequeños.

Ya en el Pacífico, los expedicionarios confirmaron la idea de la corriente fría de Humboldt, y midieron la temperatura de las aguas. En las islas Galápagos un médico naturalista, Charles Darwin, observó que la diferencia entre estructura somática de las tortugas y ciertas aves variaba ligeramente de isla en isla, y siempre de manera progresiva conforme se avanzaba en la misma dirección. De aquella curiosa observación obtendría Darwin más tarde las más asombrosas consecuencias. Los del *Beagle* confirmaron —falsamente— que el Chimborazo era la montaña más elevada del mundo. Descubrieron multitud de archipiélagos en el Pacífico, y después de una larguísima travesía observaron con sorpresa que Nueva Zelanda era un país «europeo» por su clima y su paisaje, totalmente apto para ser colonizado. Conocieron mejor Indonesia y la naturaleza del océano Índico. Exploraron el sur de África, descubrieron la corriente de Namibia, y siguieron con detalle no solo la costa africana, sino las sorprendentes variaciones del clima de un extremo a otro. Realizaron un detallado estudio de las islas de Cabo Verde, y al fin, después de un viaje de cinco años, recalaron en Londres, donde publicaron los más interesantes informes. La memoria de Fitz-Roy ocupaba dos tomos; la de Darwin, uno. Aquellos textos son una mezcla curiosa de admiración ante paisajes exóticos y vírgenes, llenos de fascinante belleza, entre continuas aventuras, y un estudio científico detallado y riguroso de las realidades físicas y biológicas del planeta.

A mediados del siglo, el americano F. Maury realizó un estudio oceanográfico para determinar los vientos y las corrientes más frecuentes en los océanos. El barco de vela no debía escoger la ruta más corta, sino la de vientos más favorables. Gracias a las indicaciones de Maury, el viaje de San Francisco a Guayaquil pasó a durar de 41 a 18 días. De Nueva York a California (por Magallanes) se tardaban 180 días; Maury los redujo a 100. El trayecto de ida y vuelta Londres-Sidney se completaba en 205 días. Maury propuso una ruta, dando la vuelta al mundo, que podía hacer lo mismo en 130 días. El trabajo de Maury hubiera sido una revolución en el arte de navegar si bien pronto no se hubiera impuesto el barco de vapor en mares abiertos. Poco más tarde, Brooke inventaba un nuevo tipo de sonda que no se desviaba de la vertical, y cuyas medidas de los fondos marinos eran completamente fiables.

El último de los grandes viajes científicos fue el del *Challenger*, un navío mixto de vela y vapor, provisto de grúas, cabrias, sondas, y capaz de enfrentarse a las condiciones más difíciles. Su comandante, Charles Wyville-Thomson, era ya un experto oceanógrafo, y con él viajaron científicos de todas clases. En cuatro años (1872-1876) recorrieron 70.000 millas, cosa de 100.000 km, en un periplo doble que el del *Beagle*, pero de menor duración. Fue una vuelta al mundo con muchos zigzags, pues exploraron tanto las islas Aleutianas, en el Ártico, como las costas de la Antártida. Midieron la salinidad de las aguas, y las profundidades oceánicas (en la fosa de las Marianas la sonda descendió a 8.100 metros). Sorpresa: la temperatura de los mares desciende con la profundidad, pero se detiene en los 4° C. Es el punto de máxima densidad del agua. Si ésta se enfría más, sube, y si se hiela... flota, como ya todo el mundo sabía. Esta prodigiosa cualidad del agua (en estado sólido pesa menos que en estado líquido) es la causa de que el mundo no se convierta en un carámbano. De modo que por debajo de los hielos hay agua líquida y más templada. Otra sorpresa: el fondo de los mares no es una llanura fangosa, como se suponía. En las regiones abisales hay cordilleras, rocas, barrancos. Al fin se explicaba que los cables submarinos se rompieran con tanta frecuencia. Se estudiaron las corrientes, los vientos, la formación y evolución de las borrascas y su relación con la presión barométrica. Se intuyeron por primera vez los frentes de lluvias. Y durante el viaje se descubrieron más de 10.000 especies de seres vivos hasta entonces desconocidas. La memoria científica publicada por los sabios del *Challenger* ocupaba 40 tomos.

La exploración de las tierras requirió más bien iniciativas individuales. Fue aquella la época de las grandes aventuras pioneras por inmensas regiones desconocidas de África, Asia y Australia. El explorador es casi siempre un tipo curioso: curioso en dos sentidos, original en su carácter y forma de ser, y lleno de curiosidad. La mayoría no eran atletas, y algunos, como Rolhfst o Livingstone, enfermizos; pero dotados de una enorme voluntad, una fabulosa resistencia (Barth sobrevivió no solo a sus guías, sino a sus camellos), una especial capacidad de adaptación al medio, facilidad para aprender las lenguas indígenas y atraerse a los naturales, y hasta con una increíble facultad camaleónica: varios de ellos atravesaron países árabes disfrazados de peregrinos que decían ir a La Meca; aún no se sabe como Huc y Gabet consiguieron llegar a Lhassa, la Ciudad Prohibida, disfrazados de monjes budistas. Uno de aquellos exploradores, Nachtigal, escribió: «siento menos interés por mi vida que por mi curiosidad». Atravesaron selvas y desiertos, cruzaron altísimas cordilleras, estuvieron sometidos a todos los climas. Muchos murieron en su empresa, la mayoría regresaron y relataron sus aventuras en libros que fueron leídos por miles o millones de personas: pocas figuras hay más populares y admiradas en la segunda mitad del siglo XIX que la del explorador. La mayoría corren sus aventuras sin otro interés que el científico, y con escasos medios. Su actitud con los pueblos indígenas, al contrario de lo que luego pudo pasar con los colonizadores, fue cordial y generosa. Livingstone abandonó la búsqueda de las fuentes del Nilo, para quedarse con los naturales de Ujiji, a los que evangelizó, enseñó y curó, pues era médico. Savorgnan de Brazza aconsejaba: «permaneced en contacto con los indígenas. Esforzaos por conocer no solo su lengua, sino también su mentalidad. Visitad sus poblados, hablad con las mujeres y los niños. No llevéis armas ni escolta. Recordad que sois intrusos a los que no se os ha llamado». Y todos ellos, científicos o no, anotan los datos que pueden recabar, miden temperaturas o lluvias, estudian plantas, trazan mapas. Uno de ellos, Vogel, hacía buenos dibujos y logró cartografiar el lago Chad. Preguntado por los indígenas, respondió que lo hacía para conocer mejor el mundo. Aquellos hombres lo mataron para apoderarse de la varita mágica que empleaba, pero no consiguieron conocer mejor el mundo. La varita era un lápiz.

El interés por la exploración del planeta suscitó por toda Europa la fundación de Sociedades Geográficas. Las más importantes fueron las de Londres, París, Berlín, Lisboa, Turín, Viena. Según Miège, en 1881 contaban con 30.000 socios y publicaban 25 revistas. En 1860, más de la mitad de la superficie de los continentes era desconocida del hombre blanco. En 1880 se había llegado a todas partes, incluso a la Antártida. Solo restaban objetivos que estaban reservados al hombre del siglo XX: alcanzar los polos y ascender a la montaña más alta del globo (que resultó ser la descubierta en Nepal por lord George Everest). Conocido el mundo, era preciso representarlo de forma definitiva. Todos los mapas trazados hasta entonces eran parciales o defectuosos. En 1891 se constituyó en Berna la Comisión del Mapa Universal, bajo la dirección de Albrecht Penck, y comenzó a editarse un mapa completo y perfectamente detallado del globo, la «Carta del Mundo a la millonésima». Fue una labor inmensa, que exigió recabar millones de detalles y fijar su posición exacta. Otra medida obligada consistía en determinar un eje de coordenadas universal. No hubo problema con los paralelos, que se contaban por grados, minutos y segundos desde el ecuador (0° 00), al polo (90°00). La dificultad estribaba en los meridianos y en designar un meridiano central. El problema de las longitudes estaba ya resuelto gracias a los sextantes de precisión, y a los cronómetros; pero ¿dónde colocar el meridiano cero? Los franceses postularon París, la Ciudad Luz, capital de la cultura. Ya algunos países habían adoptado la «hora de París». Enseguida la recién unificada Alemania propuso Berlín. El meridiano de Berlín tiene la ventaja de que es aquel que atraviesa mayor extensión de tierras emergidas, desde el cabo Norte en el extremo de Noruega hasta la Ciudad del Cabo, en el extremo sur de África.

Resurgía la rivalidad francoalemana, muy avivada desde la guerra de 1871. Entonces surgió la candidatura de Londres, o más exactamente, para no favorecer a ninguna ciudad, la del observatorio de Greenwich, el más antiguo de Europa. El meridiano de Greenwich no atraviesa tantos países, pero tiene la ventaja de que el antimeridiano, la incómoda línea del cambio de fecha, va desde el estrecho de Behring hasta la Antártida: ¡no atraviesa ninguna tierra! Nadie saldría perjudicado. El meridiano de Greenwich como meridiano cero y la hora de Greenwich como referente del «tiempo universal» fueron adoptados en 1884. Ya era posible encerrar en un eje de coordenadas esféricas el planeta entero.

La antigüedad de la Tierra

Después de la geografía, tenía que venir la geología, la ciencia que estudia la estructura de la Tierra, y la formación de los continentes, de las montañas, las rocas o los fondos marinos. Pronto se unió el interés por esta estructura de nuestro planeta con el de su origen e historia: eran dos aspectos que no se podían separar. Desde un tiempo antes discutían los catastrofistas, que pensaban que en otro tiempo una serie de fenómenos violentos habían modelado la realidad de nuestro mundo, con los gradualistas, que pretendían que las condiciones que ahora obran sobre la superficie de la Tierra y modifican su aspecto fueron las mismas en todo tiempo. En ese caso, sería preciso admitir una antigüedad enorme del planeta que habitamos, ya que los fenómenos que ahora lo están modificando obran muy lentamente. También, por otra parte, discutían los neptunistas, que solo se explicaban las cosas suponiendo que por un tiempo todo el mundo estaba cubierto por las aguas (y de ahí la enorme cantidad y extensión de terrenos sedimentarios, y los fósiles de animales marinos que se encuentran en tierra firme), y los vulcanistas, que concedían más importancia al calor interno de la Tierra y su capacidad para fundir las rocas o provocar el alzamiento de las montañas.

El precursor de la ciencia geológica fue Charles Lyell, matemático y naturalista, que publicó *Principles of Geology*, un libro que fue evolucionando en sus distintas ediciones desde 1833 a 1863. Se opuso a los catastrofistas, y concibió un mundo que se fue formando muy lentamente, mediante una sucesiva superposición de capas. Por mucho que cavemos, siempre encontramos sedimentos distintos, que tuvieron que tardar miles o millones de años en formarse. Y cuanto más profundicemos, encontramos capas cada vez más antiguas. Por otra parte, las rocas emplearon también mucho tiempo en enfriarse, partirse, cristalizar o ser desgastadas por la erosión. También encontró Lyell fósiles de animales antiguos, que le dieron una idea del desarrollo de los seres vivos en las épocas geológicas, y de la relación entre las distintas especies de fósiles y las épocas en que parecen haber vivido. Si la idea de una Tierra enormemente antigua causó sensación y en muchos escándalo, más lo provocó la publicación en 1863 de *Geological evidence of antiquity of Man*. Lyell se equivocó al atribuir a los restos humanos una edad similar a la de las eras geológicas, pero parecía claro que el origen del hombre era mucho más antiguo de lo que se pensaba. En este sentido, Lyell cumple un papel fundamental en la nueva y transgresiva actitud del cienfífico positivista. Es la misma actitud que adoptó Lamarck en su comentario despectivo: «¡qué grande es la antigüedad del globo terrestre! ¡Y qué cortas las ideas de los que le atribuyen una edad de seis mil y pico de años!».

Entre 1860 y 1880 se fundamentaron con más seguridad los principios de la geología. Se supo que el mundo no se formó siempre con la misma cadencia, que se atravesaron épocas muy distintas, y cada una de ellas dejó su huella en forma de capas, rocas y sedimentos que pueden distinguirse con cierta facilidad unos de otros. No siempre es cierto que cuanto más se profundice se encuentran capas más antiguas. Hay en superficie rocas graníticas que parecen formadas en los primeros estadios de la historia del planeta, o a cierta profundidad se encuentran otras que parecen relativamente recientes. Se aprendió a distinguir los materiales de cada época y se supuso con más y más fundamento que fenómenos violentos (aunque tal vez muy duraderos) provocados por empujes y plegamientos invierten con frecuencia el nivel o la profundidad de los estratos. En las montañas es fácil ver algunos de estos estratos titánicamente retorcidos. Pero lo fundamental era distinguir las diferentes capas geológicas, identificar sus propiedades y datar, si no su antigüedad, sí cuando menos su orden cronológico. En esta tarea cumplió un papel importante Louis Agassiz, suizo, que comenzó estudiando los Alpes y trató de reconstruir su historia. En altas montañas encontró conchas y peces fósiles. Era cierto que aquellas tierras, ahora tan elevadas, estuvieron un tiempo en el fondo de los mares; pero Agassiz no se adhirió plenamente a la teoría neptunista: cabía la posibilidad de que capas terrestres situadas hoy muy por encima del nivel del mar hubiesen yacido en tiempos remotos en el fondo de los océanos; pero también es posible que terrenos submarinos hubiesen sido un día parte de continentes. La Tierra es un planeta inquieto, lleno de empujes, que pudo adoptar en otros tiempos configuraciones muy distintas. Otro descubrimiento de Suess fue que en gran parte de Europa existen formaciones de tipo similar a los glaciares suizos que él tan bien conocía, pero que se encuentran ahora en comarcas templadas: y dedujo que hace mucho tiempo existió una era glacial en que los hielos cubrían grandes extensiones de nuestro continente. Suess marchó a Estados Unidos, fue profesor de la Universidad de Harvard, y se dedicó a la zoología y a la oceanografía.

Dos grandes congresos, celebrados en París (1878) y en Bolonia (1881) sirvieron para que los especialistas se pusieran de acuerdo sobre la denominación de las capas geológicas. Se clasificaron cinco grandes eras: Arcaica, Primaria, Secundaria, Terciaria, Cuaternaria. En cierto modo, el Cuaternario es una especie de «regalo» a nuestro tiempo, ya que no constituye más que un diminuto apéndice del Terciario; pero es en él cuando aparece el hombre. La era Arcaica se caracteriza por rocas eruptivas muy antiguas, procedentes de una Tierra caliente y de fuerte actividad volcánica. La primaria conoce ya rocas compuestas, como el gneiss, las pizarras, y, por compresión de las masas arbóreas, las rocas carboníferas. La secundaria abunda en vida: grandes animales y peces, responsables en parte de abundantes depósitos de caliza. En la era terciaria se distinguen capas de arcilla, gredas, etc. En la Cuaternaria surgen las glaciaciones, y luego un «óptimo climatérico» en que ahora vivimos. Después se particularizó más y se dividieron los grandes periodos en subperiodos muy característicos, no tantos, sin embargo, como los que hoy se distinguen. Pero el esquema aceptado en el congreso de Bolonia sigue siendo válido en sus líneas generales. Y nadie se escandaliza de que el mundo haya tardado en formarse —se dice en el siglo XXI— 4.500 millones de años. Esa cifra es más asombrosa, y nos proporciona una idea de la grandiosidad de la Creación como tal vez los escandalizados de hace ciento veinte años no podían tener.

El evolucionismo y el origen del hombre

Charles Darwin no figuraba entre los científicos más famosos que vivieron la aventura del *Beagle* (vid. pág. 185). Era médico aficionado al naturalismo. Pero su ingenio y su intuición, sin duda también su facilidad para escribir de una manera atractiva, romántica, pero al mismo tiempo rigurosa, sus experiencias viajeras, contribuyeron a su prestigio y le ganaron miles de lectores. Darwin regresó del viaje enfermo de una dolencia tropical, no pudo llevar una vida activa, y se retiró al campo, donde se dedicó a rodearse de libros y recibir todos los informes que sus amigos le fueron enviando. Como ya sabemos, una sospecha le asaltó en su visita a las islas Galápagos, y quiso confirmarla mediante estudios muy pacientes. Al fin, en 1859, después de veintitrés años de trabajo, publicó su obra fundamental: *Sobre el origen de las especies por medio de la selección natural*. Ya la gente sabía que en aquel libro Darwin iba a hacer revelaciones sensacionales; y sus partidarios, quizá más entusiastas que él, se dedicaron a airearlo. Fue así que el mismo día en que apareció el libro se agotó su primera edición: jamás se recordaba semejante avidez de los lectores. Enseguida se hicieron nuevas ediciones, y la obra fue traducida a todos los idiomas cultos.

Darwin no era precisamente un experto en genética, una ciencia que no había nacido por entonces, pero sí sabía que los caracteres transmitidos de generación en generación admiten cierta holgura, porque los hijos no son un calco exacto de sus padres. Esta «holgura» puede admitir variaciones en un sentido o en otro, y si las sucesiones se operan de forma aleatoria, la especie no sufrirá alteraciones significativas; pero si actúa siempre —por causas exógenas— en la misma dirección, una especie puede evolucionar, e incluso, llegado el caso, transformarse en una especie distinta. Tres leyes o fuerzas operan en este proceso:

a) La adaptación al medio —intuida ya por Lamarck—, que premia al individuo más adaptable o mejor adaptado sobre el que menos capacidad tiene de hacerlo. Un cambio climático influye en la vida y la alimentación de las distintas especies, y prima a aquellas que son más capaces de adecuarse a las nuevas condiciones. Las especies que tienen menos capacidad de adaptación, emigran, se debilitan y tal vez acaban desapareciendo. Cualquier crisis de la naturaleza es un filtro por el que pasan solo los más capacitados.

b) La selección natural. Los miembros más dotados de una especie tienden a prevalecer mejor sobre las condiciones que han de soportar. Viven más tiempo, y, algo importante, se reproducen más, con más facilidad que otros, o con más frecuencia: y su descendencia hederará sus condiciones privilegiadas.

c) La lucha por la existencia. Los individuos más dotados de cada especie, o las especies más fuertes o inteligentes, vencen, expulsan, suprimen o devoran a los demás. La vida es una continua lucha. El ser vivo ha de alimentarse de otros seres vivos, vegetales o animales. Ha de ser implacable en esta lucha, o se debilitará y perecerá. La naturaleza no es un paraíso en que puedan convivir felizmente todos los seres, bien avenidos. Con frecuencia sobrevienen tiempos duros o necesidades apremiantes, y los más aptos tienden a prevalecer.

Es de esta forma como, en cambios paulatinos, muy lentos, pero obrando siempre en el mismo sentido, seres vivos de una misma variedad pueden llegar a hacerse de otra variedad, y en un tiempo mucho más lato todavía, llegar a constituir una nueva especie. La teoría era lo más sensacional que concebirse podía, pues que siempre se había supuesto que las especies animales son inmutables a lo largo de los tiempos. Cada especie es ella misma, y no cabe pensar en una transformación. Solo Darwin, recalcando la idea de la «holgura» de los caracteres genéticos, y la tendencia, por condiciones externas, a cambiar siempre en la misma dirección, podía insinuar un hecho tan inquietante como la evolución. Su tesis encerraba una idea muy cara al espíritu de los positivistas: la del progreso continuo y necesario. Si los individuos más dotados tienden a prevalecer sobre los menos dotados, y a transmitir a sus descendientes sus caracteres, es lógico suponer que las razas, las especies, las familias, son cada vez más perfectas; los seres menos preparados tienden a decaer o a extinguirse al cabo del tiempo. La perfección tiende a prevalecer en la naturaleza.

Ahora bien, Charles Darwin, hijo de un pastor anglicano y profundamente religioso él mismo, no incluyó entre las susceptibles de evolución a la especie humana. Tal vez dejaba entender que los caracteres somáticos del hombre son sensiblemente similares a los de los simios, pero reconocer una descendencia directa del ser humano respecto del mono le parecía una gravísima falta de respeto a la concepción del hombre no solo como hijo de Dios, sino a la de una creación directa, mediante las «manos» de Dios, que modeló el barro para dar existencia a ese ser excepcional y lleno de una especialísima dignidad que es el hombre. Es cierto, y ese aspecto comenzaba a considerarse poco a poco, que la vida se originó en la tierra mojada, esto es, en el barro: pero que el hombre hubiera de pasar por una transformación de especie en especie hasta llegar a la perfección suprema en este mundo, parecía una irreverencia que era necesario evitar. ¿Qué duda cabe de que Darwin pensó que el hombre desciende de los simios, pero jamás se le hubiera ocurrido expresar semejante idea? Fueron sus amigos, o sus más entusiastas partidarios, los que le presionaron para que hiciera públicas sus sospechas. Darwin se sintió cada vez más acosado, incluso también más adelantado por otros que se atrevían a insinuar lo que él no deseaba declarar. Las presiones continuaron hasta que en 1871, doce años después de su obra, se decidió a publicar *The Descent of Man*. Con la mayor delicadeza que le fue posible, confesó su sospecha: «Debemos reconocer, a lo que creo, que el ser humano, con sus nobles cualidades, con la consideración que siente por los más desdichados, con la benevolencia que muestra no solo hacia sus semejantes, sino con su simpatía hacia los seres vivientes más humildes, con su divina inteligencia, que le permitió descubrir los movimientos y la constitución de los astros, debemos reconocer que con todas sus sublimes facultades, el hombre lleva en su estructura somática el sello indeleble de su humilde origen».

La palabra que tantos estaban esperando que pronunciase, estaba dicha al fin. El escándalo de las personas más conservadoras ante la teoría darwinista fue más fuerte y más dramático que ante ningún otro descubrimiento de la ciencia positivista. Aquellos que profesaban una interpretación demasiado literal de los textos bíblicos se sintieron profundamente heridos. Y aun prescindiendo del sentido religioso, la idea de que el hombre desciende del mono parecía monstruosamente humillante para la dignidad de la naturaleza humana. Nimrod Reade refiere el caso de un joven que se suicidó después de leer a Darwin. Por otra parte, la teoría darwinista, si bien por un lado defendía la idea del progreso necesario, también insinuaba algo tremendo e implacable, una ley externa a nosotros mismos, a la cual estamos sujetos sin remedio todos los seres vivos: la lucha implacable por la existencia, con el prevalecimiento del más fuerte. ¿Qué duda cabe de que este principio inspiró una de las teorías más brutales de Nietzsche? Y más aún: la idea de ese «humilde», pero salvaje origen pudo inspirar también a Sigmund Freud la tesis de un inconsciente más fuerte —y más auténtico— que el consciente, y la enorme carga de bestialidad primitiva que se esconde todavía, latente, pero efectiva, en el corazón del hombre.

El impacto del evolucionismo en la conciencia de las personas cultas o semicultas de su época fue inmenso. Desiderio Papp comenta que «en toda la historia de la ciencia hubo muy pocos investigadores... que lograsen una repercusión tan poderosa como Charles Darwin». «Merced a su obra llegó a término, en la segunda mitad del siglo XIX, para el mundo de las estructuras vivas, una profunda innovación de ideas, semejante en sus alcances a la revolución copernicana que se produjo en el Renacimiento». O de alcances mucho más profundos: en primer lugar, porque afectaba no a la naturaleza inanimada, sino al hombre mismo; y en segundo lugar, porque se produjo en una época en que la difusión las ideas científicas llegaba a una proporción incomparablemente mayor de conciencias. Más que Darwin, fueron los entusiastas darwinistas los que procuraron esa difusión, y la llevaron hasta sus últimos extremos. Tan famoso en su tiempo como Darwin fue el sociólogo Herbert Spencer. Seguidor entusiasta de Comte, aunque a su manera, declaró en sus *Principios de Sociología* (1862) que «el progreso no es un accidente: es una necesidad». Y profetizó, como Comte, que, conocido suficientemente un individuo, podría profetizarse su comportamiento. El darwinismo vino a darle nuevas armas. La evolución biológica, es, según él, un proceso necesario e inevitable, que forma parte de un principio todavía más amplio. La ley fundamental que rige cualquier forma de vida es la de que «todo pasa de la homogeneidad indefinida a la heterogeneidad definida». Lo mismo en la evolución de las especies, que en el arte o en los idiomas, en las formas de gobierno. La idea era en aquellos tiempos tan sugestiva, que solamente en Estados Unidos se vendieron 368.000 ejemplares de la obra, sin contar las ediciones piratas, que fueron muchas. Todo parecía reducirse a leyes universales y eternas. Y el evolucionismo fue tan propagado y entusiásticamente defendido merced a la obra de Spencer como a la del propio Darwin.

La tesis del evolucionismo comenzó a cobrar un nuevo cariz a raíz de la publicación en 1894 de la tesis de Gregory Bateson (1861-1926), según la cual los cambios en las especies no se producen, como quería Darwin, por obra de variaciones casi insensibles de generación en generación, sino mediante saltos bruscos. Del evolucionismo se pasaba al transformismo. En 1901 Hugo de Vries (1848-1935) descubrió la teoría de las mutaciones, en el seno de una ciencia genética todavía en embrión. Hoy la concepción de De Vries como tal está superada, pero se estima la posibilidad de un «salto» que en el plazo de una generación puede dar lugar a una especie distinta. Se trata del fenómeno llamado «disociación». El ser vivo que ha sufrido este cambio en sus cromosomas (muy poco frecuente, pero posible), se vuelve infértil en su apareamiento con otros animales de su especie, a no ser que se cruce con una pareja que posea la misma mutación: entonces podría dar lugar a una especie nueva. Es lo que se llama «especiación instantánea». Lo que probablemente jamás lleguemos a saber es en qué momento exacto surgió la especie que conocemos como *Homo Sapiens*.

El imperio de la termodinámica

Desde los tiempos más remotos, el hombre conoció el uso del calor para combatir temperaturas muy inferiores a la de su cuerpo, para preparar alimentos, más tarde para fundir metales. Pero ignoraba las posibilidades del calor para realizar trabajo. Qué duda cabe de que la máquina de vapor fue la pionera de la revolución industrial, la que promovió el estudio del fenómeno del calor, sus manifestaciones y sus posibilidades de aprovechamiento. La ley de Gay Lussac, formulada en 1809, que relaciona la presión de un gas con la temperatura, constituyó el primer paso de una nueva especialidad de la física, la termodinámica, que alcanzó su edad de oro precisamente en la era positivista. La relación entre el calor, la presión, la fuerza, la energía, el trabajo, fue cuidadosamente estudiada, y se obtuvieron de aquellos estudios las más espectaculares consecuencias. Quedó claro que la energía cinética, aquella que anima a los cuerpos en movimiento, puede transformarse en energía calorífica. Una máquina en funcionamiento se calienta. Todo trabajo engendra calor, supone la conversión de la energía cinética en energía calorífica. Pero también, a la inversa, está claro que el calor engendra movimiento. La mayor parte del movimiento de máquinas o de medios de transporte que el hombre logró en el siglo XIX se basa en la expansión del vapor, o lo que es lo mismo, en la ley cinética de los gases. También el calor es el responsable de otro de los elementos fundamentales de la revolución industrial, la fusión de los metales, mediante los altos hornos, introducidos por Derby, perfeccionados por Bunsen y llevados a su máxima perfección por Siemens. Trabajos en otro tiempo irrealizables se hicieron posibles y hasta relativamente fáciles merced a una producción científica e industrial del calor.

Los principios de la termodinámica fueron desarrollados por Joule, Clausius, Helmholz y lord Kelvin. Parecen principios sencillos, a veces casi perogrullescos, pero tuvieron un inestimable valor lo mismo para conocer el calor y sus manifestaciones físicas que para obtener las más eficaces aplicaciones. John Maddox discute si el desarrollo del estudio de la termodinámica favoreció el aprovechamiento de la energía para fines prácticos o si fue este aprovechamiento (ya es sabido que los ingeniosos inventores tienen a veces un sentido de la intuición que no poseen los científicos) lo que favoreció el desarrollo de la ciencia en el campo de la termodinámica. Lo más probable es que ambos hechos se hayan influido recíprocamente.

James P. Joule (1818-1889) fue discípulo de Dalton, y figura como uno de los inventores del motor eléctrico. Se dedicó al estudio de la energía. Encontró, por ejemplo, que una corriente eléctrica, al fluir a través de un conductor, lo calienta (si este conductor ofrece fuerte resistencia, se calienta mucho: de ahí vendrán después el invento de la lámpara eléctrica y del horno eléctrico). Su más importante descubrimiento teórico fue el principio de la conservación de la energía: «en un sistema cerrado la energía total permanece constante». Cierto que puede transformarse, y de unas formas de energía se pasa a otras; pero la energía total se mantiene. Rudolf Clausius (1822-1888: el apellido no es una latinización, sino lituano) nació en Koscelin, ahora Polonia, y fue profesor en varias universidades alemanas. Perfeccionó la teoría cinética de los gases. Y en 1850 enunció el segundo principio de la termodinámica: «ningún proceso espontáneo puede permitir el paso del calor de un cuerpo a otro más caliente» (principio de la irreversibilidad de la energía). En 1865 bautizó a esta irreversibilidad como «entropía». El concepto de entropía se ha convertido con el tiempo en uno de los principios fundamentales de la termodinámica y hasta de nuestra idea del Universo entero. La energía se mantiene, ha dicho Joule, y tiene razón; pero no toda la energía utilizada es reutilizable en sentido inverso, y esta tendencia es la que desde el momento mismo de la Creación está enfriando al Universo. Hermann von Helmholtz (1821-1894), médico y físico insigne, pasó del estudio del calentamiento de los músculos por el trabajo, al tema, apasionante entonces, de la termodinámica, y supo expresar sus principios con fórmulas matemáticas impecables. Ludwig Boltzmann generalizó el concepto de entropía, y encontró una fórmula fundamental. Esta fórmula es la que figura sobre su tumba:

$$S = K. \log w$$

en que S es el valor de la entropía, K una constante descubierta por Boltzmann, y w el estado termodinámico de un gas. En una visión histórica no nos corresponde explicar ni desarrollar la ley de Boltzmann, pero sí recordar que por primera vez se escribe una fórmula fisicomatemática sobre una lápida funeraria, como símbolo del casi religioso respeto por la ciencia que existía en la era del positivismo.

Boltzmann descubrió en 1877 que el calor es producto del movimiento de las moléculas en un cuerpo: cuanto más rapido se mueven, mayor es la «cantidad de calor» de ese cuerpo. Comprendemos mejor que si mezclamos en un mismo recipiente dos líquidos a diferentes temperaturas, el caliente hace subir la temperatura del frío, pero a su vez pierde parte de su calor: la temperatura de la mezcla acaba por igualarse. ¡He aquí, en un ejemplo muy sencillo, una explicación de las dos leyes fundamentales de la termodinámica! La energía total se mantiene, pero el cuerpo caliente ya ha perdido su posibilidad de seguir calentando al frío. Esta irreversibilidad es justamente lo que llamamos entropía. La relación de la entropía con la «tendencia al desorden», relación universal e implacable, es uno de los temas más apasionantes de la ciencia en nuestros días, pero su desarrollo exigiría más extensión que la que es posible en este libro. Quede cuando menos fijada la idea de que la irreversibilidad de la energía útil está ligada a una tendencia a lo que llamamos «desorden» en la naturaleza. Todos estamos de acuerdo en que el desorden es más «fácil» que el orden.

Las aplicaciones de la termodinámica para la transmisión de la energía, el trabajo, el movimiento, fueron infinitas. P. Chaunu, en un ensayo sobre la ciencia positivista, considera a 1877 (no sin una cierta dosis de ironía) como «el año de la ciencia perfecta del cosmos infinito del orden perfecto». Ahora bien: si el calor no es más que el movimiento de las moléculas, ¿qué ocurre cuando las moléculas no se mueven? William Thomson, más conocido como lord Kelvin (1824-1907) nació en Belfast, Irlanda, aunque pasó la mayor parte de su vida en la Universidad de Glasgow, Escocia. Fue uno de los físicos más grandes de su siglo. Formuló la ley de la disipación de la energía: «aunque la cantidad de energía en un sistema permanece constante, la parte utilizable de la misma disminuye continuamente»; que matiza el principio de Joule y explica mejor el de Clausius, al tiempo que deja en claro la irreversibilidad de la energía utilizable. Lord Kelvin es conocido por muchos de sus logros (por ejemplo, fue el que encontró un sistema para tender un cable submarino entre Europa y América), pero por todos es conocido como el descubridor del «cero absoluto». Efectivamente, si el calor consiste en el movimiento molecular, cuanto mayor es este movimiento, más alta es la temperatura; por el contrario, un menor movimiento molecular se traduce en una temperatura más baja. ¿Hasta dónde puede bajar la temperatura? El trabajo de lord Kelvin, combinando genialmente la experimentación con el cálculo, llegó a una conclusión definitiva: a una temperatura teórica de 273 grados centígrados bajo cero, las moléculas de un cuerpo no se mueven: hemos llegado al *cero absoluto*. No puede existir una temperatura más baja que esa. Nosotros seguimos utilizando la escala Celsius, con su cero en el punto de congelación del agua. Los científicos necesitan usar con frecuencia la temperatura absoluta, medida en grados Kelvin. No es nada difícil de calcular, porque la diferecia entre grado y grado es la misma que en la escala Celsius, solo que el cero se coloca en –273 °C. Una temperatura de 300 °K es la propia de un hermoso día de verano. Pero estamos más acostumbrados a los valores centígrados, y nadie nos prohíbe usarlos.

El orgullo y desconcierto del «no es más que»

El calor no es más que el movimiento de las moléculas. El sonido no es más que la sensación de la vibración del aire. El color no es más que la sensación que produce la frecuencia de las ondas luminosas. Y la misma luz no es más que la vibración de impulsos electromagnéticos. Vale la pena que nos detengamos, solo por un momento, en estos extremos, porque constituyen una muestra por una parte del desentrañamiento de secretos hasta entonces desconocidos, y por otra parte también del dogmatismo cientifista, y del afán de desconcertar a los no científicos, propio de la mentalidad positivista. Advirtámoslo igualmente desde el primer momento: ese afán no corresponde exactamente a los científicos, salvo casos muy aislados, sino más bien a los entonces muy frecuentes y amigos de *epatar* divulgadores de la ciencia, leídos entonces quizá más que nunca, a pesar de lo desconcertante de sus afirmaciones, ¡o precisamente por eso! De decir que tal fenómeno «no es más...» a decir que el calor no existe, sino que es tan solo una vibración, que el sonido no existe, porque es solo un estímulo que el tímpano transmite al nervio auditivo para acusar la vibración del aire; que el color no existe, porque «nuestro ojo nos engaña», y no pasa de ser una sensación de nuestra retina ante las distintas longitudes de onda de la luz, no va más que un paso. La ciencia positivista nos descubre hechos inesperados, tan sorprendentes como constatados mediante una técnica impecable; pero destruye o parece destruir conceptos seculares que de siempre habíamos admitido. Y en la época positivista no existe una filosofía reconocida por todos y lo suficientemente fiable por parte de los apóstoles de la ciencia, capaz de explicarnos que las cosas existen realmente, que hay vibraciones, movimientos, estímulos que proceden de fenómenos absolutamente objetivos, y la información que de ellos nos transmiten nuestros sentidos es perfectamente válida para nuestro correcto desenvolvimiento en la vida. Sería molesto, hasta estúpido, negar que las hojas de los árboles son verdes, y que lo único que ocurre es que reflejan tan solo una parte de la radiación electromagnética que reciben, correspondiente a una gama entre 5.100 y 5.300 angströms.

La causa de estos malentendidos está probablemente en la disociación entre ciencia y filosofía, y el desprecio de los cientifistas hacia los conceptos filosóficos. Hay hechos, no conceptos, dicen los científicos. Y las palabras que empleamos en el lenguaje corriente corresponden a conceptos. No hace falta conocer la frecuencia o longitud de onda del rojo para saber que un objeto es rojo. Y rojo es el nombre que damos a una determinada longitud de onda de la luz que nos refleja un objeto. Los descubrimientos de la ciencia positivista son perfectamente correctos. Las palabras que usamos en el lenguaje corriente, si son adecuadas a las sensaciones que recibimos, también son correctas. Y esas sensaciones responden a una realidad objetiva que nuestros sentidos «traducen» a un lenguaje inteligible, una vez que nosotros arbitramos una palabra para designarlos. Las palabras no son las cosas, pero son la forma que tenemos para expresar las cosas. No podríamos ser lo que somos ni saber lo que sabemos sin palabras. Tampoco tenemos derecho a decir que nuestros sentidos nos engañan. Su información no es de naturaleza científica —y no por eso esencialmente inferior—, pero nos sirve para desenvolvernos adecuadamente en este mundo. Sin esas ventanas abiertas a nuestro exterior que son los sentidos, no podríamos vivir. Cierto: nuestras sensaciones no nos proporcionan más que una información limitada de la realidad. La retina solo es sensible a una cienmilmillonésima del espectro total de las radiaciones electromagnéticas, pero vemos todo lo que necesitamos ver. ¡Hasta vemos las estrellas! El tímpano solo es sensible a vibraciones entre 32 y 4.000 ciclos por segundo. Por debajo están los infrasonidos, por encima los ultrasonidos, pero no podemos oírlos (los perros, por ejemplo, son más sensibles que nosotros a los ultrasonidos, porque ello les conviene). Los humanos oímos en la vida corriente lo que necesitamos oír. Helmholz inventó aparatos para medir la frecuencia de sonidos que no hemos escuchado jamás, pero disfrutaba enormemente con la música clásica. El hecho de que la ciencia haya alcanzado conocimientos que están fuera de nuestras posibilidades de percepción es un logro admirable de la inteligencia humana. Pero estos conocimientos no pueden decir que aquello que conoce el hombre de la calle y le permite dar pleno sentido a su existencia sea falso o esté trucado. Respetemos todas las formas de conocer, siempre que resulten válidas.

El hada electricidad

El dominio sobre la electricidad fue una de las grandes conquistas del hombre del siglo XIX. Aprendió a producirla, a transportarla, a almacenarla, a aprovechar su energía en todas sus formas. Y la electricidad transformó el mundo. Volta, Galvani, Coulomb, Ampère, Oersted, Ohm, Faraday permitieron un conocimiento cada vez más completo de la energía eléctrica y sus manifestaciones. Maxwell convierte en fómulas y leyes las intuiciones de Faraday y en su *Treatise on Electricity and Magnetism* (1873) expresó matemáticamente la física de la electricidad y su relación con el magnetismo hasta dotar al hombre de finales del siglo XIX de un instrumento de impensadas posibilidades. No es de extrañar que la electricidad se haya convertido en la época positivista en un símbolo del progreso del hombre y de su dominio sobre la naturaleza. Si en los tiempos de St. Simon y Comte, ese símbolo era la locomotora, treinta o cuarenta años después el símbolo era esa fuerza casi invisible, explicable en términos científicos, pero en cierto modo mágica, que es la electricidad. Una novela de Julio Verne, no publicada entonces, *Paris ou la vie eléctrique*, profetiza un siglo XX dominado por la electricidad. París sería la Ciudad Luz, iluminada por millares de lámparas eléctricas, los vehículos se moverían por la electricidad, las distracciones y espectáculos (en cierto modo adivina el cine y la televisión) estarían proporcionados por la energía eléctrica. Ella sustituiría a los hombres en todo tipo de trabajo. Y no hay que olvidar que la mascota de la Exposición Universal de París fue el Hada Electricidad, una damisela, que volaba sostenida por un cable invisible, e iba encendiendo mediante una varita mágica los miles de puntos luminosos de aquel maravilloso espectáculo del mundo.

La producción de energía eléctrica se hizo cada vez más fácil gracias al generador, un juego de inductor e inducido de bobinas y electroimanes. El inductor gira rápidamente sobre el inducido, y el resultado es la producción de electricidad. Naturalmente, para que el generador gire con rapidez hace falta una fuente de energía, primero una máquina de vapor, después una turbina hidráulica. La serie de producción y transporte necesita por lo general de los siguientes elementos:

1º Una máquina motriz que hace girar el generador. La más útil, la turbina hidráulica, fue introducida por Parsons.

2º El propio generador, que produce energía eléctrica. Faraday ya ideó generadores de buena calidad. Los mejoró Tesla. Siemens dio forma al generador de alto rendimiento o *dinamo*.

3º Un alternador. El generador produce corriente continua. La corriente continua es más fácil de obtener, pero se pierde en gran parte en la conducción. Es preferible transformarla en corriente alterna.

4º Un conductor, que lleve la energía a su lugar de destino. Por lo general, es un cable —o muchos cables— de cobre, un metal hasta entonces muy poco apreciado por ser quebradizo, pero que es un excelente conductor de la electricidad.

5º Un transformador, que limite la tensión de la corriente antes de llegar a su destino.

6º Una red de distribución, que la lleve a cuantos lugares la requieran.

La electricidad encontró pronto múltiples aplicaciones. Para su conducción conviene un hilo que ofrezca muy poca resistencia. Pero, en cambio, una fuerte resistencia hace que el hilo se caliente, es decir, produce calor, ¡hace trabajar a la electricidad! La «resistencia» es el fundamento del horno eléctrico (hoy se emplea en la industria, en la cocina, en la plancha, en la calefacción), y también de la lámpara eléctrica, cuando se calienta al «rojo blanco». La electricidad servirá también para comunicaciones a distancia: telégrafo, teléfono, radio, para reproducir el sonido, para mover medios de transporte, en el siglo XIX el tranvía, el metro, etc. La galvanotecnia tiene aplicación especial a la hora de recubrir un metal por otro inoxidable (dorado, niquelado, cromado). La energía eléctrica tardaría muchos años en igualar la potencia de una máquina de vapor (esto no ocurriría hasta el siglo XX). Pero su asombrosa versatilidad quedó de manifiesto muy pronto, tal fue la clave de la ilimitada confianza puesta en ella. En 1897 escribía José Echegaray, el primer español Premio Nobel de Literatura, que era además ingeniero: «la electricidad, ese fluido maravilloso para engendrar luz, para engendrar calor, para transportar fuerzas, para realizar trabajos, desde los más sutiles, aquellos que requieren dedos de hadas hasta los que reclaman músculos de titán... es la última forma, el paso supremo del progreso humano».

La química: el átomo y más allá

Demócrito, en el siglo IV a.J.C., había intuido que la materia no puede dividirse indefinidamente. La base de la materia es el átomo («sin partes»). La teoría de Demócrito fue discutida durante siglos, y solo cuando Dalton, en 1808 (vid. pág. 168) descubrió que las reacciones químicas se operan en «proporciones fijas», la teoría del átomo quedó afianzada. Los átomos «son perfectos en número, en dimensiones y en peso», y, para cada elemento, «dotados de caracteres imborrables impresos en ellos». Maxwell, siguiendo a Dalton, estableció la triple división de la materia en partículas (la porción más pequeña que puede obtenerse por medios mecánicos), moléculas (la porción más pequeña que puede obtenerse por medios físicos) y átomos (la porción más pequeña que puede obtenerse por medios químicos). No hay más allá. El átomo es rigurosamente indivisible.

En 1869, un químico ruso, Dimitri Mendeleiev, tuvo la fecunda ocurrencia de ponerse a ordenar los elementos de acuerdo con su peso atómico. Naturalmente, no es posible medir el peso de un átomo. Pero sí se puede determinar la relación del peso de dos elementos que entran en una combinación. De acuerdo con las proporciones de Dalton, es preciso combinar dos partes de hidrógeno con una de oxígeno para que se nos forme agua, H_2O. Para obtener agua, hay que emplear 8 veces más peso de oxígeno que de hidrógeno. Como en la combinación entran dos átomos de hidrógeno por cada uno de oxígeno, el átomo de oxígeno pesa 16 veces más que uno de hidrógeno. Mendeleiev, decíamos, se puso a ordenar los elementos de acuerdo con su peso atómico. El más ligero es el hidrógeno. Le siguen, por este orden, el helio, el litio, el berilio, el boro... etc. Y se encontró con que las características de estos elementos se repiten llamativamente de ocho en ocho[2]. No siempre era así, pero Mendeleiev intuyó finalmente que los «huecos» que quedaban en la tabla para completar la periodicidad correspondían a elementos aún no descubiertos (en vida del químico ruso se descubrieron el galio, el germanio y el escandio). Pero lo importante era lo siguiente: si las propiedades de cada elemento son fijas, propias solo de él e intransferibles, ¿cómo es que muchas de ellas se repiten en múltiplos? La única explicación posible es la de que los átomos no son *á-tomos*, sino que son a su vez múltiplos de «algo», y ese algo determina algunas de sus cualidades.

Un largo camino de treinta años (1870-1900) separa a Mendeleiev de Rutherford. Poco a poco se fue sabiendo lo que, en el átomo —que ya no merece este nombre—, son el núcleo y los electrones; cómo los electrones poseen carga negativa y por tanto el núcleo —los protones— han de tenerla positiva; y cómo, sin embargo, la masa de un núcleo formado exclusivamente por protones no es suficiente para garantizar la estabilidad del sistema, y es preciso reconocer la existencia de otras partículas dotadas de masa, pero de carga neutra: los neutrones. Niels Bohr intuyó los distintos «pisos» de electrones, porque, a diferencia de los planetas, varios electrones discurren por la misma órbita; saturada una órbita, se forma un nuevo «piso», y así sucesivamente. Podía imaginarse el átomo como una suerte un poco especial de sistema solar, y la analogía podía sugerir algo así como la unidad del Universo: más tarde comprendería Bohr, y con gran disgusto por su parte, que las cosas son distintas de como en principio pueden imaginarse, y, por supuesto, mucho más complicadas. El conocimiento de la estructura del átomo vendría a ser así uno de los factores de la crisis epistemológica del siglo XX. Pero aún no hemos llegado a ese punto dramático.

---

[2] Este ciclo de ocho en ocho solo es aplicable hasta el calcio. Luego, la periodicidad es otra. Pero no pretendemos complicar las cosas al lector, y solo llamar la atención sobre el hecho de una cierta periodicidad.

De la química orgánica a la biología

Pronto descubrieron los químicos que dos elementos tetravalentes, el carbono y el silicio, poseen una fabulosa capacidad para combinarse con otros, dando así una cantidad increíble de cuerpos compuestos, algunos de ellos de una enorme complejidad. Con una fundamental diferencia entre ellos dos. El silicio da lugar a una variedad casi infinita de minerales: puede decirse que no existen dos rocas que tengan exactamente la misma composición, ¡ni siquiera la tienen dos granitos distintos de arena! En cambio, el carbono está presente, formando combinaciones tan complejas si no más, (y sobre todo *mucho más organizadas*) en los seres vivos. Todos los seres vivos, desde los microorganismos hasta el hombre, pasando por las plantas, contienen carbono. Sin carbono no hay vida. Un químico francés, Marcellin Berthelot (1827-1907), muy combativo, dedicado finalmente a la política, fue uno de los padres de la química orgánica. Por entonces se obtuvo la síntesis del alcohol o la del metano, el más sencillo de los hidrocarburos. Pero Berthelot se esforzó sobre todo en demostrar que la vida es un fenómeno químico. Todo depende, naturalmente, de lo que se entienda por vida. Hoy sabemos, por supuesto, muchas más cosas de esa inmensa complejidad que constituye la realidad material y la organización interna de los seres vivos. Ni Bethelot, ni Erwin Schrödinger, que publicó hacia 1900 el ensayo *¿Qué es la vida?*, ni siquiera D.T. Watson, que intuyó las bases de la biología molecular, llegaron a tener una idea acabada de esa realidad. Pero se había abierto el camino hacia un campo de investigacion muy importante.

Ahora bien, los seres vivos son demasiado complejos, su organización es demasiado admirable como para que los químicos del siglo XIX pudieran estudiarlos en profundidad. Se dedicaron, o bien a analizar y a ser posible sintetizar cuerpos orgánicos relativamente sencillos, como los hidrocarburos, los alcoholes o los aldehídos, o bien los seres vivos de estructura más simple, los microorganismos. Comoquiera que pronto se intuyó que muchos de estos seres diminutos tienen que ver con las enfermedades, el sentido práctico de los investigadores positivistas se dedicó con afán al estudio de los «microbios». Ese instrumento esencial para observar lo más pequeño que es el microscopio nació práticamente al mismo tiempo que el telescopio, en el siglo XVII. Compañeros de Galileo fueron los primeros que en la Accademia dei Lincei observaron las patas o las alas de los insectos. El holandés Leeuwenhoek fabricó los primeros microscopios de gran aumento, y tanto él como Malpighi o Robert Hooke vieron los primeros microorganismos: Malpighi vio los glóbulos rojos, a los que atribuyó el color de la sangre, y Hooke observó con detalle los maravillosos cristalitos de hielo que forman la nieve. Más aún, en los tejidos vivos descubrió unas celdillas («células») que llamó así porque le recordaban las de un panal. Sin embargo, la observación microscópica no avanzó como la telescópica en el siglo XVIII y primera mitad del XIX. Para ver seres pequeñísimos era preciso aislarlos. Se hicieron «preparados» sobre cristales, y se descubrieron los infusorios del agua, y otros microorganismos. Pero era preciso obtener preparados más sofisticados, por ejemplo, con diversos tipos de aceites. Al fin se utilizaron colorantes como la anilina, que permitían distinguir unos microorganismos de otros, ya que eran muy sensibles a los colorantes. Se conocieron mejor las células de los seres vivos, y se comenzó a distinguir la membrana, el protoplasma y el núcleo. Apenas se pudo saber qué son los cromosomas. Son los años comprendidos entre 1880 y 1900, como observa Friedmann, aquellos en que se realizaron los más espectaculares descubrimientos bacteriológicos: gérmenes, bacilos, bacterias, toxinas, vacunas, sueros; gracias a la labor de unos cuantos biólogos extraordinarios: Pasteur, Koch, Ebert, Klebs, Touissiant, Behring, Roux, Yersin. Curiosamente, «las primeras decadas del siglo XX no parecen presentar la misma densidad de descubrimientos».

Louis Pasteur (1822-1895) fue el típico investigador de laboratorio; todo lo trataba de experimentar, y pocos le superaron entonces en esa tarea. Hombre sencillo, honesto, muy religioso —en contraste con otros científicos positivistas—, unía a su carácter metódico una prodigiosa intuición. Fue el principal investigador de los microorganismos capaces de producir enfermedades. Comenzó por la *fermentación* o descomposición de los cuerpos orgánicos. Allí donde hay descomposición hay gérmenes patógenos. Muchos científicos de su tiempo defendían la «generación espontánea», la aparición de seres vivos allí donde el medio favorece su proliferación. Pasteur era enemigo de esta teoría. Alojó preparados orgánicos en un matraz aislado, y no se formaron gérmenes. Hizo otros experimentos, y todos produjeron el mismo resultado: era falsa la teoría de la generación espontánea. La simple química no *crea* vida: solo un ser vivo puede originar otro ser vivo. Para combatir la descomposición, que siempre atrae microorganismos —no los crea— y les permite reproducirse rápidamente, inventó el sistema de «pasteurización», que consiste en someter el objeto que se quiere conservar incontaminado a una elevada temperatura, y encerrarlo después en un recipiente sellado, en el que no pueden penetrar los gérmenes. La pasteurización dio magníficos resultados, por ejemplo, con la leche, que pudo ser conservada en recipientes cerrados durante largo tiempo. La pasteurización resultó ser fundamental para la salud y para la conservación de los alimentos.

Pasteur descubrió y aisló gran número de gérmenes patógenos, que pudo identificar y combatir con medios específicos para cada cual. Distinguió los bacilos («bastoncitos», llamados así por su forma ante el microscopio) de los «cocos» o gérmenes redondeados, entre ellos los estafilococos y los estreptococos. Contra ellos comenzó a utilizar la desinfección y la profilaxis. Uno de los descubrimientos más conocidos de Pasteur fue el de la vacuna contra la rabia. Esta terrible enfermedad, transmitida por la mordedura de perros infectados, también de otros animales, no tenía cura posible, y aumentaba la angustia y el dramatismo de la persona afectada y de sus familares el hecho de que tarda semanas en incubarse. Al fin vienen las insoportables convulsiones, hasta que sobreviene la muerte. Pasteur consiguió preparar una vacuna preventiva, que incluso puede utilizarse con grandes probabilidades de éxito después de recibida la mordedura, si no ha transcurrido mucho tiempo. Miles de personas morían de rabia. La enfermedad se hizo cada vez menos frecuente entre humanos, incluso entre animales.

Robert Koch (1843-1910), otro gran benefactor de la humanidad, fue el primero en obtener cultivos de bacilos puros. La operación de «aislar» bacilos permite estudiarlos de manera privativa y analizar su comportamiento y la manera de combatirlos. Koch viajó a la India para conocer mejor una de las más terribles enfermedades epidémicas: el cólera. Cuando el bacilo del cólera llegaba a una zona del mundo en que no se desarrollaba habitualmente —tal Europa— sobrevenía una epidemia de desastrosas consecuencias. Morían cientos de miles o millones de personas. En la India, el cólera era endémico: de suerte que aunque había personas enfermas, las demás estaban hasta cierto punto vacunadas y los contagios no eran masivos. Koch expuso su vida, en contacto con la terrible enfermedad, hasta que en 1883 consiguió aislar el bacilo, y poco después apareció la vacuna anticolérica, cuyos efectos fueron bien pronto perceptibles. Según Monod, la epidemia de cólera de 1886 mató en Europa solo a la mitad de personas que la de 1866; la de 1892, a la tercera parte. El cólera sería prácticamente erradicado de Europa a comienzos del siglo XX. El gobierno alemán declaró la vacuna obligatoria, y lo mismo hicieron poco más tarde otros países. Koch aisló también el bacilo de la tuberculosis (llamado «bacilo de Koch»). No pudo encontrar una vacuna adecuada, pero sí se arbitraron métodos preventivos y profilácticos. La tuberculosis, la famosa enfermedad de los románticos, se ha ido haciendo cada vez menos frecuente y más facilmente combatible en el siglo XX.

Mendel y los orígenes de la genética

Durante mucho tiempo fue muy poco o nada conocida la figura de Gregor Mendel (1822-1884), y tal vez por eso una de las ramas más importantes de la biología, la genética, apenas progresó hasta la segunda mitad del siglo XX. Mendel, hijo de un granjero moravo, y experto en injertos de árboles frutales, fue luego monje agustino, y asiduo cultivador del huerto que los religiosos tenían contiguo a su convento. Se aficionó al cruce de especies vegetales, trabajó durante ocho años con 10.000 plantas distintas, y experimentó con nada menos que 22 variedades de guisantes. El hecho más conocido es que, cruzando guisantes verdes con guisantes amarillos, el resultado era siempre el prevalecimiento de los amarillos. Sin embargo, en la siguiente generación, aunque los amarillos seguían predominando, reaparecían los verdes, siempre en la proporción de 1/4. Otros miles de pacientes experimentos le permitieron escribir en 1866 un *Ensayo sobre los híbridos vegetales*. De su estudio creyó deducir tres leyes que parecían cumplirse siempre: 1ª: El híbrido heredero de dos variedades distintas no es un intermedio entre los caracteres de sus progenitores, sino que en él predominan los de uno o los del otro (ley de los «caracteres dominantes»). 2ª: Los caracteres del que no predomina no se pierden, sino que permanecen latentes, y se manifiestan en la siguiente generación, siempre en una proporción fija (ley de los «caracteres recesivos»). 3ª: Cada una de las características de una variedad se transmite con independencia de las otras características (pongamos un ejemplo humano para entendernos: de una pareja en que un progenitor es de pelo rubio y ojos azules y el otro de pelo oscuro y ojos castaños, el hijo puede tener el pelo rubio y los ojos castaños, o bien el pelo oscuro y los ojos azules: aunque se parecerá más a su padre que a su madre, o viceversa).

Mendel había descubierto las leyes fundamentales de la genética, aunque no sabía lo que era la genética, y el porqué de tan sorprendentes resultados. La verdad es que desde mucho antes se había comentado —especialmente por lo que se refiere a seres humanos— el mayor parecido de un hijo respecto de uno de sus progenitores, o la reaparición de determinados caracteres propios de un abuelo, que en los hijos no se habían advertido. Ya con motivo de la colonización de América por los españoles se habían advertido variedades como «blanco», «mestizo», «castizo» y «salta atrás». El retroceso inesperado del «salta atrás», que recuperaba caracteres de sus antecesores que ya parecían perdidos, dio lugar a innúmeros comentarios. Pero nunca se conoció la causa de tales combinaciones. Las pacientes clasificaciones de híbridos hechas por Mendel hubieran permitido un avance de cien años en la ciencia de la genética. Pero su obra permaneció prácticamente desconocida de la comunidad científica.

Claude Bernard y la medicina experimental

Aunque no hubiera escrito la famosa *Introduction à l'étude de la médécine experimentale*, Claude Bernard (1813-1878) hubiera pasado a la historia no solo como el introductor de un nuevo concepto de la medicina, sino como uno de los representantes más definitivos de la ciencia positivista. Tan positivista o más que Comte o que Spencer. No fue en absoluto un idealista. El análisis de la realidad, la prueba y el método. Lo demás no importa: no tiene utilidad tratar de averiguar el *porqué* de las cosas, sino el *qué* y el *cómo*: lo que sirve para algo. Mucha gente piensa que Claude Bernard fue un gran médico; más que clínico fue un analista, un experimentador. No se dedicaba fundamentalmente a curar enfermos, sino a estudiar enfermedades. Más que hombre de hospital, que no dejó de serlo, fue ante todo hombre de laboratorio, paciente, trabajador, dotado de un método impecable. Para él, la ciencia, ante todo, «debe dedicarse al estudio de los fenómenos naturales dentro de la realidad objetiva de las cosas»: con una fe total en la capacidad del experimento como medio para conocerlo todo y dominarlo todo sin confusión alguna: fue el suyo un optimismo objetivista que hoy, hasta cierto punto, nos produce envidia.

El método es lo fundamental:

— en primer lugar se impone la observación, detallada y ciudadosa de los fenómenos.

— luego, la construcción lógica de una hipótesis basada estrictamente en lo observado;

— en tercer lugar, la verificación de la hipótesis mediante todos los experimentos adecuados para poder comprobarla. No bastan las pruebas, hay que realizar también contrapruebas; solo cuando todas las contrapruebas han fallado es posible...

— la tesis o conclusión, a la que se llega después de haber aceptado todo lo verdadero y desechado todo lo falso.

Maestro de la fisiología, Bernard dedicó su atención preferente al proceso digestivo, y a todas sus fases, desde la deglución a la eliminación. Comprendió el papel de la saliva, del estómago, sus ácidos y sus jugos, del duodeno, donde la acción de los activos estomacales se complementa con la aportación de la vesícula biliar y los jugos pancreáticos; del papel del hígado y del complejo tracto intestinal. Se encontró con sustancias («jugos» o enzimas) que el organismo no recibe: por tanto, el propio organismo las produce, como un laboratorio, por medio de sus órganos o sus glándulas: en este sentido fue Bernard un precursor de la endocrinología. Observó que el hígado no solo ayuda a la digestión, sino que introduce azúcar en la sangre: de ahí deviene la tasa de azúcar, y por tanto el hecho de que la diabetes no se deba únicamente a la cantidad de azúcar que se ingiere, sino a la proporción que el hígado presta a la sangre. También estudió el sistema muscular y el nervioso, y la combinación de ambos —el nervio actúa, el músculo se contrae— para producir los movimientos de los seres vivos, y especialmente de esa maquinaria perfecta y coordinada que es el hombre. Claude Bernard no habrá salvado con su intervención personal muchas vidas; pero sus conocimientos permitieron un avance sin precedentes en la medicina de la segunda mitad del siglo XIX.

LA ERA DE LOS INVENTOS

Un historiador británico de la ciencia y la economía, G. Waddington, ha hecho una curiosa reflexión, no exenta de sentido del humor. Supongamos, dice, que sir Horacio Walpole, erudito, académico y político inglés de fines del siglo XVIII, invita a través del túnel del tiempo a su tocayo Horacio, el gran poeta latino del siglo I a.J.C., a visitar el Londres de 1800. El gran literato clásico no hubiera tenido problemas de lenguaje, porque sir Horacio dominaba perfectamente el latín. Por demás se hubiera encontrado un Londres donde se hablaba una lengua bárbara (*bar, bar bar*, no sabían latín ni griego), pero la gente era culta y educada. Su extrañeza no hubiera sido grande. Las calles eran estrechas y empedradas, como las de Roma. A las casas de piedra o ladrillo se subía por escaleras, como en Roma. Se abría la puerta principal con enormes llaves de hierro, como en Roma. Se cocinaba con leña o carbón de leña, como en Roma, y con leña se calentaban las gentes en invierno. En los mercados se comerciaba con monedas de oro, plata o cobre, de acuerdo con el valor de los productos, lo mismo que en Roma. Los que no marchaban a pie lo hacían a caballo, o en coche de caballos, como en la patria de Horacio. Y a caballo se transportaban de un lugar a otro las mercancías. Llegados los dos Horacios a orillas del Támesis,

213

verían barcos de remos o de vela, no muy distintos de los romanos. En suma, el gran poeta latino no hubiera experimentado grandes sobresaltos.

Supongamos ahora que el mismo Horacio es invitado a visitar el Londres de un siglo más tarde, en 1900. Hubiera ido de sorpresa en sorpresa. Las calles eran mucho más amplias, y por ellas se verían circular extraños vehículos dotados de un trole, que se movían a gran velocidad ¡sin necesidad de caballos! Las casas eran de materiales distintos, y en muchas de ellas, en lugar de subir por las escaleras, bastaba encerrarse en una especie de armario, que subía solo (?), hasta los pisos, a los cuales se entraba manejando una llave diminuta, pero muy complicada. Para alumbrarse no había candelas de cera ni de aceite, sino que bastaba accionar un botón para que toda la sala quedase iluminada, casi como si fuese de día. Las cocinas eran grandes planchas metálicas, alimentadas con carbón de piedra. En los mercados se compraban artículos de todas clases, procedentes algunos de países del otro extremo del mundo, y en vez de moneda se empleaban rectángulos de papel. La extrañeza de Horacio hubiera llegado al máximo viendo vehículos inmensos y muy pesados, de centenares de pies de largo, que se movían a gran velocidad sin necesidad de tiro animal, y llegaban a las estaciones de Victoria o de Paddigton: y su extrañeza se hubiera trocado en horror al descender a los abismos y encontrarse con vehículos del mismo tipo, potentes y ruidosos, que circulaban por las entrañas de la ciudad. A orillas del Támesis, el poeta se hubiera sentido desconcertado ante gigantescos navíos sin remos ni velas, que se movían sobre las aguas despidiendo un terrorífico humo por largas chimeneas. Y tal vez hubiera presenciado un prodigio supremo: un enorme navío aéreo, en forma de huso alargado, que no era un ave monstruosa, y que transportaba seres humanos en una cabina. Horacio no hubiera encontrado hexámetros para expresar su asombro. Quizá hubiera muerto de un infarto, perfectamente explicable. Así es como Waddington nos hace ver que las formas de vida del mundo occidental se transformaron más espectacularmente en cien años, el siglo XIX, que en los dos mil años anteriores.

El inventor

La que K. Jaspers llama *Edad Técnica* se caracteriza por un progreso espléndido de la ciencia, pero sobre todo por un progreso incomparablemente más espectacular todavía de las aplicaciones de la ciencia a un fin práctico, es decir, de la técnica. Tantas aplicaciones se hallaban, que el quizá más insigne físico del siglo, H. von Helmholz, encargado de la cátedra de *Tecnología y Física* de la Universidad de Berlín, reconoció la imposibilidad de impartir conjuntamente las dos asignaturas... y se quedó con la de Física. Sin la ciencia, la tecnología no hubiera podido progresar, pero en cierto modo los más asombrosos avances de la tecnología los logran hombres que no son sabios, a veces ni siquiera universitarios, que poseen gran sentido práctico y una facultad asombrosa para idear ingenios nuevos y revolucionarios, que van a cambiar la historia del mundo. Ahí están los nombres de Bessemer, Edison, Siemens, Daguerre, Daimler, Lumière, Marconi. Y su capacidad de inventiva no tiene fin. Quizá sea honesto recordar que el primer avión que voló con éxito fue ideado por los hermanos Wright, que eran dueños de un taller de bicicletas.

Henri Bessemer (1813-1898) inventó el cuño de correos, un nuevo sistema para la extracción del zumo de caña, una bomba que utilizaba la fuerza centrífuga... y el convertidor de acero, que transformó a éste de un metal semiprecioso en el rey de la siderurgia de fines del siglo XIX, flexible y duro al mismo tiempo, capaz de superar los más fuertes rozamientos y aplicable por consiguiente a las más sofisticadas formas de maquinaria. Sin el invento de un método fácil de obtención del acero, la técnica humana hubiera progresado mucho más lentamente. Thomas Alva Edison (1847-1931) fue educado por su madre porque en la escuela no lo aceptaron, considerándolo un retrasado. Pero era ingenioso como él solo. Vendió periódicos, luego fabricó una imprenta de su invención y publicó su propio periódico; terminó siendo un experto en toda clase de aparatos, incluidos los eléctricos. A lo largo de su vida patentó mil inventos: entre ellos un aparato para el recuento de votos; un indicador del precio del oro en la Bolsa; las pilas alcalinas, el micrófono de carbono, un nuevo tipo de hormigón, el gramófono o tocadiscos, la lámpara eléctrica... Naturalmente, no todos sus inventos (puede calificársele de «inventor compulsivo») dieron resultado, pero Edison tuvo un especialísimo sentido comercial, que le permitió apoyarse en los más rentables, y terminó dueño de una fortuna inmensa. Werner Siemens (1816-1892) patentó un aparato telegráfico que imprimía señales: el operador ya no tenía que escribir los mensajes que recibía (impulsos eléctricos de acuerdo con el código Morse), sino que los mensajes quedaban impresos; en 1867 patentó el generador electrodinámico, que transformaba el trabajo mecánico en energía eléctrica: una vez perfeccionado, lo denominaría «dinamo»; en 1879 dio a conocer la locomotora eléctrica, y en la Exposición de París de 1881 presentó el tranvía, que comenzó a funcionar el año siguiente en varias ciudades europeas. Proyectó el metro de Londres, que se inauguró en 1890. En 1882 patentó la lámpara de arco, que durante un tiempo pareció más útil que la lámpara de filamento de Edison: las noches de Berlín se hicieron deslumbrantes con sus arcos voltaicos en las calles. Luego inventó el ascensor eléctrico. Descubrió un convertidor de acero, de uso más industrial que el de Bessemer, etc.

La figura del «inventor» es muy característica de la segunda mitad del siglo XIX. Nunca hubo tantos ni tan prolíficos inventores. Activos, ingeniosos, originales, constituyeron un tipo de ejemplar humano muy representativo de la época en que vivieron, dotados de una fe indestructible en sí mismos y en el adelanto humano. Su deseo de hacer la vida más cómoda, más fácil, más feliz a sus semejantes, es compatible con su ansia de enriquecerse gracias a sus ideas, y de desbancar a la competencia. Con frecuencia se copiaron sus inventos, o se inspiraron unos en otros, provocando infinitos pleitos hasta que se estableció la Oficina Mundial de Patentes en Berna, en 1883 (uno de sus empleados se llamaba Albert Einstein). Son quizá, por su sentido práctico y conquistador, los más típicos representantes de la era positivista. Sin embargo, tuvieron muy poco de intelectuales, ni siquiera de cientifistas. No pretendieron inventar una filosofía del progreso, sino simplemente progresar. Fueron, si se quiere admitirlo así, «positivistas prácticos», sin demasiado afán de atacar o defender principios. Pero contribuyeron como nadie a transformar el estilo de vida de las sociedades desarrolladas.

El carrusel de los inventos

No cabe en este libro una relación detallada de los muchísimos inventos realizados en la segunda mitad del siglo XIX, porque ello nos obligaría a dedicar al tema una extensión desmesurada, y porque hacerlo parece más propio de una historia de la tecnología en cuanto tal que de una historia de la ciencia. Con todo, sería injusto no dedicar un apartado a tan decisivas aportaciones. Dos precisiones parecen ante todo necesarias:

—primera: es difícil determinar la fecha exacta de un invento y el nombre de su autor. Todos los inventos tienen sus precedentes y también protagonistas de modificaciones decisivas. El calendario que exponemos a continuación es bastante exacto y ponderado; pero pueden hacerse, y de hecho se hacen, otros calendarios distintos, igualmente razonables;

—segunda: es preciso distinguir desde el primer momento entre la fecha de la invención y la de la aplicación, o de la generalización social de lo inventado, que llega normalmente bastantes años después. Teniendo en cuenta estas cautelas, es válida la lista siguiente:

—1851 Segadora mecánica (Mc Cormick)
—1853 Ascensor con máquina de vapor (Otis)
—1855 Cerradura de seguridad (Yale)
—1856 Máquina de coser (Howe, Singer)
—1857 Convertidor de acero (Bessemer)
—1859 Hélice propulsora (Ericsson)
—1859 Combustión del petróleo
—1860 Máquina esquiladora
—1860 Pavimentación con asfalto (Holley)
—1861 Cerilla (Lundström)
—1862 Convertidor alto (Siemens)
—1864 Biciclo (Lallement, Meyer)
—1864 Máquina de escribir (Scheller)
—1864 Motor eléctrico (Gramme)
—1865 Refrigeración (F. von Linde, Charles Tellier)
—1865 Calefacción central (Baldwin)
—1866 Dinamita (A. Nobel)
—1867 Hormigón armado (Monier)
—1870 Horno eléctrico (Siemens)
—1872 Motor de gasolina (Bruyton)
—1873 Dinamo (Siemens)
—1876 Teléfono (Graham Bell)
—1877 Rodamiento a bolas (Stanley)
—1878 Alternador (Gramme)
—1879 Lámpara eléctrica (Edison)
—1880 Fonógrafo (Edison)
—1880 Ascensor eléctrico (Siemens)
—1881 Tranvía (Siemens)

—1881 Bicicleta de tracción con cadenas (Guilmet, Larson)
—1883 Linotipia (Mergenthaler)
—1884 Turbina (Parsons)
—1884 Película fotográfica (Eastman)
—1886 Motor de explosión, cuatro tiempos (Daimler)
—1887 Neumático (Dunlop)
—1888 Motor de corriente alterna (Tesla)
—1888 Ondas radio (Hertz)
—1888 Submarino (primero operativo, Isaac Peral)
—1888 Dirigible (conde Zeppelin)
—1890 Rayos X (Röntgen)
—1892 Motor de combustión interna (Diesel)
—1893 Cremallera (Whitecom)
—1895 Telegrafía sin hilos (Marconi)
—1896 Radiactividad (Becquerel)
—1896 Cine (Hnos. Lumière)
—1897 Aspirina (Hoffmann)
—1898 Primer elemento radiactivo: el radio (Curie)
—1900 Torno/ fresa (Taylor)
—1900 Tractor de cadenas
—1901 Aspiradora (Bodh)
—1901 Hoja de afeitar (Gillette)
—1902 Frenos de disco (Lanchester)
—1903 Electrocardiógrafo (Einthoven)
—1903 Avión (Hnos. Wright)
—1905 Radiodifusión (Marconi).

Aquí termina la serie. Sería difícil prolongar una lista tan densa en la primera mitad del siglo XX. A partir de entonces, el mundo presencia la difusión y perfeccionamiento de lo descubierto más que nuevos descubrimientos. Una lista de 54 inventos, cada uno de ellos capaces de modificar las condiciones de la vida ordinaria, en el plazo de 55 años, no es un hecho corriente en la historia. No sería del todo fácil explicar por qué esto fue así.

La transformación del mundo

1. Los inventos lo cambiaron todo. Nuevas formas de vida, antes apenas imaginadas, se hicieron realidad de la forma más espectacular, y alimentaron como ningún otro factor la conciencia del «progreso». Representaron, entre otros hechos, la victoria del hombre sobre los inconvenientes de la naturaleza: la oscuridad, el frío, el calor, la distancia. Y el hombre se convirtió más que nunca, en este sentido al menos, en Rey de la Creación: y así lo proclamaban los optimistas.

1.1 La victoria sobre la noche se basó fundamentalmente en la luz eléctrica. Por un tiempo compitieron el arco voltaico de

218

Siemens y la lámpara de incandescencia de Edison. El primero despide una luz cegadora, propia más para la iluminacion de exteriores. Las calles céntricas de Berlín destellaban radiantes, como si la noche se hubiera convertido en día. Pero el sistema obliga a cambiar con frecuencia los electrodos de carbono, que se gastan fácilmente, y, además pronto se descubrió que aquella luz (que emite en gran parte en la frecuencia del ultravioleta) era dañina para la vista. Ahora apenas usan ese sistema más que los soldadores, eso sí, con sus ojos protegidos por cristales oscuros. Por su lado, Edison tropezó con dificultades. Creía que sus resistencias, encerradas en una bombilla de cristal en la que se había hecho el vacío se pondrían al rojo blanco, pero no arderían, porque no tendrían un medio comburente donde arder. Y, en efecto, no ardían, pero se fundían por la altísima temperatura que alcanzaba la resistencia. Probó con hilo de algodón, con viruta de abeto, con pelo de oveja, hasta con el de su barba o el cabello de su mujer: todo se fundía. Logró mejor resultado con filamento de carbono, pero aquella resistencia no duraba más que los electrodos de Siemens. La cosa mejoró con resistencias de osmio. Y finalmente se encontró la combinación perfecta: una aleación de osmio y wolfram (se le dio el nombre de OSRAM). Hoy se prefiere el zirconio. La Exposición de París, en 1881, estaba iluminada por 1.000 bombillas. En 1882, seis generadores alimentaban a 10.000 lámparas eléctricas en Nueva York. El primer edificio que dispuso de luz eléctrica interior fue el palacio de Buckingham en Londres, y luego, la Ópera de París, no sin que mediaran violentas discusiones. A fines del siglo XIX, muchas calles y muchas casas de Europa y América estaban iluminadas por luz eléctrica. Lo que ello supuso fue un cambio drástico en los horarios y en la calidad de vida.

1.2 La victoria sobre el frío se obtuvo, más que por el empleo de radiadores alimentados por resistencias eléctricas —un medio no utilizado hasta el siglo XX debido a su alto consumo—, por la calefacción central. El sistema de circuito cerrado de Baldwin, gracias a una única caldera de agua para toda la casa o todo el edificio, alimentada por carbón de piedra, y con una circulación continua debida al hecho de que el agua caliente tiende a subir y la fría a bajar, fue un medio relativamnente barato y fácil de montar. Comenzaron a funcionar radiadores de calefacción en grandes edificios, como el palacio del Elíseo, en París. Curiosamente, uno de los primeros en disponer de calefacción con caldera central fue el célebre castillo medievalizante de Neuschwanstein, en los Alpes, erigido por Luis II de Baviera.

La victoria sobre el calor parecía más difícil, y sin embargo el sistema de refrigeración fue inventado por Linde y Tellier justamente el mismo año que la calefacción central. Se basa en la descompresión de un gas. Como ya se conocía muy bien por entonces, un gas que se comprime se calienta, y un gas que se dilata se enfría. Charles Tellier descubrió la técnica de la descompresión en 1863, y comenzó a utilizar su primeros aparatos frigoríficos en 1865. La técnica fue progresando; si Linde se dedicó a fabricar frigoríficos industriales cada vez más perfectos, Tellier soñaba con barcos frigoríficos capaces de transportar mercancías perecederas durante muchos días. Así se botó al agua *Le Frigorifique*, un barco de vapor de bodegas refrigeradas, que en 1876 llevó toneladas de carne de Buenos Aires a Rouen: la mercancía llegó en perfecto estado. No hace falta decir que el método fue una de las bases de la prosperidad del cono sur americano y de la decadencia de la ganadería en Europa. Gran Bretaña viviría de la carne de ultramar, y de productos traídos de fuera que hasta modificaron el paisaje inglés y produjeron la afluencia masiva de los propietarios a las grandes capitales financieras e industriales (eso sí, trayéndose un pedacito de campo en forma de jardín, obligatorio en la Inglaterra victoriana).

2.1 La victoria sobre la distancia se obtuvo en dos campos distintos, aunque perfectamente complementarios: a) las comunicaciones; b) el transporte físico de personas y mercancías. El inventor del telégrafo eléctrico fue el americano Samuel Morse, (1791-1872), dibujante y pintor, que a partir de los cuarenta años se interesó de pronto por la posibilidad de establecer comunicaciones a través de descargas eléctricas transmitidas por un cable. En 1835 presentó su primer sistema telegráfico, y en 1838 inventó el alfabeto o código Morse, de puntos y rayas (descargas largas y cortas), cuyas combinaciones representan letras. Así era posible, mediante descargas, transmitir mensajes. En 1844 circuló el primer mensaje entre Baltimore y Boston. El mundo civilizado empezó a quedar cubierto por líneas telegráficas. Más difícil era unir islas o continentes separados. En 1850 se estableció la primera línea a través del canal de la Mancha. Pero cuando se intentó tender un cable entre Europa y América, en 1860, los fracasos fueron continuos. Por razones deconocidas, los cables se rompían al poco tiempo. No se supo, hasta la expedición de Wyville Thompson, en 1876, que el fondo de los océanos está cruzado por cordilleras y barrancos. Lord Kelvin consiguió un tipo de cable entrecruzado de gran resistencia. Aun así, los mensajes tenían que ser transmitidos de estación en estación, porque no soportaban líneas de extraordinaria longitud. En 1878 la reina Victoria de Inglaterra envió un telegrama al presidente norteamericano Buchanan, mensaje que tardó 17 horas 40 minutos en llegar a su destino. Se consideró aquella hazaña como un prodigio de la técnica. Pues bien, en 1896, con motivo de la jubilación de lord Kelvin, sus amigos le enviaron un telegrama Glasgow-Glasgow, vía América, Australia y Egipto, que llegó a su destinatario en siete minutos, después de dar la vuelta al mundo. Es necesario suponer que los operadores de cada estación estaban perfectamente «conjurados» para retransmitir el mensaje al instante. Hasta ahí llegó la técnica del siglo XIX.

Pero entretanto se había logrado mucho más: la transmsión directa, a distancia, de la voz humana. Fue el escocés Alexander Graham Bell (1847-1922), un hombre preocupado por la percepción de los sonidos —como que se casó por amor con una sordomuda—, quien se dio cuenta de que el tímpano humano vibra a la misma frecuencia que los sonidos que percibe. Comprendió que una lámina capaz de vibrar ante un sonido, acoplada a un micrófono (descubierto por Edison), a través de una bobina de inducción, y un cable conductor de baja resistencia, podía emitir leves descargas de idéntica frecuencia a otra lámina situada a distancia, que vibraría con los mismos sonidos que había recibido. Colaboró en unos casos con Edison, riñó en otros con él, como todo buen inventor. Y aprovechó muy oportunamente la Exposición Universal de Filadelfia, en 1876, que celebraba el primer centenario de los Estados Unidos, para dar a conocer su gran invento: el teléfono. Dos aparatos, situados a una milla (cerca de dos kilómetros) de distancia, permitían una conversación entre dos personas. Bell ganó mucho dinero mostrando su prodigioso aparato, y más todavía haciendo apuestas con los incrédulos, que eran muchos... y ganándolas todas. El prodigio fue calificado de imposible, y hasta se tachó al inventor de espiritista. Graham Bell, convertido ya en ciudadano norteamericano, montó los primeros telefonos de Nueva York, y fundó luego la primera compañía telefónica, la Bell Telephon Inc. En 1880 funcionaban en América 30.000 teléfonos. En 1910 habría 12 millones de líneas. El teléfono se impondría en las grandes ciudades del mundo. Tardaría algo más en ser un medio de comunicación a muy larga distancia.

Un avance espectacular se daría ya a fines del XIX y comienzos del XX. En 1885 el físico alemán Heinrich Rudolph Hertz (1857-1894) descubrió unas ondas del espectro electromagnético de baja frecuencia (ondas hertzianas) que podían transmitirse a través de la atmósfera, y él mismo logró las primeras transmisiones. El ruso Popov hizo un descubrimiento importante: la antena, que permitía transmitir y recibir a mayor distancia. Un italiano extraordinariamente intuitivo y tenaz, Guglielmo Marconi, fue perfeccionando el invento hasta lograr en 1895 el primer transmisor y receptor de ondas hertzianas: le llamó «telegrafía sin hilos». Su importancia radicaba en que, al no necesitar cables de transmisión, permitía emitir y recibir desde cualquier punto. La telegrafía sin hilos fue fundamental en los barcos, que podían estar en contacto con sus bases o con sus armadores en alta mar; o pedir auxilio en caso de peligro. También sirvió a exploradores que no podían disponer en tierras exóticas de telégrafos o teléfonos. La telegrafía sin hilos transmitía impulsos, utilizando el código Morse. Marconi estudió muy pronto la posibilidad de utilizar el mismo sistema para transmitir no simples ruidos, sino sonidos. Fueron necesarios muchos estudios y muchos ensayos hasta obtener un complejo aparato: el transmisor y receptor de la voz humana. Marconi le llamó «telefonía sin hilos», luego se llamaría radiotelefonía, o simplemente radio. Ferviente católico, regaló una estación de radio al papa Pio X: fue Radio Vaticano, la decana de las emisoras del mundo.

2.2 La victoria sobre la distancia no solo permitió transmitir mensajes, sino el transporte físico de hombres y mercancías de un lugar a otro. No lo olvidemos: al finalizar el siglo XIX, las vías férreas se extendían sobre un millón de kilómetros (vid. pág. 163), transportando a millones de viajeros por todas las partes del mundo; y los trenes llegaban a alcanzar velocidades de 120 km/h. Los barcos de vapor surcaban los mares, y unían los continentes. Desde la generalización de la hélice en sustitución de las «ruedas» o paletas, los barcos se hicieron más largos y más rápidos, el consumo de carbón mucho más barato, y el vapor se impuso definitivamente sobre el velero. La apertura del canal de Suez, en 1869, mejoró y abarató el tráfico entre Europa y Oriente. Un papel similar iba a cumplir a poco de comenzado el nuevo siglo el canal de Panamá.

Un papel más importante de lo que se cree cumplió el transporte urbano. Dos vehículos completamente distintos contribuyeron a modificar la distribución de las ciudades. Uno de ellos fue el biciclo o bicicleta. Cuando se inventó, por los años sesenta, era un molesto artilugio, con una rueda delantera de gran tamaño, manejada por pedales. Pese a su incomodidad, los burgueses deportistas, y sobre todo sus hijos, acudían orgullosos a los paseos públicos, y saludaban ceremoniosamente a sus vecinos con un peligroso sombrerazo, para mostrar el sorprendente «caballo de hierro». Por los años ochenta, gracias a la cadena de transmisión —más tarde los rodamientos— fue posible construir bicicletas más estables, más rápidas, de ruedas iguales, y más cómodas. Sin embargo, gracias a la producción en serie, su precio bajó. No deja de resultar simbólica la segunda película rodada por los hermanos Lumière en 1897: «salida de los obreros de una fábrica de París». Varios de ellos montan en su biclicleta y ruedan en dirección de la cámara: por cierto que la imagen causó el pánico en la sala, pues muchos espectadores creyeron que iban a ser atropellados. Pero el testimonio es significativo de un hecho: la bicicleta, mucho más perfecta que la de veinticinco años antes, ya no es un artículo de lujo, sino un instrumento útil para los trabajadores.

El otro invento es el tranvía eléctrico. Ya había líneas de coches de caballos que circulaban sobre carriles; pero el tranvía fue el primer vehículo urbano propulsado por fuerza no animal. La facilidad para tender líneas eléctricas en las calles confirió al tranvía una posibilidad que durante décadas no tuvieron los trenes. Presentado por Siemens en 1881, comenzó a circular muy pronto por diversas ciudades europeas. En Milán causó numerosas víctimas, pues la gente no relacionaba el sonido de campana que hacía oír el vehículo con un peligro callejero. En 1891, como ya queda señalado, se inauguró el transporte subterráneo de Londres, también con vehículos dotados de trole bajo un cable cargado eléctricamente. El otro polo se obtenía directamente de la vía. Tanto el tranvía como la bicicleta cambiaron las condiciones de vida de la ciudad. Ya eran posibles ciudades enormes, de un millón o más de habitantes. Y también era posible vivir a gran distancia del lugar habitual de trabajo. Se construyeron nuevas viviendas y amplias avenidas, para favorecer la circulación. En 1875-1900 la población de París aumentó en un 25 por 100; el tráfico rodado, en un 400 por 100 (por supuesto: se incluye también el de tracción animal). Si tenemos en cuenta que los periódicos alcanzan por primera vez tiradas de un millón de ejemplares al día (gracias a la linotipia y la rotativa, también a la alfabetización y a la rápida difusión de noticias de todo el mundo), que es posible recurrir al cine, al tocadiscos, al teatrófono (teatro por teléfono: tuvo su época de furor), a los viajes fáciles y baratos, al desarrollo de los sistemas de saneamiento e higiene, a los grandes parques públicos, comprenderemos cómo cambió la vida de la ciudad, en contraste con el ritmo mucho menos desarrollado del campo. Y por ende, el incremento de la migración agro-ciudad.

El transporte a larga distancia, lo hemos visto hace poco, siguió dependiendo fundamentalmente del ferrocarril y del barco de vapor. Pero no debemos olvidar los logros de la tecnología que desembocaron en la generalización del medio de transporte más utilizado en el siglo XX: el automóvil. Por 1885 Daimler y Benz inventaron modelos de vehículos movidos por motores de explosión. Karl Benz trataba de «construir un vehículo que pueda moverse por la calle sin caballos, pero sin raíles». Y el citado año presentó un coche de tres ruedas, un tanto ruidoso, pero sorprendente, que logró rodar a una velocidad de 20 kilómetros por hora. Daimler construyó en 1886 un vehículo que ante la admiración general recorrió toda la ciudad de Carnstatt. Benz había fabricado 67 coches en 1894, 135 en 1895, 438 en 1898. Por los años 90 se introdujeron las versiones más adecuadas de cilindros y bujías. En Francia, se celebró en 1898 la primera Feria Internacional del Automóvil, y una carrera en que el vencedor logró circular a 27 km por hora. París, en 1906, contaba con 7.000 vehículos, y en 1914 estaban matriculados en Francia 90.000 coches.

El transporte por aire no fue posible hasta que el hombre aprendió a dotar al globo aerostático de un motor y un timón. En 1888 el conde Ferdinand von Zeppelin logró el primer modelo de dirigible, aunque los primeros vuelos útiles no se lograron hasta 1908. Utilizando el hidrógeno, más ligero que el helio,

224

se logró una mayor capacidad de sustentación. Los «zepelines» eran enormes husos de alrededor de 100 metros de largo, que llevaban una cabina en la que cabían de 24 a 72 pasajeros. La velocidad, en 1908, no sobrepasaba los 48 Km. por hora, muy superior, ciertamente, a la de los automóviles. El mayor triunfo de un dirigible fue la vuelta al mundo en 1929. El sistema parecía haber desbancado al avión —más rápido, pero capaz para un número muy reducido de pasajeros— cuando en 1937 el dirigible gigante *Hindenburg*, de 240 metros de longitud, que transportaba un centenar de personas, después de haber cruzado el Atlántico, estaba aterrizando en New Jersey. Una chispa provocó un incendio, el hidrógeno ardió instantáneamente, y el aparato quedó convertido en chatarra en un minuto. Desde entonces, se decidió abandonar la construcción de dirigibles, y todos los esfuerzos se dedicaron al avión.

El vuelo de aparatos voladores más pesados que el aire fue considerado durante mucho tiempo como imposible, pese a que los pájaros gozan de esa cualidad. En 1889, Otto Lilienthal escribió un buen tratado teórico sobre *El vuelo de los pájaros como fundamento del arte de volar*, pero todos los modelos que ensayó fueron un fracaso, hasta que en uno de ellos halló la muerte. Clement Ader inventó otro modelo el *Avion*, con alas tipo murciélago, con el que pudo volar 300 metros. En un tercer intento se estrelló. Solo perduró, curiosamente, el nombre. El primer modelo útil lo consiguieron en 1903 los hermanos Wright con un biplano que logró volar casi a ras del suelo 260 metros. En años sucesivos se fabricaron aparatos más perfectos, hasta que en 1909 uno de ellos realizó la hazaña de cruzar el Canal de la Mancha. Pero la historia de la aviación apenas había comenzado.

La promesa del siglo XX

En 1898 el biólogo A.A. Wallace publicó *The Wonderful Century*. El siglo maravilloso era, por supuesto, el XIX, a punto de finalizar. «Nuestro siglo —escribía Wallace— es superior a cualquiera de los anteriores». «A los hombres del siglo XIX nos ha faltado tiempo para exaltarlo. El sabio y el necio, el poeta y el periodista, el rico y el pobre, todos se apiñan formando el coro de los admiradores de los maravillosos descubrimientos e inventos de nuestra época». De modo que «puede afirmarse que el siglo XIX constituye el inicio de una nueva era del progreso humano». La simple lógica hacía prever que si el siglo XIX podía calificarse de maravilloso, la maravilla quedaría potenciada en el venidero siglo XX. Reinaba entonces, escribe Bertrand Russell, «una suerte de optimismo científico que hizo creer a los hombres que el Reino de los Cielos estaba a punto de instaurarse en la tierra»..., y por obra del propio hombre, sería preciso añadir. Tal es el espíritru de la oda de Swinburne, que empieza con un «¡gloria al hombre en las alturas!». El optimismo positivista había llegado a un grado de suprema exaltación.

Lo que Carlton Hayes llama «la promesa del siglo XX» tiene mucho de mesianismo —puramente humano, es preciso repetir—, que cree, por obra de la seguridad positivista y por la conciencia de los impresionantes logros científicos, llegada una edad nueva y maravillosa, en que desaparecerán todos los males del mundo. El hambre será un recuerdo de épocas superadas. La producción puede aumentar con las nuevas técnicas de cultivo y el desarrollo de una ganadería planificada hasta cubrir las necesidades del género humano. Pero gracias a la ciencia ni siquiera será necesario comer. Berthelot profetizaba el uso de unas «pastillas azoadas» que dotarían al hombre de todos los principios necesarios para el mantenimiento de su vida, al tiempo que podrían potabilizarse enormes cantidades del agua de los océanos, para acabar de una vez para siempre con la sed. La abundancia de artículos, gracias a una producción cada vez más masiva y barata, desterraría la pobreza. Las leyes de educación establecidas por todos los estados civilizados, que contemplaban la alfabetización obligatoria, permitía esperar que en poco tiempo todos los hombres sabrían leer y escribir: hasta los más salvajes, gracias a la obra civilizadora de la colonización.

Se profetizaba el vuelo individual, posible con unas pequeñas alas y un motor casi silencioso; los hombres podrían dar la vuelta al mundo en pocos minutos, subirían sin fatiga a las más altas montañas y descenderían con escafandras hasta las más profundas fosas marinas. El clima podría ser alterado, y se provocaría, cuando hiciera falta, la lluvia artificial. Nuevos trajes térmicos podrían aislar a los humanos, en cualquier momento, del frío y del calor. Podría vencerse a la gravedad y crearse la antigravedad. Los avances de la medicina acabarían por encontrar el remedio para todas las enfermedades, sobre todo ahora en que era posible aislar y conocer los distintos gérmenes patógenos, destinados a desaparecer de la tierra. La vida humana sería mucho más larga, y sobre todo mucho más feliz. Cierto que el desarrollo científico y tecnológico permitía fabricar armas cada vez más sofisticadas y destructoras. Pero los continuos intercambios habían convertido al mundo en un sistema de vasos comunicantes, y a nadie podía ocurrírsele la absurda idea de una guerra general, desastrosa para todos, aparte de que el grado de civilización alcanzado parecía haber superado al fin la posibilidad de un hecho tan bárbaro y antiguo como la guerra. F. Brouta se atreve a hacer esta predicción: «en el siglo XX, a la paz armada sucederá la paz desarmada, porque el convencimiento de que una guerra no genera sino destrucción general derivará forzosamente en una situación de desarme de todos, y la humanidad entera, unida en estrecho lazo habrá de trabajar fraternalmente en la obra común del progreso y de la ciencia». El optimismo científico-positivista había alcanzado su más alto grado. No tardaría en sobrevenir el desengaño.

La gran crisis del siglo XX

«La física del siglo XIX —escribe John D. Bernal— fue una majestuosa conquista de la mente humana, un progreso que, entre los que lo consiguieron, produjo la impresión de encaminarse hacia una nueva y definitiva imagen de la naturaleza y de sus fuerzas, sobre la segura base de las leyes descubiertas, ciertas e infalibles. Esta visión estaba destinada a venirse abajo nada más comenzado el siglo XX».

Fue, de nuevo, un cambio de paradigma. De pronto, todo resultaba ser distinto. Hechos que se tenían como absolutamente fiables, por lo bien deducidos o inducidos que estaban, y porque la realidad del mundo físico era un todo racional y coherente, quedaban desbordados por nuevos y sorprendentes descubrimientos. Las cosas no eran tan sencillas, tan «explicables» como se suponía, y era preciso aceptar, por doloroso que resultara, una realidad infinitamente más compleja, y, sobre todo, era preciso renunciar a una comprensión racional de las realidades más profundas que era dado conocer al hombre; y eso en todos los ámbitos: desde las partículas subatómicas, pasando por los secretos de la vida, hasta las inmensidades insondables del Cosmos. Fue un varapalo tremendo, si se quiere una humillación inesperada, para muchos traumática, de la actitud orgullosa de una ciencia que ya, por obra de la concepción positivista y de la fe en la capacidad de la razón humana para penetrar hasta el fondo de la realidad, se sentía capaz de responder sin vacilación a las últimas preguntas.

La crisis de comienzos del siglo XX es en realidad mucho más vasta que un cambio de paradigma en las concepciones científicas. Afectó también al pensamiento, al arte, a la literatura, a las coordenadas de la cultura occidental. En el fondo, puede representar una crisis de la dogmática confianza del hombre positivista en sí mismo. De pronto pierde esta confianza, y, comoquiera que había abandonado otras instancias anteriores y superiores a él, se queda angustiosamente solo. No es este el lugar en que proceda ahondar en la cuestión. Pero, para comprender mejor los alcances de la «angustia de la ciencia», también conviene recordar que la crisis se opera en todos los ámbitos. Sobreviene una ruptura que quiebra los moldes de lo clásico y lo racional para penetrar en un mundo de sombras indefinidas o de bellezas irreales. Aparecen los «ismos» —el simbolismo, el cubismo, el suprematismo, el abstractismo, el dadaísmo, el fauvismo: los expertos han citado más de cuatrocientos— que representan una rebelión contra las normas de lo razonable y al mismo tiempo una fragmentación de las corrientes casi hasta el infinito. Lo que valía ya no vale: y comoquiera que se rechaza la anterior validez de la norma, esos nuevos caminos divergen en muy variadas direcciones. En términos generales, la impresión que nos produce, al menos a primera vista, la crisis de comienzos del siglo XX es la sustitución del superracionalismo positivista y la concepción realista de la vida —incluso en el campo del arte o de la literatura— por una nueva visión desconcertante cuya nota común es lo irracional y lo inexplicable. Se imponen la filosofía existencial, la pintura no figurativa, la poesía no formal que no significa, solo sugiere; el teatro del absurdo, la música atonal. Y el resultado es la dificultad para «comprender» por parte de quien recibe el mensaje.

Es curioso que un fenómeno sorprendentemente paralelo se registre en el mundo de la ciencia. La ciencia, a lo que parece, debería seguir una trayectoria distinta, por una razón muy sencilla. Tenemos la impresión —que hasta cierto punto podría ser falsa— de que la filosofía, la literatura, la pintura, la música cambian porque cambia la mentalidad del creador y su concepción de las cosas; la filosofía cambia porque cambia la concepción del filósofo, la pintura cambia porque cambia la del pintor, la música cambia porque cambia la del compositor. Y quien hace arte, pensamiento o literatura vive inmerso en un mundo, en una mentalidad que le sugieren nuevos caminos de orden subjetivo, las corrientes, las modas, las actitudes dominantes, lo que está en la cresta de la ola. Pero la ciencia cambia —¡y en este punto también nuestra impresión podría ser falsa!— porque la naturaleza de lo observado resulta ser distinta a lo que antes se suponía. No es el científico el que varía de actitud, sino que la realidad estudiada le obliga a variar. En ocasiones, los nuevos descubrimientos desconciertan al sabio, hasta le ponen de mal humor: una reacción que se puede advertir muy claramente en Planck, después en Niels Bohr. ¿Qué es lo que ocurre? ¿Que la orientación de las ciencias cambia porque cambian las mentalidades? ¿O es que las mentalidades cambian porque cambia la visión de lo observado? Esta última eventualidad es mucho más fácil de aceptar. Y, sin embargo, ofrece muchos problemas. Cabe admitir la posibilidad, por poco probable que en principio parezca, de que la mentalidad del científico cambie al tenor de los tiempos. Se ha dicho que Bracque, uno de los creadores del cubismo, era amigo de un físico. Posiblemente ese físico no conocía a fondo —en aquel momento casi nadie las conocía— las teorías de Einstein: y sin embargo se ha dicho que Bracque o Picasso representan un universo de n dimensiones. Lo cual es posible, pero muy discutible. Se ha dicho que la poesía hecha con palabras sacadas al azar de Tristan Tzara está relacionada con la teoría cuántica, lo cual es más discutible todavía. O que la *Verlust der Mitte*, «la pérdida del centro» de que trata Seldmayr tiene que ver con la aleatoriedad de los sistemas de referencia. La mayoría de las personas cultas saben muy bien que los artistas o escritores de comienzos del siglo XX sabían muy poco sobre la ciencia que estaba sorprendiendo a los sabios, ni acertaban a comprender su significado o su falta de significado. Los dos fenómenos se dan simultaneamente sin relación alguna entre sí, a pesar de sus notas comunes. ¿O existe esa relación y no podemos adivinarla?

Mach y la inseguridad

Si en algún caso existió una actitud previa e intencionada por parte del científico para destruir los supuestos de su tiempo, el máximo representante de esa actitud fue Mach: con la agravante de que atacaba esos supuestos en nombre del positivismo. Ernst Mach (1838-1916) fue profesor de Física en la universidad de Praga. Sus aportaciones en el campo de la mecánica, de la óptica y de la acústica no fueron nada despreciables. La más conocida se refiere a la relación entre la velocidad de un cuerpo y la velocidad del sonido; y a la onda de choque que se produce cuando un cuerpo en movimiento rompe la «barrera del sonido». Pero Mach, además de eminente científico, fue filósofo, muy influido por Kant y sus «juicios sintéticos a priori». En 1888 comenzó a estudiar los apriorismos de los científicos, y diez años más tarde publicó la versión definitiva de su *Contribución al análisis de las sensaciones*. Mach pone el dedo en la llaga al observar que los científicos son incoherentes con sus propios principios. Si la ciencia solo cree en los fenómenos y deja a un lado los conceptos porque son «filosóficos», ¿cómo sigue admitiendo conceptos que en el fondo no son más que abstracciones? ¿Por qué, si admitimos que el color o el sonido no son más que conceptos, y en cuanto tales no existen (vid. pág. 200), no decimos lo mismo del espacio, el tiempo, el movimiento? Si solo los fenómenos son verificables, quedémonos en la descripción de los fenómenos, y no demos por supuestos los conceptos que empleamos para explicar la pura fenomenolgía. Por ejemplo, la mecánica debe quedar reducida a cinemática (cinemática: la ciencia que estudia los movimientos sin atender a sus causas).

Mach va contra la aceptación universal del principio de causalidad. Si ocurre un fenómeno, e inmediatamente después de él ocurre otro, ¿tenemos «razón suficiente» para decir que el primero es causa del segundo? Es posible que estemos presuponiendo, por comodidad o por prejuicio, una dependencia de los fenómenos entre sí. Los filósofos ya habían alertado contra la falacia de decir *post hoc, ergo propter hoc*. Si a un eclipse de luna sucede el desbordamiento de un río, no tenemos derecho a afirmar que el eclipse es la causa de la crecida. Mach lleva esta precaución hasta el extremo. Nunca sabemos si un fenómeno es «causa» de otro, sino que sigue a otro, y eso es lo único que podemos afirmar con seguridad. El ataque al principio de causalidad como un prejuicio, o tan siquiera como una expresión de certeza absoluta, viene a herir profundamente uno de los más caros supuestos de la ciencia positivista. Toda una poderosa arquitectura del pensamiento científico, basada en la intercausación, en la relación causa-efecto, queda en entredicho, o por lo menos se convierte en algo hasta cierto punto discutible.

Pero Mach llega mucho más lejos cuando denuncia la fragilidad del concepto de «ley». El método científico positivista es el inductivo: observa un fenómeno, o, para ganar tiempo, lo experimenta: comprueba que una vez y otra y otra el resultado es el mismo. Si hacemos caer una piedra sobre el estanque, se formarán una serie de ondas concéntricas. Si arrojamos otra piedra, se repetirá el mismo fenómeno. E igualmente ocurrirá cuando arrojemos otra, y otra y otra piedra. Entonces, dicen los científicos, la repetición indefinida nos permite *inducir* la ley. Ahora bien, ¿hasta dónde hemos de llegar con la observación de un fenómeno para poder estar seguros de que se repetirá siempre? ¿Tenemos derecho a detenernos cuando hemos arrojado diez mil piedras al estanque, y quedamos dispensados de arrojar la piedra diez mil uno? Porque, y eso ningún científico sería capaz de negarlo, una sola excepción basta para quebrar la ley. La ley será, en todo caso, «una probabilidad que tiende a infinito», nunca una seguridad absoluta. ¿Por qué hablamos de leyes universales y perpetuas si no podemos tener la completa seguridad de que van a cumplirse en todos los casos? Pero es que aún hay más: como que existen leyes que no se cumplen. La ley de Boyle precisa que el volumen de un gas, a temperatura constante, es inversamente proporcional a la presión. ¡Pero si ningún gas obedece exactamente a esta ley! En cada caso hay que aplicar un factor de corrección. Es decir, no hay «gases perfectos»; o por mejor decirlo, no hay leyes perfectas. Y si una ley no es perfecta, no es ley.

De Mach deriva la filosofía del «como si». Puesto que hemos de renunciar a los conceptos, si nuestras ideas sobre la relación de los fenómenos entre sí obedecen a juicios *a priori*, si no podemos estar absolutamente seguros de que un fenómeno provoca otro, no podemos operar más que por analogía. Newton, afirma Mach, «fue más allá de los hechos». Cayó en lo hipotético al enunciar la Ley de la Gravitación cuando la idea de gravitación no es más que un concepto. No puede decirse: «dos cuerpos se atraen entre sí en razón directa de sus masas e inversa del cuadrado de su distancia»; sino en todo caso: «dos cuerpos se comportan entre sí *como si se atrajeran...*». Es curioso: el orgullo de la ciencia positivista sufrió un duro golpe por obra de un hombre que proclamaba un positivismo radical. Fue un ataque con las mismas armas. Siempre podía decirse que las ideas de Mach no pasaban de ser las lucubraciones de un filósofo. Mach fue un filósofo, en efecto. Pero fue al mismo tiempo un eminente científico.

Einstein y la Relatividad

En 1887 el físico Albert Michelson inventó un interferómetro para medir la velocidad de la luz. En realidad, no se trataba tanto de esta medida como de superar la teoría del éter. El éter, como la piedra filosofal o el flogisto, era uno de los grandes mitos de la ciencia, concebido por muchos para explicar el movimiento de la luz y de otras radiaciones a través del espacio. Así como el sonido necesita un medio en el cual moverse (concretamente la atmósfera; el sonido también se transmite a través del agua, de los metales, etc., pero no en el vacío), parecía necesario admitir un medio a través del cual pudiera circular la luz. En este caso, la discusión sobre el éter no nos interesa, excepto para negar su existencia: las radiaciones se transmiten sin necesidad de medio alguno. Michelson se asoció con otro físico, F. Morley, y realizó un sensacional experimento. Dicho de una manera muy simplificada, el interferómetro consistía en unos espejos que giraban a gran velocidad. Se suponía que, cuando se movían el dirección contraria a una corriente de luz, las partículas luminosas llegarían a la superficie de los espejos con más velocidad que cuando se alejaban de la fuente luminosa. Esto parecía un postulado fundamental de la mecánica. Se conocía ya con bastante precisión la velocidad de la luz, pero el interferómetro de Michelson-Morley permitiría afinar esta precisión todavía mucho más (y de paso comprobar o rechazar la existencia del éter). Sin embargo, el delicadísimo instrumento no acusó diferencia alguna. La luz llegaba a los espejos con la misma velocidad cuando se acercaban que cuando se alejaban de la fuente luminosa. Nadie se explicó este fracaso, que fue, como se ha repetido muchas veces, «la más importante experiencia negativa de la historia». ¿Qué ocurría? ¿El instrumento estaba mal concebido? ¿Existía tal vez un defecto de fabricación?

Las discusiones sobre un hecho tan inesperado se generalizaron. Y en 1905, un físico, empleado de la Oficina de Patentes en Berna (vid. pág. 216) llamado Albert Einstein, publicó un artículo en la revista *Annalen der Physik* titulado «Sobre la electrodinámica de los cuerpos en movimiento», en que llegaba a la conclusión más sorprendente: el interferómetro de Michelson estaba perfectamente concebido y fabricado, y sus medidas eran exactas. Lo que ocurre es que el valor de la velocidad de la luz es absoluto con independencia del sistema de referencia que lo emite o lo percibe. Albert Einstein había nacido en Ulm (Alemania) en 1879, y moriría en Princeton, Estados Unidos en 1955. No fue un estudiante aventajado, pero tampoco tan torpe como a veces se ha dicho. Se hacía y hacía continuas preguntas, un hecho que molestó a algunos profesores. Y tuvo siempre un espíritu muy independiente. Al fin se nacionalizó suizo, y aunque no logró ser profesor universitario, encontró empleo en la Oficina de Patentes. En los ratos libres, se dedicaba a escribir artículos sobre temas de física y de cálculo. Los tres trabajos que envió en 1905 revolucionaron los conceptos de espacio y de tiempo, e iniciaron la desconcertante visión científica del siglo XX. De aquí que si se ha considerado *annus mirabilis* el de 1666, por ser el más fecundo de la vida de Newton, se haya vuelto a dar la misma consideración al de 1905, quizá el más importante de la nueva revolución científica.

De la teoría de Einstein se deduce que un cuerpo es tanto más corto cuanto mayor es su velocidad. Con frecuencia se ha citado la paradoja del tren: un tren que es algo más largo que un túnel, si circula a máxima velocidad, resulta que la cabeza de la locomotora estará en la salida del túnel cuando el final del vagón de cola esté justo en la entrada: es decir, tendrá, para un observador, el mismo tamaño que el túnel. La única velocidad absoluta y al mismo tiempo la mayor posible, es la de la luz, de suerte que si un cuerpo se moviera a la velocidad de la luz, se acortaría de tal modo, que dejaría de tener una dimensión: sería alto y ancho, pero no sería largo: simplemente un plano. Una paradoja todavía más sorprendente es la de los dos gemelos: supongamos dos seres humanos de la misma edad; uno emprende un viaje espacial a una velocidad asombrosa, y otro se queda en la Tierra; si el primero regresa, se encontrará con que es más joven que su hermano: tendrán edades distintas. El hecho es, en sí, inverificable; lo único que puede decirse es que el viajero «medirá» un tiempo más corto que el que permanece en reposo. Este punto sí que pareció comprobado, cuando, en 1980 un reloj atómico hizo un viaje de largo recorrido en un avión supersónico: al regreso estaba muy ligeramente retrasado —en una pequeñísima fracción de segundo— respecto de otro reloj atómico sincronizado con él, y que había quedado en tierra. Algo por el estilo pudo experimentarse después con un acelerador de partículas que parecía «alargar el tiempo» de los «muones», unas partículas de vida muy corta.

Naturalmente, estas medidas no pudieron ser realizadas en tiempos de Einstein. Pero sí otras, relacionadas con la Teoría General de la Relatividad, expuesta en 1915-1916. Según la Teoría General, la gravedad y la aceleración forman parte de una misma realidad. Si viajamos en un vehículo y este frena, seremos empujados hacia adelante, como si fuésemos atraídos en esa dirección. Si el vehículo describe una curva brusca, recibiremos un empuje lateral hacia el lado convexo de la curva. En el fondo, los planetas en sus órbitas no experimentan otra cosa que un fenómeno de aceleración. Este efecto se describe en física clásica como inercia, un fenómeno muy bien descrito por Newton; pero Einstein supera a Newton, en cuanto que nos proporciona un concepto mucho más profundo (y mucho menos intuible por una persona no versada en el tema). De acuerdo con la Relatividad General, el tiempo y el espacio están profundamente interpenetrados entre sí, de modo que constituyen un «espaciotiempo» sin duda no fácil de explicar por los métodos ligados a la lógica tradicional, pero formulable por ecuaciones matemáticas deducidas impecablemente. Resulta que el espacio se curva en torno a una masa, y en consecuencia, puesto que hay masas en el Universo, el espacio es curvo. No se trata de que en el espacio haya curvas, sino que la curvatura es una propiedad del espacio. Al curvarse sobre sí mismo, acaba cerrándose sobre sí mismo, como ocurre con una línea que se cierra (una circunferencia) o una superficie que se cierra (una esfera). El espacio es así una realidad de cuatro dimensiones, de las cuales nosotros, seres limitados, solo podemos percibir tres (delante-detrás, derecha-izquierda, arriba-abajo); la cuarta solo es perceptible, a lo sumo, por el tiempo. Quizá podamos comprender mejor lo que es la «hiperesfera» de Einstein, con sus cuatro dimensiones, si leemos la curiosa novela de E. Abbot *Planilandia,* un país donde sus inteligentes habitantes no perciben más que dos dimensiones, longitud y anchura, y en ese espacio pueden entenderse y relacionarse. El protagonista encuentra a un habitante de «Linealandia», para el cual solo hay delante y detrás, y se siente superior al pobre desgraciado que solo concibe las líneas (el cual, por supuesto, es feliz en su mundo lineal). En cambio, se sorprende cuando se encuentra con un habitante de Espaciolandia —entendamos un hombre— que concibe tres dimensiones. El planilandés trata de comprenderle, pero al fin lo toma por loco. Es un curioso ensayo sobre espacios de n dimensiones.

Ahora bien: si el Universo se curva hasta cerrarse sobre sí mismo, resulta que el «Universo es finito, pero carece de límites». (En español y en la mayoría de los idiomas es difícil encontrar una expresión más adecuada). Es finito, puesto que se cierra, y se pueden enunciar distancias que de hecho no existen. Pero carece de límites puesto que no comienza ni termina en ninguna parte: como una circunferencia no comienza ni termina en ninguna parte (o, si queremos, comienza en el punto que nosotros mismos elijamos arbitrariamente, y termina en ese mismo punto, «después de haber dado una vuelta sobre sí misma»). Hoy existen muchas teorías sobre las dimensiones y la curvatura del espacio, y se estima que la concepción de Einstein no es necesariamente la más correcta; pero las líneas generales de un *continuum* espacio-tiempo, la imposibilidad de verificar desde dos sistemas de referencia fenómenos simultáneos, la existencia de un espacio de n dimensiones y la misma curvatura del espacio se mantienen incólumes, y hoy se sigue estimando a Einstein como uno de los más grandes científicos de todos los tiempos. El año 2005, centenario de los famosos artículos einstenianos, fue declarado Año Internacional de la Física.

Las teorías de Einstein causaron sensación en la comunidad científica, y en muchos casos también escándalo. Se le acusó por algunos de loco y de quimérico. Las discusiones fueron enconadas. Se pidieron pruebas. Y la más espectacular fue sin duda el eclipse de sol de 1919. De acuerdo con las teorías de la Relatividad, la propia luz del sol sería desviada por la masa de la luna; más exactamente, sería desviado el espacio, y con él la propia luz. Los experimentos, realizados con la mayor precisión posible, demostraron la validez de la afirmación de Einstein, y la conmoción por este hecho, en principio inexplicable, fue inmensa. Según Paul Johnson, «ni antes ni después ningún episodio de verificación científica atrajo nunca tantos titulares o se convirtió en tema de comentario universal». La Teoría de la Relatividad quedó reforzada, pero subsistieron hasta los años 30 reticencias o incomprensiones de muchos físicos; hasta se buscaron teorías alternativas, un poco más aceptables por la lógica humana. Ninguna de ellas prosperó. En 1921 le fue concedido al físico judíoalemán el Premio Nobel de Física, y viviría el resto de su vida como un mito.

La teoría de la Relatividad, qué duda cabe, es en alto grado perturbadora, y nos viene a decir que el mundo no es como nos lo habíamos imaginado; y lo peor del caso es que no podemos imaginarlo tal como es, porque resulta inimaginable a nuestra mente. Se puede formular, no se puede «comprender». En comentario de Roland Stromberg, con Einstein «desapareció del Cosmos un apoyo aparentemente sólido y el Universo se tornó menos amistoso para la humanidad y menos a la medida del hombre». Hemos de resignarnos a la idea de que hay realidades cuya existencia se puede fundamentar matemática y hasta experimentalmente, pero que no resultan fácilmente comprensibles para la inteligencia humana, y más particularmente para la inteligencia de personas tal vez cultas, pero no especializadas. Se dijo a mediados del siglo XX que sólo seis mentes privilegiadas eran capaces de comprender la teoría de la Relatividad. Realmente, la teoría de la Relatividad no está destinada a ser «comprendida», sino a ser formulada, aplicada y asumida.

Antes de terminar resulta conveniente aclarar dos puntos. Primero: se ha hecho frecuente, sobre todo en nuestros tiempos, confundir relatividad con relativismo, es decir, pensar que las teorías de Einstein demuestran la idea de que no es posible distinguir el bien del mal, la verdad de la mentira, lo bello de lo feo, y, en suma, que «todo es relativo». Muchos trabajos realizados precisamente con motivo del Año Internacional de la Física destacan que la Relatividad es precisamente más sólida, más coherente con una última realidad absoluta, que las ideas, aparentemente tan razonables e indestructibles de la Física Clásica. El mismo Einstein reconocía su «humilde admiración por el ilimitado espíritu superior que se revela en los detalles que podemos percibir con nuestra frágil y débil mente». No pretendió nunca que *todo* es relativo; sino que la realidad está tan lejos de nuestra limitada comprensión humana, que no podemos penetrarla hasta el fondo, porque es demasiado grande para nosotros. Y segundo: el hecho de que «las cosas no son como las vemos» no afecta en absoluto a nuestra vida ordinaria. La realidad de que vivamos en un espacio de cuatro dimensiones no nos impide vivir y ser felices —si somos, por otra parte, capaces de ello— en el espacio de tres dimensiones que intuimos. Que la gravitación no sea más que una forma de aceleración, que la línea recta no sea, a escalas macrocósmicas, la más corta entre dos puntos, no nos impide sostenernos válidamente sobre la superficie de la Tierra o trazar una recta perfectamente válida a escala humana. Que un hombre, a una velocidad cercana a la de la luz pueda vivir millones de años —según su forma peculiar de medir el tiempo— es un hecho irrelevante para nuestra existencia, puesto que nunca podremos alcanzar esa velocidad ni medir ese tiempo. Para defendernos en este mundo —o si llega el caso para viajar a Marte— nos basta y nos sobra la precisión de nuestros relojes. Una cosa es la realidad total de un Universo en gran manera misterioso e indescifrable —y por eso mismo más maravilloso que nunca—, y otra muy distinta la validez de las formas que nos sirven para entendernos en este mundo.

Planck y la incertidumbre

Cuando nos referíamos al cálculo infinitesimal, recordábamos una de las famosas «aporías» de Zenón de Elea, la de Aquiles y la tortuga (vid. pág. 119). Puesto que hemos prometido ocuparnos de otra aporía, la expondremos brevemente. El sagitario tensa su arco y dispara una flecha. A partir de ese momento, ¿la flecha se mueve o no? Todo el mundo dice que sí, excepto el siempre original Zenón. Supongamos, dice, que la flecha, en un momento determinado, está en un punto determinado. Un infinitésimo de tiempo después ¿está en el mismo punto? Si está en el mismo punto, no se ha movido, y como el tiempo está compuesto de infinitésimos de tiempo, la flecha no se mueve en ninguno de ellos. Por tanto, no se mueve. Si no está en el mismo punto, y comoquiera que no hay tiempo entre un infinitésimo de tiempo y el siguiente, la flecha tampoco se ha movido, sino que ha dejado de existir en un punto y ha comenzado a existir en el otro. Tampoco eso es «movimiento». Bien: si el problema de Aquiles y la tortuga queda satisfactoriamente resuelto por el cálculo infinitesimal, el de la flecha que deja de existir y comienza a existir en otro punto da la razón a Zenón —no con respecto a las flechas, por supuesto— por obra de la mecánica cuántica. De aquí que el efecto de la mecánica cuántica en el conocimiento humano sea todavía más perturbador que el de la Relatividad.

Un día de 1900 el director de la cátedra de Física Teórica de la Universidad de Berlín, Max Planck, dijo a su hijo al regresar a casa: «me parece que he hecho un descubrimiento que va a cambiar el mundo». Planck intuía lo que estaba diciendo, aunque no podía calcular exactamente sus consecuencias. Había dedicado mucho tiempo a estudiar la «radiación de un cuerpo negro», un extremo en que aquí no vamos a entrar, y al fin se fue dando cuenta de que todos los valores de cualquier forma de energía que pudo medir son múltiplos de un número pequeñísimo, que podemos enunciar como

$$6, 626 \times 10^{-27} \text{ erg.}$$

El ergio es una unidad de energía (la capaz de mover un gramo un centímetro durante un segundo). La expresión diez elevado a menos veintisiete equivale a escribir un cero, una coma y veintiséis ceros seguidos antes de un 1. Tan pequeñísimo valor está tan lejos de nuestra capacidad de imaginación como la distancia a los astros más remotos. De aquí que en la vida práctica parezca carecer de valor. ¡Pero todas las formas de energía que conocemos estan constituidas por una cantidad casi infinita de unidades de energía pequeñísimas! A esta pequeñísima unidad de energía, por debajo de la cual no existe ninguna otra, llamó Planck *quantum*. Un quantum equivale en cierto modo, por tanto, a un átomo de energía. Muy bien: conocemos lo que es un átomo de materia, ahora conocemos lo que es un átomo de energía: la física clásica parece que ha llegado a su culminación.

El descubrimiento provocó las mejores sensaciones en la comunidad científica, aunque Planck intuyó desde el primer momento que semejante constatación iba a plantear muy serios problemas (el mismo Planck confesó, al darse cuenta de ellos, que se sumió «en un estado de desesperación»). Y esos problemas no sobrevinieron por la existencia de un átomo de energía, sino por el descubrimiento de que los átomos de la materia no son tales átomos, sino que están compuestos por partículas todavía más pequeñas. Estas partículas se fueron descubriendo poco a poco, hasta presentar un panorama completamente nuevo (vid. pág. 205).

Resultó que los electrones se movían, o varios por la misma órbita, o varios por distintas órbitas. Niels Bohr, que por un momento creyó poder ofrecer una hipótesis coherente con la ciencia clásica, se dio cuenta de lo que eran los «pisos» de los electrones, y cómo pequeñas diferencias de carga provocan el salto de un electrón de una órbita a otra. Ahora bien: los movimientos de los electrones requieren una energía *menor* que un quantum. ¿Cómo explicar semejante contradicción? La suposición más lógica, si la lógica pudiera entrar en estas cuestiones, sería la de que el quantum está mal establecido, y hay unidades de energía menores todavía. Pero la observación demostraba que no era así. Bohr, y Dirac llegaron a la conclusión de que las partículas atómicas *no se mueven* en el sentido que solemos dar a esta expresión: saltan, y si queremos decirlo de forma más ajustada, dejan de existir en un punto para comenzar a existir en otro.

Si queremos predecir estos saltos, nos sentiremos sumidos en un mar de incertidumbres; puede saltar esta partícula o la otra, puede saltar ahora mismo o un instante más tarde. Esos cambios de posición, que no desplazamientos, son instantáneos, impredecibles, como si estuvieran sometidos a un sorteo. La certeza se ve sustituida por la probabilidad, y nunca podremos saber de antemano qué partícula va a ser la primera en dar el salto, ni tampoco sabremos de dónde a dónde. La física clásica se basaba siempre en la absoluta regularidad de los fenómenos, en su rigurosa previsibilidad. En la física cuántica, acertar de antemano la verificación de un fenómeno concreto es una simple quimera condenada al fracaso. De aquí el desconcierto de los científicos al penetrar en el comportamiento de los componentes más pequeños de la naturaleza, las partículas subatómicas. Estos comportamientos, ¿están determinados por el capricho? No, en cuanto que el equilibrio del sistema se mantiene estable estadísticamente; sí, en cuanto que no existe una norma que determine el cómo y el cuándo de la verificación de cada fenómeno. Todo parece funcionar más por casualidad que por causalidad.

Dando un paso más en este desconcertante camino, Werner Heisenberg observa en 1927 que si tratamos de definir el punto en que se encuentra una partícula, no tenemos la menor posibilidad de establecer su movimiento; si, por el contrario, intentamos establecer su movimiento, se nos convierte en una onda cuya posición no podemos fijar nunca. Es el llamado *principio de incerti-*

dumbre, una de las más desconcertantes paradojas de la física de partículas. ¿Corpúsculo u onda? Huygens había creído que la luz era un fenómeno ondulatorio. Newton que era un fenómeno corpuscular, formado por pequeñísimos cuerpos que luego se llamaron fotones. ¿Cuál es la verdad? Las dos, pretenden ahora los físicos; un fotón se comporta como un corpúsculo cuando lo examinamos de determinada manera, o como una onda, cuando lo estudiamos de otra. Posee una doble personalidad; se manifiesta como dos cosas distintas, según la manera de observarla o según el observador, pero sin embargo esas dos cosas no son más que una. Maurice de Broglie trató de encontrar un concepto nuevo capaz de «explicar» esta naturaleza dual. Avanzó, pero no lo encontró ¿O será tal vez, como pretenden otros, que una partícula no es ni un corpúsculo ni una onda, pero se comporta como esas dos cosas a la vez? No lo sabemos.

Para J.D. Bernal, la mecánica cuántica introduce en la serenidad de la ciencia un elemento «perturbador», capaz de «producir malestar», un conjunto de fenómenos desconcertantes que solo pueden expresarse mediante «números mágicos», que poseen «un cierto sabor cabalístico». No hubo más remedio que arbitrar nuevos términos y nuevos símbolos, no ya para «explicar» esos fenómenos, que son por naturaleza inexplicables; sino tan solo para expresarlos de alguna manera. Pero esos fenómenos contradicen los principios más elementales de la lógica. Una partícula «está» y «no está». «Es» una cosa y «es» la otra. Para Jean Guitton, científico y filósofo al mismo tiempo, «la teoría cuántica nos dice que para aprehender lo real hay que renunciar a la noción de lo real. Que el espacio y el tiempo son ilusiones. Que una misma partícula puede ser detectada en dos puntos a la vez. Que la realidad fundamental es incognoscible». Si la Relatividad sumió a la comunidad científica en un torbellino de magnitudes cósmicas, la teoría cuántica la hizo entrar en un mundo de radicales contradicciones.

Freud y la primacía del instinto

Desde que fueron difundidas las teorías de Darwin, una impresión pesimista, degradante, que afectaba a la dignidad de la condición humana, se instaló en muchas conciencias. Esta impresión quedaría potenciada con una teoría que no se refería al origen del hombre, sino a su propia naturaleza. Sigmund Freud (1856-1939) fue un médico nacido en Freiberg, Moravia, hoy República Checa, que se estableció en Viena, cada vez más aficionado a la psiquiatría. Su visita al famoso especialista en enfermedades nerviosas, Jean-Martin Charcot, en París (1885), decidió su vocación. Exploró los más diversos sistemas curativos de las anormalidades psíquicas, comenzando por la cocaína, que él consideraba como un simple estimulante, hasta que se dio cuenta de sus efectos perversos. Luego se inclinó por la hipnosis, un método entonces de moda, con el que no obtuvo los resultados que esperaba. Al fin intuyó la práctica de la libre «asociación» —el paciente asocia una palabra, una idea, una imagen con otra, por más que no tengan relación lógica entre sí—, asociación que, según Freud, permite el análisis de lo inconsciente. Otro medio de rastrear los repliegues del inconsciente es para Freud el estudio de los sueños, que creyó un elemento revelador de un algo muy oculto en la personalidad de cada uno. Su primer libro importante, *El lenguaje de los sueños* (1900), defiende la importancia de lo inconsciente como elemento definidor de la persona, mucho más revelador que el consciente. Finalmente, Freud puso en práctica el psicoanálisis, obteniendo la total relajación del paciente, y dejando que, por asociación o por instinto, hablara de sí mismo o de lo que estaba pensando o imaginando. El psicoanálisis tuvo sus horas de gloria, y aún está de moda en algunos países, especialmente americanos, por más que muchos psicólogos sigan dudando de su eficacia terapéutica.

Freud separó como nadie había hecho hasta entonces el concepto del consciente y del inconsciente. Lo más elemental que anida en el hombre es el deseo primario, anterior a toda reflexión, de felicidad y placer, expresado ante todo por el apetito sexual. En el inconsciente se encuentran también «asociaciones», relaciones irracionales, pero primigenias, que generan curiosos complejos, no racionalmente explicables, pero existentes, y propios de cada individuo, que pueden condicionar su conducta y su forma de reaccionar ante los estímulos que recibe. Al inconsciente, centrado en torno al *ello*, el objeto del deseo, se opone el consciente, que, por efecto del raciocinio, o bien de formas y convicciones aprendidas por contacto con otras personas o mediante la educación, trata de refrenar sus instintos, y erige un *super yo* que trata de sublimar sus vivencias, desviar sus instintos hacia otros centros de atención como la ciencia, el arte o el deporte, y obrar de acuerdo con una ética. La obra de Freud tiende a considerar auténtico y natural el mundo del inconsciente, mientras que el consciente tiene un componente artificioso, que, además, ejerce una «censura»; y esta censura significa una forma de «represión» que aparta al sujeto de lo más íntimo y elemental de su ser. Es cierto que la represión le convierte en un ser correcto, educado y amigable. Pero es producto de una violencia sobre lo natural. La censura es sin duda necesaria para la humana convivencia y para el desarrollo de una cultura organizada; pero es artificial, y algo así como una película, una careta que desfigura lo más íntimo y profundo, y produce una apariencia falsa, de superficie, de lo que realmente es cada ser humano. En él late, quiera que no, lo más elemental y primario de su instinto, lo más brutal, lo más grosero, que puede manifestarse en cualquier momento, por elevado que sea el nivel cultural de una civilización. Cuando estalló la primera guerra mundial entre grandes potencias supercivilizadas, en 1914, Freud manifestó que el hecho era la mejor demostración de sus teorías.

La concepción freudiana introdujo nuevos planteamientos, y por más que las técnicas del psicoanálisis hayan sido siempre discutidas —hasta ahora mismo—, y por más también que se haya tildado a su autor de poco científico, más tendente al ensayismo que al rigor, muchas de sus intuiciones parecieron convincentes, e hizo muy pronto grandes adeptos, como también se ganó tenaces enemigos. Su afición a la polémica, sus afirmaciones dogmáticas y su oposición indignada a quienes no opinaban como él favorecieron la belicosidad entre admiradores y detractores que siempre le rodeó y todavía hoy, aunque, mitigada, le sigue rodeando. Muchas ideas freudianas —brillantes son todas, porque su autor era un magnífico y sugestivo escritor, dotado de una especial capacidad de persuasión— son hoy aprovechables, y han servido para nuevos planteamientos en el campo de la psicología y la psiquiatría. Otras son teorías, ensayo tan sugestivo como sin fundamento suficiente, y por naturaleza discutibles, aparte su pesimismo, que trata de dejar en primer plano los aspectos más innobles o más «animales» de la naturaleza humana. No deja de ser curioso que las doctrinas marxistas y neomarxistas, que pueden parecer de naturaleza radicalmente distinta, hayan exaltado la figura y la doctrina de Freud, hasta mitificarla. El punto común reside en la idea de que el hombre no aspira más que a satisfacer sus necesidades materiales; y, en la demanda de la satisfacción de este deseo, se encuentra siempre con la oposición de las *estructuras* establecidas, que ejercen una «censura» e imponen una «represión». También las distintas ideologías libertarias y permisivistas encontraron en muchas palabras de Freud un excelente apoyo. No cabe duda de que los entusiastas freudianos llegaron mucho más lejos que Freud, y exageraron sus postulados.

Pero siempre quedó la idea de un hombre cuyos instintos son más auténticos y más determinantes que sus actos racionales, un hombre cuya libertad es coartada continuamente, y del cual desaparece una distinción clara entre el ser y el deber ser, entre el instinto y la racionalidad, entre el bien y el mal. Y la de que ese hombre, en el fondo, no es libre.

La «angustia de la ciencia»

El brusco cambio de paradigma que supone la revolución científica de comienzos del siglo XX representa un tránsito decisivo, en ocasiones dramático, en las actitudes y en las concepciones de la realidad, que afecta no solo a los hombres de ciencia, sino por su difusión en el seno de una sociedad cada vez más culta y desarrollada, a todo el mundo occidental, y originó una crisis de conciencia de vastas proporciones en la mentalidad de los hombres de Occidente. Este tránsito se opera en las siguientes direcciones. Se pasa:

1. De la fe indiscutible en la ciencia propia de los tiempos positivistas y realistas, a la duda dramática en sus principios.

2. De un ambiente de seguridad a otro de incertidumbre.

3. De la afirmación de la razón como fuente de certeza a la conciencia de lo irracional.

4. Del dogma de un progreso necesario y asegurado a la idea de una decadencia (el movimiento «decadentista», *La Decadencia de Occidente).*

5. De la creencia en la correspondencia entre el sujeto cognoscente y el objeto conocido a la de la incognoscibilidad de las cosas y la soledad del yo.

6. Del orgullo de nuestra civilización a un complejo de inferioridad de Occidente.

El nuevo panorama, en sus líneas generales, fue visto con desolación por una generación propensa, por lo demás, al pesimismo. Uno de los grandes historiadores del primer tercio del siglo XX, Johan Huizinga escribía: «La ciencia presenta hoy un panorama para cuya comprensión al parecer no está preparado el organismo humano. Y este panorama, de consiguiente, produce un efecto de agobiadora angustia, que llega hasta la desesperación». Para Arthur Koestler, «la relojería mecánica que servía de modelo al mundo del siglo XIX ya no es más que un montón de chatarra».

Los científicos no presentaban por entonces un panorama más optimista. F. H. Bradley: «La naturaleza en sí no tiene realidad... El espacio es solo una relación entre términos que nunca pueden encontrarse». John Wheeler: «Todo lo que conocemos procede de un océano infinito de energía que tiene la apariencia de la nada». Niels Bohr, que por un tiempo trató de encontrar una conciliacion entre la física clásica y la moderna, acabó confesando que «nada tiene sentido, y no tiene sentido tratar de encontrarlo». Y así contestó a un científico que vino a mostrarle una nueva hipótesis: «Su teoría es insensata, mas no lo suficiente para ser verdadera». Fue aquella la actitud que Gaston Bachelard definió como *la angustia de la ciencia*.

ASPECTOS DE LA CIENCIA DE HOY

En el primer cuarto del siglo XX ocurrió un cambio del paradigma de la realidad física que resultó, como otros sobrevenidos a lo largo de la historia, traumático y desconcertante. Como al mismo tiempo se operó un fenómeno de tránsito a lo irracional en otros muchos campos de la cultura propia del hombre de Occidente, la nueva concepción del mundo resultó en alto grado perturbadora. Todo ello quedó potenciado por el desencadenamiento de la primera guerra mundial (1914-1918), un enfrentamiento brutal entre países ultracivilizados (y sin un motivo evidente) que ya muchos juzgaban imposible, y que constituyó la mayor catástrofe bélica que hasta entonces recordaban los siglos. En 1918-1923 publicó Oswald Spengler *La Decadencia de Occidente*, un libro de muy alta difusión en los ambientes cultos y que tuvo una repercusión muy especial en las conciencias.

No faltan motivos para suponer que el mundo siguió loco. Se habla de «los locos años veinte» (en otras partes, especialmente en España, por la prosperidad económica, «los felices», siempre desenfadados); vinieron luego la Gran Depresión, los totalitarismos y la segunda guerra mundial, más espantosa aún que la primera, pero que ya no pilló a nadie por sorpresa. Con todo, llegó un momento en que el pesimismo radical fue dejando de estar de

246

moda. La segunda mitad del siglo XX, aun con los problemas de la guerra fría, el temor a una catásrofe nuclear, el surgimiento de nuevas potencias, o de enfermedades nuevas, no puede calificarse exactamente de angustiada; y sobre todo no parece, al menos en el campo a que aquí nos hemos venido refiriendo, que pueda seguir hablándose de una «angustia de la ciencia». Y esto, sin duda por dos razones: a), el hombre occidental, superado el trauma que significó despertar del sueño de la cómoda seguridad de la época positivista, quedó curado de espantos, y se ha ido haciendo a la idea de que el mundo que nos rodea está lleno de realidades incomprensibles para la lógica humana; pero que esas realidades existen, pueden formularse, e incluso en muchos casos pueden utilizarse; y b) porque la entidad profunda del universo no afecta a la concepción del mundo particular en que nos desenvolvemos y de la vida propia del hombre de la calle, porque todo puede marchar con independencia de que lo comprendamos a fondo. Al fin y al cabo, el hombre fue capaz de adaptarse poco a poco si no a la comprensibilidad, sí a la existencia de los nuevos paradigmas, sin abandonar por ello la comodidad de los paradigmas desechados, que siguen siendo válidos en la vida ordinaria. Por otra parte, aunque admitimos los puntos fundamentales de la nueva faz del mundo físico, tomamos su filosofía con una cierta dosis de indiferencia, porque a la actitud de angustia existencial de la primera mitad del siglo XX ha sucedido otra actitud, la posmoderna, que evita intranquilizarse por lo que no atañe directamente a la vida y a los intereses de cada uno. Tampoco sabemos muy bien si lo que hemos descubierto es definitivo, o quedará matizado por nuevos descubrimientos aún por realizar. La impresión de algunos científicos es la de que nos encontramos en una etapa de transición. Otros piensan que nos encontramos ante un logro en cierto modo definitivo: a ello nos referiremos al final. Pero de una forma u otra, actitudes de «desesperación» como las que hemos advertido en determinados científicos e intelectuales de hace casi un siglo, no están ahora de moda.

Ahora bien, y esto es lo que ahora mismo debe interesarnos, un hecho está claro: la ciencia del siglo XX, sirviendo muchas veces a la más sofisticada tecnología, en otras ocasiones sirviéndose de ella, ha avanzado hasta extremos sorprendentes, que en otro tiempo hubiéranse considerado milagrosos u obra de extrañas brujerías. Aunque la ciencia clásica llegó a su ápice en el siglo XIX, el avance experimentado en la vigésima centuria parece casi so-brehumano. Lo que el hombre ha llegado a saber no cabe entero en el entendimiento, en la capacidad del más insigne de los sa-bios. Leibniz fue un genio del saber universal: filósofo, jurista, diplomático, calculista, geómetra, físico, teólogo. Todavía en la época de la Ilustración encontramos hombres de muy diversos saberes. Los sabios positivistas tendieron a especializarse en una rama del conocimiento, pero poseían la suficiente cultura como para codearse con buenos conocedores de otras ramas de la cien-cia. En el siglo XX, el volumen de lo conocido obliga a avanzar en un frente muy reducido de cada sector del saber: lo que se gana en profundidad es preciso perderlo en extensión. Hemos llegado a una época de superespecialización. Se trabaja en equipo. Cada científico no puede saber «todo» lo que saben los otros... ni siquiera sus compañeros. Y sin embargo —aquí radica el problema— no es posible dominar un estrecho terreno del sa-ber sin conocer otros muy diversos. El físico ha de emplear a fondo las matemáticas. El químico ha de tener en cuenta la física de partículas. El biólogo ha de manejar con soltura la estadística. El cosmólogo que estudia las más enormes extensiones de lo co-nocido ha de penetrar en la realidad de lo más infimamente pe-queño para empezar a explicarse algo. De aquí que para avanzar en la ciencia sea preciso un esfuerzo heroico por dominar la espe-cialidad sin abandonar conocimientos colaterales que resultan imprescindibles. Con todo, los logros han alcanzado un nivel abrumador. No sabemos todavía hasta dónde podrá alcanzar el genio del hombre.

A los protagonistas de la vida ordinaria nos cuesta mucho trabajo meternos en el meollo del científico y en los inextricables problemas que se encuentran en la necesidad de resolver. Esta-mos por lo general mucho más habituados a las conquistas tec-nológicas, sobre todo las más generalizadas en la existencia de todos los días, que a los hallazgos teóricos. Por escasos que sean nuestros conocimientos científicos, manejamos con soltura el te-levisor, la calculadora, el ordenador, el teléfono móvil o el micro-ondas. No nos interrogamos demasiado sobre los principios, sino sobre las aplicaciones, a las que sabemos extraer partido sin particular esfuerzo: si algo se estropea, lo dejamos en manos de los técnicos, «que son los que entienden». Basta que entiendan unos pocos. Pero esta actitud, reconozcámoslo también, no quiere decir que «el hombre de la calle», como suelen llamarle con frecuencia los científicos, se desinterese por los asuntos cruciales de la ciencia. Hay temas que fascinan a casi todo el mundo: la conquista del espacio, el descubrimiento de planetas habitables (y la posibilidad de que existan «extraterrestres»), el «Big Bang», la fisión del átomo, las nuevas energías, la ingeniería genética. El interés por la ciencia, o por el progreso en algunos campos de la ciencia es casi tan grande como en los tiempos del positivismo, y de aquí la publicación de revistas no especializadas, asequibles a todo el mundo, de libros de vulgarización, o de artículos científicos en la prensa ordinaria. Quizá este interés del público haya tenido su parte de culpa en una actitud poco deseable por parte de algunos científicos: el afán de adelantarse, de dar a conocer su presunto descubrimiento antes de que su estudio haya quedado constatado, el afán de sensacionalismo. Pero el interés de la gente por la ciencia está plenamente justificado. Es bueno que se mantenga, que no decaiga jamás.

Resulta materialmente imposible tocar *todos* los temas que se refieren a la ciencia del siglo XX: harían falta para ello muchos libros. Es preciso limitarse a unos cuantos campos, los que puedan parecernos más representativos de nuestro tiempo. Con esta limitación podremos trazar cuando menos las líneas más destacadas del avance del hombre en esa maravillosa aventura comenzada en los tiempos remotos, que se ha mantenido a lo largo de los siglos y que aún no sabemos a qué extremos puede llegar, como es la búsqueda de nuevos conocimientos científicos, y de nuevas aplicaciones de nuestro conocer.

El deslumbrante panorama del Cosmos

Lo que el hombre del siglo XX ha llegado a saber del Universo que le rodea depende, más que de la construcción de enormes y fabulosos telescopios —que también cuenta— de tres factores complementarios:

1) El poder «ver» en todas las frecuencias del espectro. La vista humana, como ya sabemos, solo puede alcanzar una fracción pequeñísima de ese espectro, aunque esa fracción nos resulta perfectamente útil para agenciárnoslas en la vida ordina-

ria. Hoy disponemos de instrumentos que nos permiten observar en el infrarrojo cercano, el infrarrojo lejano, las ondas submilimétricas, las milimétricas, las centimétricas —las de radar, por ejemplo— o las métricas, u ondas radio. Por otro lado, podemos observar en el ultravioleta cercano, el lejano, la frecuencia de rayos X o la de rayos gamma. Esta facultad de ver fuera del visible nos ha descubierto un panorama fascinante.

2) La posibilidad de enviar al espacio sondas de observación. No solo hemos lanzado naves espaciales —tripuladas o no— que han permitido llegar a otros mundos y obtener información de ellos, sino que contamos también con sensores colocados en órbita terrestre, o más lejos, que pueden observar sin las dificultades que interpone la atmósfera terrestre. Sin estos instrumentos que trabajan fuera de nuestro planeta no hubiéramos llegado a saber mucho de lo que hoy conocemos.

3) El estudio de las más diminutas partículas y radiaciones que constituyen la base de la materia y de la energía. Parece un contrasentido, pero la verdad es que sin un conocimiento preciso de lo ínfimamente pequeño no hubiéramos podido saber tantas cosas acerca de lo inmensamente grande; como, viceversa, el conocimiento de las realidades más profundas del Cosmos nos ha permitido saber de la existencia de partículas subatómicas que sin ese conocimiento no hubiéramos llegado tal vez ni a adivinar. Con todos esos medios y un estudio continuado y tenaz, el hombre ha logrado desentrañar la realidad de un Universo en verdad fascinante.

El mundo planetario

A fines del siglo XVIII fue descubierto un séptimo planeta, Urano. A mediados del XIX, el octavo, Neptuno. En 1930, el noveno, Plutón. Un joven ranchero de Arizona, aficionado a la astronomía, Clyde Tombaugh, logró emplearse en el observatorio de Flagstaff, y en varias placas fotográficas diferentes logró identificar el nuevo planeta que se buscaba en la región de Géminis. Se le llamó Plutón. Hoy ya no es seguro que los planetas sean nueve, ni que Plutón sea un planeta. Por de pronto, su hallazgo fue una decepción: no era un gigante, como los que van de Júpiter a Neptuno, sino un cuerpo helado, más pequeño que

Mercurio, incluso que la luna, que recorre una órbita bastante excéntrica. A fines del siglo XX y comienzos del XXI se han descubierto centenares de cuerpos lejanos y helados, de órbita excéntrica, algunos de ellos más grandes que Plutón. Se les llama «objetos transneptunianos», y a ninguno de ellos se le ha reconocido la categoría de planeta. En ese caso, y pese a la tradición que nos han enseñado en el colegio de «los nueve planetas del sistema solar», resulta que, o admitimos centenares de planetas, o destituimos a Plutón de esa categoría. No vale la pena hablar aquí de las encendidas polémicas que con este motivo se han suscitado en el seno de la Unión Astronómica Internacional [1]. Lo cierto es que en el futuro se impone una definición de lo que es un planeta, y una clasificación más coherente de los planetas rocosos (de Mercurio a Marte), los planetas gaseosos (de Júpiter a Neptuno), los asteroides, los objetos transneptunianos, y los cometas, muchos de los cuales son más parecidos a los objetos transneptunianos de lo que hasta hace poco se admitía: sea cual fuere el concepto de *planeta* que se haya de adoptar.

Desde 1969, naves espaciales, tripuladas o no, se han posado en la Luna, Venus, Marte y el satélite de Saturno, Titán; otra ha penetrado —y se ha destruido— en la atmósfera de Júpiter; otras han recogido muestras de dos cometas y un asteroide, y varias se han acercado a Mercurio, Júpiter, Saturno, Urano y Neptuno, aparte de las que están analizando de lejos el sol. Dos naves han abandonado ya el sistema planetario. Nuestro conocimiento de la realidad física de los planetas, su composición, su atmósfera, su temperatura, sus formaciones y paisajes, ha crecido de forma sorprendente, aunque quizás el descubrimiento más importante ha sido, por valor de contraste, el de la realidad diferencial de nuestro propio mundo, el planeta Tierra y sus increíbles propiedades, únicas hasta el momento en todo el Universo conocido, que le hacen susceptible de albergar vida, y vida inteligente. El

---

[1] En agosto de 2006, una nueva sesión de la Unión Astronómica Internacional renovó la polémica hasta extremos impensados. En principio se decidió declarar planetas a Ceres, Caronte (satélite de Plutón,!), Sedna y Xena, con lo que el número total de planetas ascendería a doce. A última hora, posiblemente con mejor criterio, se votó la exclusión de Plutón y de todos los demás cuerpos menores de la lista de planetas propiamente dichos. Aún queda por decidir una buena clasificación de los cuerpos del sistema solar.

milagro de ese «planeta distinto» que es la Tierra resulta muy difícl de explicar, pero lo cierto es que está ahí, o, más exactamente, está aquí.

El mundo estelar

La física estelar ha sido durante la mayor parte del siglo XX el campo predilecto de la astrofísica. Si en 1900 se conocía la distancia a unas 60 estrellas, hallada por métodos geométricos, a lo largo de la última centuria ha sido posible calcular la distancia a miles de estrellas por métodos físicos, por ejemplo la relación masa-luminosidad. Conocida la masa de una estrella, conocida su luminosidad; y, conocida su luminosidad, conocida su distancia. El periodo de determinadas estrellas variables, como las cefeidas, permitió más tarde hallar distancias aún mayores. En general, se determinó el tamaño de nuestra Galaxia, el sistema al cual pertenece nuestro sol, en un orden de más de cien mil años-luz, existiendo en ese inmenso conjunto alrededor de doscientos mil millones de estrellas: unas gigantes, otras relativamente enanas, unas azules supercalientes, otras rojas relativamente frías. Los tipos de estrellas quedaron claramente configurados.

Pero incomparablemente más importante fue el conocimiento de la fuente de la energía estelar. Las estrellas tienen en su superficie una temperatura de miles de grados, y en su interior deben alcanzar millones de grados. Ninguna explicación física era suficiente para dar cuenta de tan fabulosa energía. Fue necesario recurrir a la física de partículas para explicarse lo que sucede en el corazón de las estrellas. Fueron H. Bethe, C.V. Weiszacker y G. Gamow los que teorizaron que en una estrella mediana como el sol la energía se produce mediante un proceso de fusión termonuclear, en el cual el hidrógeno se transforma en helio mediante la acción catalítica del carbono y el nitrógeno. Este proceso en cadena desencadena temperaturas del orden de catorce a veinte millones de grados. El sol es así un horno nuclear capaz de seguir «ardiendo» por espacio de miles de millones de años. Cuando el hidrógeno se ha agotado, y en cambio es ya alta la tasa de helio, arranca la fusión termonuclear del helio, y la temperatura del núcleo puede llegar a más de cien millones de grados: el sol, o la estrella que llega a ese estadio, se hincha monstruosamente, hasta transformarse en una gigante roja; por supuesto, planetas como la Tierra quedarán entonces completamente abrasados. Agotado el helio, el sol, u otra estrella de su tipo, colapsarán sobre sí mismas, y dejarán en su entorno lo que se llama una «nebulosa planetaria». Otras estrellas de gran masa tendrán un fin mucho más dramático: el proceso termonuclear implicará otros elementos cada vez más pesados, hasta que al final la estrella estallará en una catástrofe inmensa, en forma de «supernova»: al final quedará una diminuta estrella de neutrones, superdensa, y una enorme nebulosa en torno.

Al fin fue conocido el secreto de las estrellas. También se pudo teorizar entonces que las estrellas nacen, evolucionan y mueren: a diferencia de los seres vivios, cuanto mayor sea su masa, menor es la duración de su vida, ya que las estrellas gigantes «viven» muy intensamente. Hoy se han comprendido de una manera bastante satisfactoria los procesos que dan lugar al nacimiento, la evolución y muerte de una estrella. Ya Kant y Laplace intuyeron que las estrellas se forman por la contracción de una nebulosa. Solo en el siglo XX fue posible explicar cómo esta contracción se opera precisamente en las zonas más frías de esa masa de gases, donde abunda el hidrógeno molecular. Una vez desencadenado el proceso de colapso de un sector de la nebulosa, este proceso ya no se detiene. Y ya es sabido que cuando un gas se comprime, se calienta. Llega así un momento en que en el centro de la masa de gas que se contrae, la temperatura alcanza millones de grados, y es entonces cuando arrancan las reacciones nucleares, que mantienen «viva» la estrella durante muchísmo tiempo. Ya hemos advertido que cuanto más masiva es una estrella, más corta es su vida y pasa por más vicisitudes, hasta que estalla como una supernova. En tanto se expande una nube de gases, el núcleo queda reducido a una «estrella de neutrones», de solo pocos kilómetros de diámetro, pero de una densidad espeluznante, que gira a una velocidad angular no menos portentosa; imaginemos un cuerpo de ocho kilómetros de diámetro girando a cien vueltas por segundo: ¡realmente no podemos *imaginarlo!*, pero la observación nos demuestra que es y puede ser así. Para estrellas de masa muy grande el desenlace es todavía más asombroso: lo que se forma no es una estrella de neutrones, sino un *agujero negro*, uno de los cuerpos más asombrosos teorizados por la física. La densidad de un agujero negro tiende a infinito, de suerte que ninguna forma de materia o de energía puede escapar de allí: ni siquiera la luz, por eso ese «agujero» se considera negro. En él se rompen todas las leyes de la física, hasta el espacio mismo queda «roto». Imaginemos un granito de arena que posee un peso tan grande como toda la masa del Pirineo: nos habremos quedado ridículamente cortos.

Las nubes formadas por restos de supernovas pueden condensarse a su vez y formar, al cabo de muchísimo tiempo, una nueva estrella. Muchas estrellas, entre ellas nuestro sol, son de segunda o tal vez de tercera generación. No deja de resultar sobrecogedor pensar que el sol, y con él nuestro mundo, incluso nuestra propia realidad corporal, como materia que es, contiene, por ejemplo, hierro (en el cuerpo humano, sobre todo en la sangre, hay unos pocos gramos de hierro). Y el hierro solo puede sintetizarse en una supernova. Pensar que, en nuestra materialidad, somos «polvo de estrellas» nos obliga a reflexionar sobre la grandeza de la Creación en su conjunto.

La Galaxia y las galaxias

Desde los tiempo de Galileo y de Huygens se sabe que la Vía Láctea, esa cinta plateada, dotada de una especial suavidad, que se distingue en las noches oscuras, está formada por miles o millones de estrellas muy lejanas. Puede parecer una especie de cinturón que rodea a las demás estrellas; pero poco a poco se fue intuyendo que este efecto es un fenómeno de perspectiva. Ya Kant intuyó que el Universo tiene forma de disco, y la Vía Láctea no es sino la proyección de la visual hacia los bordes del disco. Este esquema fue aceptado por la mayoría de los científicos del siglo XIX, incluso cuando lord Rosse, trabajando con un enorme telescopio, hacia 1850 descubrió las primeras «nebulosas espirales». Durante un tiempo aquellos extraños objetos fueron considerados, efectivamente, como nebulosas, masas de gases, probablemente en rotación. No fue hasta entrado en el siglo XX cuando se descubrió en ellas la presencia de innúmeras estrellas, sin duda a distancias incalculables. En 1908 Henrietta Leavit descubrió estrellas variables cefeidas en la Nube de Magallanes, un conjunto de cientos de millones de estrellas visible desde el hemisferio sur como una misteriosa nube celeste, que extrañó a los primeros exploradores de Sudamérica. Las cefeidas son unas estrellas cuya luminosidad es proporcional a su periodo. Y conocido su periodo, conocida su luminosidad, y por tanto su distancia. La Nube de Magallanes podía estar a unos 200.000 años-luz, fuera ya del ámbito de la Galaxia. Luego, con gigantescos telescopios, fue posible encontrar cefeidas en lejanas nebulosas en espiral, y por tanto calcular su distancia: no se trataba de nebulosas, sino de galaxias situadas a millones de años-luz de distancia. Se empezó a hablar de «otros universos».

Y fue así como los científicos, entre ellos Harlow Shapley (1885-1972), se dieron cuenta de que nuestra Galaxia, o nuestro propio universo, posee, como otros, una estructura espiral, de varios brazos enroscados. Curiosamente —y quizá afortunadamente— nuestro sol es una estrella situada en una zona interbrazos, tranquila, poco propensa a perturbaciones, y que goza, digamos, de «buena vista» hacia el entorno. Nuestra Galaxia posee un bulbo central formado por estrellas viejas, y una serie de brazos —de cinco a siete— que se extienden sobre un espacio de más de cien mil años-luz. En la Galaxia puede haber doscientos mil millones de estrellas, algunas de ellas con planetas, racimos o cúmulos estelares, nebulosas que un día pueden generar nuevos soles, u otras que son remanentes de supernovas que han estallado. La Galaxia, bastante bien conocida en sus dimensiones y estructura a fines del siglo XX es un conjunto portentoso de soles, cuerpos oscuros, masas de gases luminescentes, estrellas de neutrones, agujeros negros, emisores de rayos X o de rayos gamma, todo un universo cuyo estudio completo llevará tal vez muchos siglos..., pero no es más que una galaxia.

A millones, cientos de millones o miles de millones de años-luz de distancia existen otras galaxias, más o menos tan grandes como la nuestra. Desde los años 30 comenzó a construirse el que entonces fue el observatorio más grande del mundo en Mount Palomar, California, aunque hasta después de la segunda guerra mundial no llegó a prestar servicios útiles. Astrónomos como Harlow Shapley (1885-1972) y Edwin Hubble (1889-1953) clasificaron las galaxias. No todas son espirales. Algunas son elípticas —generalmente las mayores—, otras son barradas, algunas irregulares. Hubble descubrió una realidad portentosa: cuanto más débil se muestra la luz de una galaxia (y por tanto, lógicamente cuanto más lejana está), más fuerte es el corrimiento de las rayas espectrales al rojo: esto significa alejamiento. De aquí se ha colegido el principio de expansión del Universo. Por otra parte, las galaxias no se distribuyen aleatoriamente por el espacio: generalmente están agrupadas en cúmulos de galaxias (la nuestra pertenece a uno de ellos) y los cúmulos se agrupan a su vez en supercúmulos. Cada uno de ellos puede contener miles de millones de galaxias (y no olvidemos que cada galaxia puede contener miles de millones de soles). No se sabe si los supercúmulos son la unidad de agregación más grande del Universo. Se calcula que el «horizonte cósmico», allí donde puede llegar nuestra capacidad de mensura, se encuentra más o menos a quince mil millones de años-luz.

La expansión del Universo y el «Big Bang»

Ya Humason, por 1930, dedujo el alejamiento de las galaxias valiéndose de medios ópticos; muy poco después, Hubble se dio cuenta de que que este alejamiento es tanto mayor cuanto más distante es una galaxia; para aquellas que apenas pueden columbrarse en las placas más sensibles obtenidas con los telescopios gigantes, la velocidad de recesión es de miles de kilómetros por segundo: el Universo entero está en expansión, y la tasa de esta expansión aumenta con el espacio. El hecho está conforme con las teorías de Einstein, de acuerdo con las cuales el Universo tiene que expandirse o contraerse: ocurre que se expande. En realidad, quizá no sea lo más correcto afirmar que las galaxias se alejan unas de otras, sino que es el *espacio* el que se dilata progresivamente, y por tanto aumenta la distancia entre sus diversos puntos. Para un observador situado en nuestra Galaxia, son las demás galaxias las que se alejan; para un observador situado en otra galaxia es la nuestra la que se aleja, junto con las demás, y tanto más aprisa cuanto más lejana. Los cosmólogos empezaron a hablar de que el Universo entero se encuentra en un estado de «explosión».

Esta idea sugirió inmediatamente otra: si pudiéramos volver la película del tiempo del revés, el espacio se estaría contrayendo, es decir, cabe suponer que sus dimensiones fueron tanto menores cuanto más lejos en el tiempo pasado. Hace miles de millones de años, el Universo era menor que ahora. De ahí a llegar a concebir un «tiempo cero» solo había un paso, aunque ese paso había que darlo. Fue el teólogo y cosmólogo belga G. Lemâitre el que por los años 30 teorizó la hipótesis del «átomo primitivo», de acuerdo con la cual la Creación fue puntual e instantánea. Con el tiempo, los cosmólogos fueron erigiendo distintos modelos teóricos, sin apartarse nunca demasiado de la idea inicial. En 1948 G. Gamow describió bastante bien lo que puede imaginarse que fue esta «explosión inicial». Curiosamente, fue un científico contrario a esa teoría, Fred Hoyle, el que definió burlescamente a esa explosión como «Big Bang». Los sabios, que tienden a buscar nombres graciosos para expresar lo más sublime —quizá por ley de compensaciones— aceptaron la expresión, que aún hoy perdura. En 1965 A. Penzias y R. Wilson descubrieron la radiación de fondo de microondas, que se consideró el «eco» de la gran explosión. Por los años 70, S. Hawking teorizó el inicio de un tiempo finito. Por los años 80, el satélite captador de altas energías COBE pudo obtener imágenes virtuales del fondo de microondas, que se considera testigo de la Gran Diferenciación posterior al *Big Bang*.

Las teorías sobre el *Big Bang* y la ulterior expansión del Universo (incluyendo lo que se llama «inflación») son demasiado complejas como para expresarlas aquí. Una vez producida la gran explosión inicial, se estima que hubo un periodo de tiempo cortísimo, pero decisivo, el *tiempo de Planck*, que se estima de 10^{-35} segundos, del cual no podemos decir absolutamente nada. A partir de ese momento es posible teorizar la existencia de una masa enorme de materia-energía, equivalente a toda la masa y toda la energía del Universo reunidas, a altísima densidad y fabulosa temperatura, en vertiginosa expansión. En un principio el Universo naciente era absolutamente simétrico, sin diferenciación alguna; las cuatro grandes fuerzas de la naturaleza, la gravitatoria, la electromagnética, la nuclear fuerte y la nuclear débil constituían una única fuerza (teoría de la Gran Unificación); conforme se expandía aquella realidad primigenia, comenzaron a existir las primeras partículas y se produjo un fenómeno físicamente muy difícil de explicar, pero absolutamente necesario para que hoy existan «cosas»: la ruptura de la simetría; se diferenciaron las partículas, se separaron las fuerzas fundamentales y sobre todo, se diferenciaron la materia y la energía. A partir de entonces, y sin que el Universo dejara de expandirse, la materia, empujada por la energía, se dividió en nubes discretas: es decir, la propia materia se transformó en una serie de formas distintas; se combinaron los átomos, aparecieron los primeros elementos (comenzando por el más fundamental, el hidrógeno), y aquellas nubes derivaron tal vez en los primeros supercúmulos de galaxias. Hay teorías que suponen que formas pequeñas se agregaron para constituir otras mayores, y otras pretenden que ocurrió precisamente lo contrario. De allí derivaron los astros y conjuntos de astros, y al cabo de mucho tiempo sobrevino la realidad física tal como la conocemos. La edad del Universo, desde su origen a la actualidad, puede ser similar al horizonte cósmico, entre doce y quince mil millones de años. El origen y la historia del Universo es tan impresionante como su propia entidad.

El universo de lo ínfimamente pequeño

«La realidad —comentaba Einstein—, cuanto mejor la conocemos, más complicada resulta ser». Si en lo inmensamente grande la Tierra no es el centro de Universo, si el sol tampoco es el centro del Universo, resulta que tampoco el conjunto de cientos de miles de millones de soles —la Galaxia— es el centro del Universo, puesto que existen por lo menos cientos de miles de millones de galaxias. A todo esto, el Universo no tiene centro. Un desconcierto similar fue sorprendiendo a los científicos cuando se adentraron en el mundo de lo ínfimamente pequeño. En la fisicoquímica clásica (vid. pág. 205) se pudo dividir la materia en partículas, moléculas y átomos. Luego resultó que los átomos no son tales, sino que están a su vez compuestos por «partículas», o más exactamente por partículas subatómicas. Quizá de forma incongruente, la palabra partícula («partecita») fue tomada para designar dos realidades pequeñas distintas, pero una incomparablemente más pequeña que otra. Hoy ya apenas se emplea esa palabra para designar la parte más pequeña desde el punto de vista mecánico: el serrín, la harina; sino que que la voz «partícula» está relacionada con el mundo del átomo y la mecánica cuántica. Hemos llegado al mundo subatómico, tan complejo y tan difícil de entender como el propio universo enorme. Ahora ya la vieja asignatura de fisicoquímica suele llamarse física de partículas.

El átomo de hidrógeno, el elemento primario y más abundante en el Universo, posee un diámetro de 10^{-10} m, (es decir, un valor que se escribe con un uno dividido entre un uno seguido de diez ceros). Una gota de agua contiene mil trillones de átomos. El átomo resulta así tener un tamaño pequeñísimo; pero que resulta practicamente nulo si lo comparamos con su masa, que es de $1,7 \times 10^{-27}$ g. Esto significa que su densidad es tan increíblemente baja, que el átomo tiene que ser casi hueco, o, si queremos decirlo de forma más correcta, está casi vacío, como el inmenso espacio intertestelar está casi vacío también. Sería imposible ponernos a imaginar el tamaño —si es que de tamaño puede siquiera hablarse— de las partículas subatómicas. Lord Rutherford (1871-1937) formuló el primer modelo atómico, sobre la base de un núcleo constituido por protones, de carga positiva, y una serie de electrones de carga negativa, que parecen girar alrededor del núcleo. Ya en el siglo XX, Rutherford comprendió que el núcleo era más pesado que lo que podía representar su carga en protones, y fue así como postuló la existencia de otras partículas en el núcleo, con masa pero sin carga, que denominó neutrones. Realmente, el neutrón no fue identificado hasta las experiencias de James Chadwick, en 1932.

Pero ya en 1913 Niels Bohr (1885-1962), que había partido de los modelos de Rutherford, comprendió la necesidad de recurrir a la mecánica cuántica para explicar el «movimiento» —es decir, los saltos instantáneos e impredecibles— de los electrones con respecto al núcleo; y más tarde la existencia de «pisos» u «órbitas» distintas de los electrones, y la posibilidad de que una particula «salte» de un «piso» a otro [2]. El átomo de hidrógeno tiene un electrón, el de helio tiene dos... el de uranio tiene 92; pero no caben todos en la misma órbita. La primera órbita o capa solo puede contener dos electrones; en la segunda caben hasta 8; las órbitas sucesivas pueden contener más, pero de acuerdo con una distribución que aquí sería enojosa de concretar para los no entendidos. Los elementos más pesados son aquellos que contienen más electrones, en un número mayor de órbitas o

---

[2] En física de partículas se pueden formular los fenómenos, y también predecir su estadística, no los hechos concretos, pero a la hora de su explicación primaria es preciso operar por analogía, y de ahí la necesidad de emplear tantas palabras entre comillas.

pisos, hasta que, por la dificultad de mantener una estructura tan compleja, se hacen inestables. Los cuerpos radiactivos son siempre elementos de escasa estabilidad.

No todo se queda en protones, electrones y neutrones, aunque son éstas las partículas más frecuentes. En 1931 Paul Dirac postuló la existencia de una nueva partícula elemental, el *positrón*, dotado de la misma masa que el electrón, pero con carga positiva [3]. Casi al mismo tiempo Wolfgang Pauli predijo la existencia del *neutrino*, una partícula mucho más difícil de detectar, puesto que no tiene masa ni carga. Sin embargo, en 1967, Raymond Davies llegó a establecer un detector de neutrinos en el fondo de una mina de Dakota. Hoy existen otros detectores de neutrinos, siempre enterrados a gran profundidad, como el que se encuentra a 3.000 m. bajo el Mont Blanc o en Kamiokande, Japón. Y se sabe que hay varias clases de neutrinos, algunos con alguna masa, aunque mínima: los más pesados son 200.000 veces más ligeros que un electrón. El neutrino carente de masa, como partícula «libre» que es, puede atravesar la Tierra sin el menor obstáculo. En 1935, Hideki Yukawa postuló la existencia del *mesón*, una partícula mucho más pesada que el electrón, pero de vida muy corta: puede durar no más que una millonésima de segundo; pero que no deja de tener su importancia. En 1947 se comprobó que puede ser de dos tipos, el *pión* y el *muón*. Hoy se conocen multitud de partículas exóticas, algunas de ellas «predichas» —valga la impropiedad de la palabra— para los primeros instantes de la Creación, inmediatamente después del Big Bang, y luego desaparecidas, o bien inasequibles a nuestra experiencia de hoy. En general las partículas subatómicas pertenecen a dos tipos muy distintos: los *hadrones*, sometidos a la fuerza nuclear fuerte, como son el protón, el neutrón, el hiperón, el muón; y los *leptones*, sometidos a la fuerza nuclear débil. Sin entrar en honduras, cualquier persona medianamente culta se da cuenta de que es mucho más fácil vencer la fuerza débil (en un laboratorio) que la fuerza fuerte (una apocalíptica reacción nuclear).

---

[3] En el campo de la física de partículas y otros de la física moderna, hay que distinguir entre el hecho de «postular» (llegar a la conclusión de que es necesaria u obvia la existencia de algo) y «descubrir», que es comprobar experimentalmente su existencia. En ocasiones se emplea, quizá impropiamente el verbo «predecir». No todo lo predicho o postulado llega a ser comprobado o descubierto de una manera efectiva, aunque existen motivos para suponer que las cosas son como las «predicen».

El mundo de las partículas subatómicas se ha multiplicado así casi hasta el infinito, y más si admitimos la existencia de las antipartículas, simétricas de las que detectamos, como vistas «al otro lado del espejo», que constituirían la antimateria. *Puede* existir la antimateria (y no falta, por supuesto, quien la haya «predicho»), pero no parece que materia y antimateria puedan admitir una coexistencia física «pacífica». El contacto entre materia y antimateria dejaría reducido todo a rayos gamma. Y para terminar, ¿cabe afirmar que son las partículas subatómicas las últimas unidades posibles de la materia? La mecánica cuántica establece un límite en la energía, que si son ciertas nuestras ideas, ya no admite divisiones. Y las partículas subatómicas son una suerte de materia-energía. Con todo, ahí tenemos el *quark*, una partícula, si tal puede considerarse, que forma parte del protón y del neutrón. No sabemos muy bien qué es el «quark», sí que se manifiesta de diversas formas o «sabores», a los que los científicos, con ese estilo de impenitencia ante lo misterioso, dan nombres humorísticos.

La desintegración nuclear

En 1896 H. Becquerel descubrió unas radiaciones muy intensas que emitían ciertos cuerpos: hoy llamamos a ese fenómeno radiactividad. Dos años más tarde, los esposos Pierre y Marie Curie descubrieron el primer elemento radiactivo, el radio. Los elementos radiactivos son muy pesados y de estructura inestable. Se van desintegrando poco a poco, hasta transformarse en otros; el último resultante es el plomo. Algunos tienen realmente una vida muy corta. La mayor parte de ellos no han llegado siquiera hasta nosotros. Pronto se descubrió que el radio, cuyas radiaciones son realmente malignas, puede, sin embargo surtir efectos benéficos cuando se lo emplea para destruir células a su vez malignas, por ejemplo, para combatir el cáncer. Los Curie siguieron estudiando las radiaciones, y descubrieron que son de tres clases muy diferentes, que denominaron alfa, beta y gamma. Hoy se conocen mucho mejor las altísimas energías de las radiaciones gamma. Más tarde, hacia 1930, los famosos esposos descubrieron que un elemento estable puede tornarse radiactivo si se le bombardea con partículas muy aceleradas.

Y he aquí que un viejo sueño de los alquimistas, mantenido a lo largo de muchos siglos, la transmutación de los cuerpos por obra de la piedra filosofal o de otros artilugios no menos prodigiosos, un sueño desechado y despreciado por la ciencia moderna, cobró forma de nuevo, si bien sobre bases incomparablemente más rigurosas, por los años 30 del siglo XX. El átomo no es, como entendía Dalton, la esencia perfecta e indivisible de los cuerpos simples; pero sí es cierto que el átomo de un elemento cualquiera posee un número fijo de protones, de neutrones, de electrones. Si se cambia el número de protones y neutrones de un núcleo... ese átomo ya no es de tal elemento, sino de otro. Habremos conseguido «transmutar», que decían los alquimistas, un elemento químico en otro elemento químico. Como las partículas de un núcleo atómico están unidas entre sí por la «fuerza nuclear fuerte», es muy difícil separarlas. Nada más fácil que separar los electrones que se mueven en torno a un núcleo, pero de ello no se derivan más que consecuencias bien conocidas. La «esencia» de un elemento, que hubiera dicho Dalton, está en el núcleo mismo. Pero los Curie acertaron con el método que permite atacar el núcleo, mediante partículas muy aceleradas. En un principio, se utilizaron las partículas más manejables, las «alfa». Pero lo que hacía falta era construir un acelerador de partículas. En ese campo se ha estado trabajando desde 1930 hasta ahora mismo. En 1932 John Cockroft y Ernest Walton lograron, mediante un multiplicador voltaico, la desintegración de átomos de litio en dos partículas alfa. ¡Empezaba a atisbarse el milagro de la transmutación de los cuerpos! En 1935, Van de Graaf logró un generador electrostático para acelerar partículas que alcanzaba los cinco millones de voltios.

Sin embargo, el gran salto se produjo cuando Ernest O. Lawrence diseñó el ciclotrón, en la universidad de Berkeley. Un ciclotrón es un tubo especial circular o anular, rodeado de muy potentes electroimanes que aceleran las partículas que se mueven en él. (Permítasenos una excursión a tiempos recientes: el ciclotrón derivaría en el sincrotrón, mucho más potente. Por ejemplo, la Organización Europea de Investigación Nuclear dispone, cerca de Ginebra, de un acelerador de partículas en forma de un tubo circular de pocos centímetros de diámetro, que tiene una longitud total de 6,5 kilómetros. Las partículas, inducidas por centenares de electroimanes, dan unas 140.000 vueltas al circuito en solo tres segundos, y terminan su desenfrenada carrera de aceleración con una energía equivalente a quinientos mil millones de voltios).

Disponiendo de grandes energías, no solo se pudo utilizar como «proyectiles» a los protones, sino también a los evasivos neutrones. En la universidad de Columbia, Nueva York, Harold Urey descubría un isótopo del hidrógeno, el deuterio, cuyo poder desintegrador era diez veces más potente que el de los protones. En 1936 Urey y los suyos lograron utilizar el neutrón. En 1938, Otto Hahn y Fritz Strassmann consiguieron producir átomos de bario mediante el bombardeo con neutrones del uranio. ¡Aquí sí que podía hablarse propiamente de transmutación! El viejo sueño de los alquimistas podía transformar el mundo. Bien es verdad que podía también destruirlo. En 1939 quedó claro que era posible la fisión (desintegración) del uranio. Los experimentos de O.Frisch, P. Joliot (hijo de los Curie), John Wheeler, Enrico Fermi o L. Szilard, dejaron clara la posibilidad de provocar la desintegración del uranio en un proceso en cadena, y convertir este proceso en una fuente inmensa de energía. El mismo Einstein, prudente en un principio ante las posibles consecuencias de avanzar en tal sentido, declaró en 1939 que «es de esperar que el elemento uranio pueda convertirse en una nueva y muy importante fuente de energía en el futuro..., mediante una reacción nuclear en cadena». La gran palabra estaba dicha.

La segunda guerra mundial vino a cambiar las cosas. Era previsible que la energía nuclear se utilizase al servicio del hombre y representase un paso de incalculable importancia en el camino del progreso. Pero la contienda entre las grandes potencias (Alemania y los Estados Unidos contaban con los mejores físicos del mundo) generó la terrible idea de utilizar la energía nuclear como arma de destrucción. Llegó un momento en que los alemanes, que ya no veían otro medio de ganar el conflicto que recurriendo a sus científicos, inventaron los misiles o cohetes teledirigidos (armas V-1 y V-2), pero se estancaron en la fabricación de la bomba atómica, porque necesitaban obtener «agua pesada» (a base de deuterio) y estas fábricas, situadas en Noruega, fueron destruidas una y otra vez por la aviación aliada. Al otro lado del océano, los americanos no tenían el menor peligro de padecer bombardeos. En 1941 pusieron en marcha el Proyecto Manhattan, destinado a obtener un isótopo del uranio, el U-235, que es mucho más fisionable que el 238, y puede producir reacciones en cadena. La mayor parte del uranio que se encuentra en las minas es de la variedad 238, y solo una pequeña proporción es de la variedad 235. Para invertir los términos hace falta un laborioso proceso de «enriquecimiento». Luego, era preciso un sistema capaz de provocar la fisión inmediata.

En noviembre de 1942 se inauguraba en Nuevo México el laboratorio de Los Álamos, bajo la dirección de Robert Oppenheimer. El 16 de julio de 1945 se realizó la primera prueba de un artefacto nuclear en el desierto de Nuevo México. La explosión fue formidable, aunque solo una pequeña parte del mundo se enteró. El hombre había conseguido un arma de destrucción masiva fabulosamente superior a cuantas había ideado a lo largo de la historia. Ya no hacía falta emplearla contra Alemania, que se había rendido en mayo. Sin embargo, el presidente Truman, en una decisión que no corresponde juzgar a la ciencia, ni siquiera a los historiadores de la ciencia, ordenó utilizarla contra Japón, que aún resistía en una guerra que podía costar todavía muchas vidas. El 6 de agosto una bomba atómica de uranio, arrojada desde un avión y suspendida de un paracaídas (para dar tiempo al avión de huir) estallaba sobre la ciudad de Hiroshima, que quedó arrasada, con un balance de 65.000 víctimas mortales, que serían luego muchas más por efectos de la radiactividad residual. Dos días más tarde, una segunda bomba, menos potente, caía quizás innecesariamente sobre el gran puerto de Nagasaki. No hicieron falta más (bien es verdad que los americanos tampoco disponían entonces de más bombas). Japón pidió inmediatamente la paz. La segunda guerra mundial terminó por obra de un logro impresionante de la ciencia, un logro que, por desgracia, había de marcar por mucho tiempo la conquista fabulosa de la fisión nuclear.

Algo sobre la energía nuclear

Una vez terminada la guerra, el optimismo científico —tal vez en ocasiones una propaganda interesada en borrar el recuerdo de su mortífero comienzo— originó un vendaval de loas desatadas a la energía nuclear y sus ilimitadas posibilidades. El hombre había descubierto la *energía* por antonomasia, y el

264

mundo viviría feliz con una fuerza que sustituiría a todas las demás a bajo coste. La Tierra se cubriría de centrales nucleares, en que una pequeña cantidad de materia podría convertirse en una cantidad fabulosa de energía. Esta energía impulsaría las máquinas, produciría luz y calor, movería los automóviles y los trenes, los aviones y los barcos. La realidad no respondió a tan lisonjeras esperanzas. Por de pronto, la «guerra fría» que seguidamente se hizo patente entre el Este y el Oeste, y particularmente entre los Estados Unidos y la Unión Soviética siguió fomentando la fabricación de armas nucleares. Los rusos consiguieron construir su primera bomba atómica en 1949, y desde entonces se desató una impresionante carrera de armamentos, en que la obtención de artefactos nucleares acaparó el interés principal de ambos virtuales contendientes. En 1952 consiguieron los americanos, y en 1961 los soviéticos, que a costa de titánicos esfuerzos procuraban no irles a la zaga, un nuevo tipo de explosivo incomparablemente más potente que el obtenido de la fisión: el procedente de la *fusión termonuclear* (a la que pronto nos referiremos) o bomba de hidrógeno. La carrera de armamentos continuó de la forma más irracional, diríase que sin sentido, como en una locura suicida, al punto de que por 1980 ambas superpotencias poseían un potencial nuclear capaz de destruir tres veces el mundo, por si no bastase con destruirlo una vez. Se llegó a una situación que Henry Kissinger calificó de MAD. La palabra «mad» en inglés significa locura, pero Kissinger la usó como acrónimo de «Mutual Assured Destruction», destrucción recíproca garantizada. Algunos analistas, como Raymond Aron consideraron que, pese a todo, esta absurda y costosísima locura no dejó de surtir sus frutos, puesto que el terror a un desastre atómico evitó muy probablemente la tercera guerra mundial.

No es cuestión de entrar ahora en estas consideraciones; lo cierto es que la carrera de armamentos nucleares retrasó la utilización pacífica de la energía atómica, aunque no dejó de marcharse por este camino desde muy pronto (1946). Por cierto que la primera versión de una caldera de fisión nuclear controlada se proyectó también para un arma de guerra, aunque nunca llegó a utilizarse como elemento destructivo: el submarino atómico, capaz de navegar indefinidamente sumergido, a diferencia de los submarinos convencionales. Solo llegó a construirse un barco de superficie movido por energía nuclear, el *Savannah*: pronto se abandonó este sistema. Solo se construyeron centrales nucleares capaces de producir energía útil.

Una central nuclear

La energía procedente de la fisión nuclear necesita de unas instalaciones muy complejas y costosas, aunque a la larga resultan rentables. Ante todo, es preciso obtener el uranio, elemento no muy abundante en la naturaleza, depurarlo de toda su ganga y prepararlo para su utilización. Luego viene el proceso de enriquecimiento, pues el uranio que se encuentra en las minas tiene una baja proporción de U-235, que es el más fácilmente fisionable. Esta operación, naturalmente, hay que realizarla en laboratorios muy especializados.

a) El U-235 se dispone en forma de «barras de combustible», que son por lo general láminas planas colocadas a una cierta distancia unas de otras, para permitir la circulación del fluido —muchas veces simplemente agua, o «agua pesada»— que transporta el calor generado por la fisión. El núcleo es la parte fundamental del reactor, que se aloja en un recipiente lleno de líquido y fuertemente protegido del exterior.

b) El «moderador» regula la velocidad de los neutrones que provocan la fisión. Para que el proceso se desarrolle en cadena y se mantenga indefinidamente, es necesario que los neutrones disminuyan su velocidad y puedan seguir colisionando con los núcleos atómicos del uranio.

c) Las «barras de control», hechas de cadmio o boro, capturan los neutrones sobrantes y evitan una fisión incontrolada.

d) El refrigerante es un fluido, casi siempre agua, que extrae el tremendo calor generado en el núcleo de la caldera por el proceso de fisión nuclear. El agua evita una temperatura excesiva y, a su vez recalentada, puede servir como fuente de calor.

e) La carcasa de protección. Las barras de uranio están protegidas por una caja que las aísla del medio exterior; pero todo reactor atómico está rodeado después de un blindaje muy sólido, que evita que las radiaciones salgan al exterior y puedan dañar a cualquier operario o ser peligrosas para personas situadas cerca de la central.

Hoy día, las centrales nucleares son muy seguras, y resulta extraordinariamente difícil que las radiaciones trasciendan al exterior. Las de torio —un derivado del uranio— lo son todavía más, si bien es preciso obtener previamente torio, que no se encuentra en la naturaleza, por ser un material radiactivo de corta vida. Con todo, no puede descartarse un accidente nuclear en una central antigua o deficientemente construida. En 1971 se produjo una grave avería que quemó la central de Three Mile Island, en Pensilvania, (USA), aunque sin provocar víctimas mortales; y en 1986 otra mucho más grave en Chernobyl (Ucrania, entonces URSS), que provocó unos 30 muertos en las primeras semanas, y un número no bien determinado de enfermos a largo plazo. Aunque hoy día una central es muy segura, el temor a lo «nuclear» ha impedido su proliferación generalizada. Existen unas 450 centrales nucleares en el mundo, y son abundantes, por ejemplo, en Estados Unidos o en Francia, mientras que en España, por ejemplo, son pocas y tienden a clausurarse. La rentabilidad de estas centrales es alta, sin llegar a la prodigiosa capacidad de producir energía baratísima que en un principio se había vaticinado. Gracias al aislamento del material en fisión, no contaminan el ambiente, como otros combustibles. Tienen en cambio el inconveniente de los residuos que han de ser retirados en forma de otros materiales radiactivos, algunos de corta vida, pero otros de larga duración, como esos elementos exóticos que son el curio, el neptunio o el americio, que pueden durar cientos o miles de años en moderada actividad. Estos materales se encierran en contenedores aislantes y se entierran en excavaciones muy profundas. No es posible asegurar todavía si la energía nuclear de fisión, una vez garantizada su seguridad absoluta, y desaparecido el temor de una parte de la sociedad, va a ser la forma más habitual de energía en el futuro, o si habrá que progresar en el camino de las energías alternativas.

La fusión termonuclear

La fisión es la partición del núcleo de un átomo de un elemento pesado en dos propios de un elemento más ligero. Su desintegración en cadena puede, como queda visto, desarrollar una cantidad ingente de energía. La fusión es el proceso inverso: dos núcleos de un elemento ligero colisionan entre sí para formar un núcleo de un elemento más pesado: el proceso puede resultar infinitamente más complejo de como lo estamos enunciando, pero el resultado es la liberación de una tasa de energía todavía mucho mayor. La fusión es el proceso termonuclear que mantiene en un estado de desbordamiento fabuloso de energía al sol o a las demás estrellas. Ya hace tiempo lo descubrieron G. Gamow y otros (vid. pág. 252), de modo que, una vez llegada la era nuclear, el hombre, que había sido capaz de desencadenar el proceso de fisión, sintió motivos para ensayar el de fusión. Mucho más fácil que una fusión controlada y utilizable es lograr una forma de fusión no controlada y explosiva, capaz de liberar en el plazo de una fracción de segundo una tasa de energía inmensa: por eso, y porque la guerra fría movió a los científicos de las superpotencias a una actividad frenética, en noviembre de 1952 los norteamericanos lograron hacer estallar una bomba de hidrógeno (el hidrógeno se tranforma en el siguiente elemento más pesado, el helio). En 1960-61 consiguieron lo mismo los soviéticos. La guerra fría y el afán de cada potencia de presentarse como la más capacitada para destrozar a la otra, llevaron a estas consecuencias. La ciencia se desarrollaba, por desgracia, en forma de carrera de armamentos. Es más, los rusos, quizá sin llegar a alcanzar en ningún momento la técnica más sofisticada, hicieron estallar las bombas más poderosas que se fabricaron nunca en el mundo: siempre, por supuesto, en lugares desiertos.

Incomparablemente más difícil es lograr la fusión termonuclear controlada. La idea consiste en reunir una masa grande de núcleos de hidrógeno, o más bien de un isótopo más pesado, el deuterio, en un estado de altísima presión y temperatura, hasta un estado especial llamado «plasma». En ese estado, los núcleos de hidrógeno colisionan entre sí, formando núcleos de helio y liberando una energía fabulosa. Esta energía podría ser aprovechada por el hombre con un rendimiento incomparablemente superior a todas las otras conocidas. ¿Por qué disponemos de centrales nucleares de fisión, y no de centrales termonucleares de fusión? Los científicos afirman que ya han dicho sobre este tema la última palabra: ahora la tienen los ingenieros. La dificultad suprema consiste en lograr una carcasa o envoltorio capaz de mantener el plasma, que, sometido a una presión inaudita, genera una temperatura de muchos millones de grados. Se están proponiendo varias soluciones al problema, y en ello trabajan dos grandes proyectos: el ITER, de la Unión Europea y Japón, y el NIF en que trabajan los americanos. De una forma u otra, es muy probable que el hombre consiga fabricar un día centrales termonucleares, y entonces se habrá resuelto para siempre el problema de la energía. El hidrógeno es fácil de obtener por descomposición del agua, y el único residuo que la reacción produce es helio, un gas inerte y nada peligroso. Con todo, es seguro que habrá que esperar cuando menos a la segunda mitad del siglo XXI. Entretanto, habrá que seguir pensando en nuevas formas de energía alternativa.

La propulsión por reacción y la conquista del espacio

Otro de los descubrimientos efectuados durante el periodo bélico fue el de los misiles, o proyectiles teledirigidos. La técnica de los cohetes es en sí muy antigua, y se basa en el principio de acción-reacción, enunciado por Newton (vid. pág. 127). Si un gas sale despedido violentamente de un tubo por la acción de un émbolo, una explosión u otro procedimiento cualquiera, el gas se aleja del tubo, pero a su vez el tubo es empujado en dirección opuesta por la reacción del gas. El sistema a reacción permite una velocidad de vuelo muy superior a la de la propulsión por hélice, que difícilmente puede alcanzar la velocidad del sonido, y tiene, sobre todo, una ventaja inmensa: es capaz de impulsar un móvil en el vacío, mientras la hélice necesita «enroscarse» en el aire. Tropieza, en cambio, con el gravísimo inconveniente de la enorme cantidad de energía que consume. Los alemanes utilizaron cohetes cargados de explosivos en la fase final de la guerra mundial. Primero el V-1, parecido a un tosco avión, todavía con un rudimento de alas; por eso fue llamado indistintamente «avión sin piloto» o «bomba volante». Luego, el V-2 fue ya un proyectil teledirigido. También los alemanes utilizaron en la batalla final de Las Ardenas los primeros aviones a reacción, pero todavía muy rudimentarios y en cantidad insuficiente.

Los americanos alcanzaron poco después la técnica a reacción, y consiguieron contratar a Wernher von Braun, descubridor de la V-2, que llegó a ser director de la NASA. La tecnología de los misiles ha avanzado muchísimo desde entonces, buscando los materiales más resistentes, los combustibles más adecuados, sistemas de guiado muy precisos, refrigeradores para las toberas, etc. Para la aviación comercial —y también para gran parte de la militar— se ha sustituido el cohete de retropropulsión propiamente dicho por una turbina que comprime y envía a la tobera el gas propelente (turborreactor), procurando un ahorro muy grande de combustible. Los reactores sin turbina ocasionan un gasto desproporcionado. De aquí que en el terreno militar existan: a) *misiles balísticos*, que son impulsados por reacción solo en un periodo inicial, hasta que adquieren una trayectoria determinada; a partir de ahí, se comportan como proyectiles, obedientes a la inercia y a la gravedad. Y b), *misiles de crucero*, que mantienen todo el tiempo su propulsión a reacción, pero solo pueden ser utilizados en trayectos cortos, por su elevado consumo.

El campo en que ha perdurado la técnica de cohetes (hasta ahora balísticos) sin alternativa posible, es el de la astronáutica. Una vez que se obtuvieron medios para construir cohetes de gran potencia, se quiso cumplir uno de los más fabulosos sueños del hombre, como es el de salir de su planeta natal. Para ello era preciso superar la velocidad de escape, aquella que es necesaria para vencer indefinidamente la atracción de la Tierra, que es del orden de 11 kilómetros por segundo. Y esta velocidad solo puede lograrla un cohete de gran potencia y enorme gasto de energía. Este cohete puede liberarse definitivamente de la atracción terrestre, y lanzar al espacio un pequeño astro artificial, sometido a las mismas leyes que los astros, o este pequeño astro, impulsado por el cohete, puede simplemente superar el límite de caída libre, pero quedar dominado por la atracción de la Tierra, que lo hará girar en su torno como un satélite. Un satélite artificial requiere menor consumo de energía, y, aunque no puede continuar su viaje por el espacio, es capaz de prestar servicios inestimables. Contra todas las previsiones, fueron los rusos los que se adelantaron. El 4 de octubre de 1957 lanzaron el primer satélite artificial, el Sputnik I, una esfera de 60 cm. de diámetro y 84 kilos de peso, que en poco más de dos horas circundaba la Tierra a varios cientos de kilómetros de altura. Y un mes más tarde lanzaron, con un efecto propagandístico todavía mayor, el Sputnik II, tripulado por una pequeña perra, *Laika*, que sobrevivió en órbita varios días, demostrando que era posible la vida en la ingravidez.

Y continuaron los éxitos soviéticos: en septiembre de 1959, un misil balístico ruso, el Lunik I, conseguía hacer impacto en la luna. Y el 12 de abril de 1961, un aviador soviético, Yuri Gagarin, se convertía en el primer hombre que salía vivo de este mundo, describiendo una órbita alrededor de la Tierra, para regresar dos horas después en una cápsula provista de paracaídas.

Con todo, los Estados Unidos poseían más medios y una tecnología cada vez más sofisticada, capaz de ganar esta otra carrera, la carrera espacial. En 1962, John Glenn realizó el primer vuelo orbital de la NASA. Siguieron otros, y prontó surgió la idea de enviar un hombre a la luna. Fue así como se pusieron en marcha el programa Gemini y el programa Apolo. Las naves Apolo estaban impulsadas por cohetes de varias fases —comenzando por el gigantesco Saturno V—, y sus módulos tripulados contaban con una pequeña cantidad de energía de reserva que les permitía ligeras rectificaciones, descender sobre la luna suavemente, y despegar de ella. ¡Tan importante como llegar a la luna era regresar a la Tierra! Uno de los más grandes sueños del hombre fue cumplido, no sin sacrificios. El Apolo I terminó en desastre, y solo el Apolo 7, en 1968, consiguió que tres hombres diesen la vuelta a la luna, sin posarse en ella, como en la famosa novela de Julio Verne. El cumplimiento del proyecto tuvo lugar el 20 de julio de 1969, cuando Neil Armstrong y Buzz Aldrin pusieron por primera vez pie en el polvoriento suelo de nuestro satélite. «Este es un pequeño paso para un hombre, pero un salto muy grande para la humanidad», transmitió Armstrong al hollar las desoladas llanuras del *Mare Tranquilitatis*. En total, seis misiones Apolo, con doce seres humanos, alcanzaron la luna entre 1969 y 1972, y trajeron a la Tierra varios centenares de kilos de rocas lunares. Fue un espectacular logro para el prestigio de los Estados Unidos, pero también para el progreso de la ciencia. En 1973 el programa Apolo fue suspendido, por su alto coste y porque los americanos ya habían tomado una clara delantera.

No por eso cesó la carrera espacial. Los cohetes podían llegar a otros planetas. Los rusos, equivocadamente, eligieron Venus, símbolo de la paz, pero que es un verdadero infierno con sus temperaturas de más de 400 grados y sus lluvias de ácido sulfúrico. Las naves *Venera* apenas pudieron subsistir unos minutos, aunque lograron transmitir algunas fotografías de aquel mundo inhóspito. En cambio, los americanos eligieron Marte, que aunque en mitología es el símbolo de la guerra, resulta ser un planeta frío y relativamente pacífico. Las naves Mariner tomaron imágenes del planeta a corta distancia, y las Viking se posaron sobre su superficie. Seguirían otras muchas. Hoy ingenios humanos se han posado sobre Venus, Marte y Titán, satélite de Saturno y han tomado muestras de dos cometas y un asteroide. Todos los grandes planetas han sido explorados desde cerca, y dos naves, las *Voyager* han salido ya del sistema solar. La posibilidad de salir al espacio exterior es uno de los más grandes logros de la ciencia y la tecnología humanas. Con todo, las perspectivas no son tan halagüeñas como pudiera pensarse. El hombre puede un día, antes de que termine el siglo XXI, pisar Marte, no establecerse en él. Llegar a otro planeta es prácticamente imposible, a no ser que en un momento —al cabo de cientos o miles de años— se pueda cambiar el clima de Venus. Y llegar a otros sistemas es empresa en la que no cabe pensar. Aun así, la llamada «conquista del espacio» resulta ser una de las aventuras más admirables de la historia.

La medicina del siglo XX

Ya sabemos que desde los tiempos más antiguos hubo preocupación por la salud humana, su conservación y la lucha contra las enfermedades que la ponen en peligro. Con todo, hemos observado también que a lo largo de la historia, el éxito no siempre respondió a esta preocupación. La simple experiencia no fue suficiente para conferir a la medicina un carácter riguroso de ciencia a la altura de otras de resultados más indiscutibles. En la segunda mitad del siglo XIX, la medicina experimental y el hallazgo de determinados medios, más que para combatir la enfermedad, para prevenirla, como la higiene o las vacunas, comenzaron a ganar batallas, ya que en este tipo de lucha no cabe pensar en ganar la guerra. La experimentación y el dominio creciente de la química orgánica permitieron la obtención progresiva de medicamentos específicos. En 1897 se descubrió la aspirina o ácido aceltilsalicílico (vid. pág. 218). Los demás medicamentos de síntesis fueron obtenidos en el siglo XX, y fue entonces cuando su número ascendió a muchos miles. El desarrollo de las prácticas terapéuticas y quirúrgicas, asociado a una tarea cada vez más especializada de investigación, permitió que en las farmacias del siglo XX, en vez de árnica, tisanas, tintura de yodo, o fórmulas magistrales que requerían una preparación en la rebotica, se dispensasen cada vez más medicamentos de síntesis elaborados por laboratorios especializados: y estas medicinas eran a su vez *especializadas* (específicas) en el sentido de que resultaban particularmente indicadas para una determinada enfermedad o deficiencia.

La medicina progresó también por la especialización de los propios médicos, por la mejora del utillaje, en especial el de naturaleza quirúrgica, por la creación de hospitales y clínicas bien dotadas en que era posible trabajar en conjunto, con la colaboración de personal auxiliar. Florence Nightingale, que cuidó a los heridos en la guerra de Crimea (1854) fundó en Londres, en 1860, la primera escuela de enfermería: desde entonces existe oficialmente la profesión. A ello hay que añadir nuevas medidas higiénicas, asépticas y antisépticas, y las facilidades para el diagnóstico tendidas por los avances de la ciencia y de la técnica: rayos X, análisis clínicos, formas de escaneo, radioterapia, tomografía (especialmente TAC), endoscopias, gammagrafías, resonancias magnéticas, etc. Tampoco puede olvidarse, sobre todo por lo que se refiere a los países más desarrollados, la ayuda del estado a la sanidad pública, con la consiguiente mejora de los medios, y la posibilidad de acceder a los centros de salud gratuitamente o con poco gasto. Los avances en el siglo XX fueron más espectaculares que en ningún otro momento anterior de la historia, y permitieron vencer enfermedades que en principio se consideraron incurables, o casi desterrar otras que en un tiempo fueron terribles amenazas para la humanidad. A lo largo del siglo XX, la esperanza media de vida casi se duplicó en los países desarrollados, y aumentó en la mayor parte del mundo: más que por una espectacular prolongación de la ancianidad —la proporción de centenarios no ha aumentado gran cosa en un siglo—, por la disminución de la mortalidad en la edad adulta y especialmente de la mortalidad infantil, y también la mortalidad postparto. A la mejora de la salud contribuyó también el desarrollo del nivel de vida, la mejor alimentación (no siempre, por desgracia y por capricho humano, la más sana), y por la misma facilidad de los medios de transporte, ya del médico, ya del enfermo, que han permitido una atención más inmediata. Hoy en los países desarrollados, la mayoría de las muertes por enfermedad no provienen de males contagiosos, sino de cardiopatías, cáncer, trombosis. Muchas muertes no sobrevienen por enfermedad, sino por accidentes traumáticos.

No cabe aquí una referencia detallada a todos los avances de la ciencia médica en el siglo XX. Baste siquiera una alusión a dos de los aspectos más espectaculares: en el campo de la terapéutica, el empleo de los antibióticos; en el de la cirugía, la técnica de los trasplantes.

Los antibióticos

El nombre puede ser poco acertado. «Anti» significa contra, y «bios», vida. Contra la vida. Contra la vida de algunos de sus individuos más pequeños los «microbios», habría que entender. Y para la defensa de la vida humana. Ya en el siglo XIX se emplearon productos desinfectantes de acción local, como el alcohol o la tintura de yodo. Por lo demás, y como se ha visto en su lugar, pudieron prepararse vacunas, que no actúan contra los gérmenes, sino que preparan al organismo para combatirlos. En 1900, el bacteriólogo alemán Rudolf von Emmerich descubrió un preparado que en un tubo de ensayo podía destruir los gérmenes del cólera y de la difteria, pero que se mostró ineficaz en el tratamiento de esas enfermedades aplicado al organismo humano. En 1909, otro alemán, Paul Ehrlich, encontró un producto que podía atacar de manera selectiva a los microorganismos infecciosos sin dañar al mismo tiempo los tejidos humanos, que era realmente lo que se estaba necesitando; pero sus aplicaciones resultaron limitadas a unas cuantas enfermedades. Bastante más tarde, en 1929, Gerhardt Domagh, basándose en los estudios de Erlich, empleó un colorante, el prontosil, que le permitió salvar la vida de su hija, que se estaba muriendo de septicemia. Poco después empezaron a emplearse con éxito las sulfonamidas, por simplificación sulfamidas, que fueron propiamente los primeros antibacterianos que se emplearon de forma generalizada.

Entretanto, se produjo un descubrimiento que, por casual que fuese, iba a cambiar la historia. En 1928, el médico y microbiólogo escocés Alexander Fleming (1881-1955), que investigaba sobre diversos gérmenes, observó que un hongo había invadido una de sus placas de cultivo, en tanto que habían desaparecido la mayor parte de las bacterias contenidas en ella. Quizá otro científico menos intuitivo hubiera arrojado a la basura aquel cultivo estropeado. Fleming, que era muy minucioso, aisló el hongo, que resultó ser el *penicillium notatum*, un moho verde que se reproduce por esporas, y repitió el experimento. En todo caso, se operaba la desaparición o disminución de los gérmenes. Había descubierto la penicilina, el primero de los antibióticos propiamente dichos. Sin embargo, Fleming no disponía de medios para obtener la necesaria concentración del hongo. Hubieron de transcurrir diez años antes de que el descubrimiento trascendiera lo suficiente, y otros investigadores se pusieran a la tarea. En 1938, H.W. Florey y E.Chain concentraron preparados de *penicillium notatum* y comprobaron sus efectos espectaculares; pero su producción en masa era sumamente laboriosa, porque para obtener la penicilina suficiente para la curación de un enfermo era necesario el cultivo de trescientos matraces. Los investigadores emigraron a Estados Unidos, y encontraron nuevos medios. En 1943 se descubrió una nueva variedad de *penicillium*, más fácil de obtener y multiplicar, y mejoraron por otra parte las técnicas de la elaboración de la penicilina. La fama del descubrimiento se difundió rápidamente, y en 1945 se concedió a Fleming, Florey y Chain el Premio Nobel.

Las primeras vidas salvadas por la penicilina fueron de soldados combatientes en la segunda guerra mundial. En la subsiguiente paz, el uso de los antibióticos se generalizó. El hombre había encontrado al fin un medio realmente eficaz, y de resultados sorprendentes, para combatir las bacterias. Por los años 40 se produjeron penicilina G y penicilina K; en los 50, la penicilina S y la V. Otra forma de penicilina, la ampicilina, fue obtenida en 1961 por Doyle; y hacia 1965 la amoxicilina, conseguida por Nayler y Smith. Al fin y al cabo, el descubrimientro consiste en que un ser vivo destruye a otro ser vivo: los hongos del *penicillium* destrozan las membranas de los gérmenes, y éstos revientan.

Entretanto, Selman Waksman (1888-1973) descubrió las posibilidades de otros hongos del género *streptomyces*, y obtuvo nuevos antibióticos, como la estreptomicina, eficaz contra otros gérmenes poco sensibles a las penicilinas. Hoy se pueden obtener centenares de antibióticos distintos, muchos de ellos muy específicos y eficaces contra determinados agentes patógenos; otros lo son en cambio de amplio espectro, válidos para combatir gérmenes muy distintos, que con frecuencia aparecen cruzados en numerosas enfermedades. Hay antibióticos obtenidos simplemente por síntesis químicas muy complejas, como la tirotricina, pero el daño que producen en el organismo aconseja su uso puramente tópico, en forma de pomadas aplicables exteriormente. La mayoría de los antibióticos que hoy se emplean proceden de hongos, musgos, algas, etc., eso sí, debidamente procesados y combinados mediante métodos químicos muy sofisticados, o utilizando ya las posibilidades que nos brinda la genética, modificando la composición de algunas de sus moléculas, que alteran sus propiedades y mejoran su efectividad.

Así nació la era de los antibióticos, uno de los grandes logros del siglo XX. Y una de las luchas más titánicas del hombre contra la enfermedad, porque a la progresiva superación de los biólogos y bioquímicos en la obtención de medios para combatirla, han respondido inesperadamente los diminutos seres que la provocan con súbitas mutaciones, en una suerte de increíble capacidad de supervivencia. Hoy la genética nos explica bastante bien la naturaleza de estas mutaciones, pero no deja de ser sorprendente que los agentes patógenos posean tal capacidad de transformarse para mantener su actividad. Empezó a hablarse de gérmenes o cocos penicilin-resistentes, que más tarde se hicieron estreptomicin-resistentes, y así sucesivamente, hasta exigir de los científicos una renovación constante de sus preparados. Se dice que el hombre fue cobrando ventaja hasta los años ochenta del siglo XX. Hoy la lucha sigue con incierta suerte y hasta parece que a comienzos del siglo XXI lleva ventaja el enemigo, pero la investigación encuentra siempre nuevos campos en que podrá demostrar su eficacia frente a enemigos cada vez más sofisticados. Lo cierto es que los antibióticos no han logrado operar el milagro maravilloso que se imaginaba por los años cuarenta y cincuenta; pero han salvado muchísimas vidas y las seguirán salvando en el futuro.

Los antibióticos son eficaces contra todo tipo de bacterias. Pero hay enfermedades, algunas terribles, que no son provocadas por bacterias, sino por virus. Los virus son una forma rudimentaria, si se quiere, de vida. Cristalizan como los minerales. Los únicos rasgos propios de los seres vivos que poseen son justamente los únicos que necesitan: se nutren y se reproducen. Se nutren a costa de otros seres vivos, fundamentalmente las células animales. Son muy voraces. Y cuando encuentran materia orgánica suficiente para su subsistencia, se multiplican a una velocidad endiablada. Los virus, contra lo que pueda creerse ingenuamente, son extrañamente débiles y efímeros. Muchos de ellos, si no encuentran materia a costa de la cual subsistir, permanecen inertes, o bien mueren, por lo general en pocos minutos. Pero son siempre miles de millones los que la encuentran. Se transmiten casi siempre a través del aire, englobados en aerosoles. La respiración humana libera cantidades ingentes de moléculas de agua, a bordo de las cuales viajan los virus. Si en plazo breve estas moléculas entran en el sistema respiratorio de otra persona, se produce el contagio. Pueden transmitirse también a través de la sangre, por ejemplo, por inyecciones o transfusiones, en ocasiones también por vía sexual. Hoy conocemos muchas cosas sobre los virus, pero no la forma de combatirlos. La mayoría de los remedios que empleamos son simplemente sintomáticos, suprimen algunas manifestaciones externas de la enfermedad, no la enfermedad. Hace cien años, se pensaba que se había encontrado el remedio contra la gripe: la aspirina. Realmente, la aspirina favorece la fluidez de la circulación, puede reducir la fiebre o suprimir el dolor, no cura la enfermedad. La única terapéutica segura o relativamente segura es la vacuna: recordemos, la transmisión de una tasa no peligrosa de un virus, que sirve para estimular las defensas del organismo, a la manera de un ejercicio de entrenamiento; cuando llega la enfermedad, nuestro organismo está mejor preparado para resistir. Las defensas naturales de nuestro cuerpo son más eficaces que los medicamentos, todo hay que confesarlo. Estimulados por un sistema inmunitario admirablemente dispuesto, los leucocitos rodean y aislan a sus enemigos: un comportamiento heroico, que, a costa de sensibles pérdidas propias, impide a las fuentes del mal proliferar, hasta provocar su derrota. Hoy podemos matar bacterias, aún no hemos aprendido a matar virus. Lo único que hemos logrado es protegernos de ellos y estimular el sistema defensivo de nuestro organismo. Existen vacunas contra la gripe, por más que la variedad de cepas de esta enfermedad tan vulgar como universal hagan muy difícil predecir cuál será la predominante en la próxima arremetida. Y aún no hemos conseguido descubrir una vacuna eficaz contra una terrible enfermedad de fines del siglo XX, el SIDA, que ataca precisamente al mecanismo que podría combatirlo, el sistema inmunitario. Se dice que a nuevas técnicas, nuevas e inesperadas enfermedades, o que no estamos preparados para hacer frente a epidemias de nueva especie. Lo que está claro es que la biología y la ciencia médica avanzan cada día, y que alguna vez, mañana o pasado mañana, el hombre habrá conseguido obtener remedios contra enfermedades que hoy se consideran incurables.

Los trasplantes

La cirugía del siglo XX, gracias a la alta especialización de los médicos encargados de practicarla y de los progresos tecnológicos que pusieron a su disposición medios cada vez más sofisticados, progresó hasta extremos difícilmente imaginables en las centurias anteriores. Se practicaron con éxito operaciones a corazón abierto, extracción de tumores, injerto de tejidos y hasta delicadísimas intervenciones de neurocirujanos en ciertas regiones del cerebro, o la separación de hermanos siameses. Al mismo tiempo, mejoraron considerablemente los sistemas de anestesia, hasta permitir operaciones de larga duración, sin grave riesgo para el enfermo. Si la cirugía fue durante siglos una rama derivada de la medicina, y no siempre bien valorada, en el siglo XX se convirtió en una especialidad universalmente reconocida, de suerte que un cirujano suele hacerse más famoso, o sus éxitos se publican con más frecuencia en los medios de comunicación que los éxitos de un médico terapéutico.

No cabe duda que uno de los éxitos más espectaculares de la cirugía novocentista fue el trasplante de órganos, hasta el punto de que también se ha querido llamar al XX «el siglo de los trasplantes». La nueva técnica ha permitido éxitos que alcanzaron la admiración del mundo, si bien parece evidente que aún queda mucho por avanzar en este camino. Los primeros intentos se verificaron en la Unión Soviética, tal vez por no existir allí los reparos que en muchas conciencias del mundo occidental existían ante el hecho sin precedentes de que un ser humano pudiera subsistir con un órgano procedente de otro ser humano, aunque este hubiese fallecido. En 1933, el cirujano ucraniano A. Voronoy trasplantó el riñón de un hombre de 60 años a una joven en estado de coma urémico. La operación en sí se realizó con éxito, pero la joven falleció a los tres días. Intentos similares fueron realizados en la Unión Soviética en los años cuarenta, siempre con resultados fatales.

La idea de practicar un trasplante fue éticamente admitida como lícita en Occidente a partir de la segunda guerra mundial. En el caso del riñón, era posible privar de uno de estos dos órganos a una persona viva para trasladarlo a otra. Sobre todo si el cambio se operaba entre hermanos. La razón no era solo de disposición por parte del donante, sino por motivos técnicos. En efecto, pronto se supo que el sistema inmunitario del organismo receptor *no reconoce* al órgano que le ha sido trasplantado, y provoca una situación de «rechazo», que, en tanto no se consiguieron los remedios adecuados, acababa con la vida del recipiendario. En el caso de parientes (y sobre todo de hermanos gemelos) el riesgo en este sentido es mínimo. El primer trasplante de riñón realizado con cierto éxito tuvo lugar en Boston en 1947. A una joven en coma profundo por uremia se le introdujo un riñón de un hombre que acababa de morir. El riñón traspasado secretó orina el primer día, reanudando la eliminación normal, y dejó de funcionar el segundo día, pero en tanto, el riñón propio, ya estimulado, reanudó su función, de suerte que la joven se curó, al menos por un tiempo. En 1952, en el hospital Necker de París, se realizó la primera operación de trasplante entre hermanos; tuvo un éxito efímero, pero dio una idea que luego se pondría en práctica muchas veces. En 1954 se realizó un trasplante de riñón de un gemelo a otro: esta vez el éxito fue duradero. La operación siguió revistiendo un riesgo evidente durante los años 60; más tarde, se ha venido efectuando con resultados cada vez más exitosos.

En el caso de órganos unitarios, el trasplante entre vivos es imposible, salvo si se trata del hígado, que se puede seccionar en parte, y tanto en el cuerpo del donante como del donado, la víscera crece hasta cobrar un tamaño prácticamente normal. (Lo mismo ocurre con los trasplantes de trozos de médula.) En los demás casos, es preciso que el donante acepte ofrecer el órgano en caso de muerte súbita, por accidente o por una enfermedad que no afecte al órgano a trasplantar. Si se trata de un niño de corta edad, basta el consentimiento de sus padres. El primer trasplante de hígado fue efectuado por el doctor Th. Starzl en 1963. A un niño de tres años gravemente enfermo le fue traspasado el hígado de otro niño muerto de un tumor cerebral. El beneficiado no lo fue tanto, porque falleció a las cinco horas de la operación. Más éxito tuvo Starzl meses más tarde cuando consiguió implantar un hígado en un hombre de 48 años. La operación fue considerada un éxito, porque el receptor murió a los veintidós días... de una embolia pulmonar. El trasplante de hígado presenta siempre dificultades, pero se practica cada vez con mejores y más duraderos resultados, incluso, hoy, *inter vivos*, como ya hemos precisado. Más dificultades ofrece el trasplante de páncreas, que consiguió por primera vez Richard Lillehier en 1966.

En diciembre de 1967 el mundo se conmovió al conocer la noticia de un trasplante de corazón. Lo consiguió en la clínica «Groote Schuur» de Ciudad del Cabo el joven y audaz cirujano Christian Barnard. Era algo que casi nadie esperaba poder obtener tan pronto. Un hombre de 54 años, Louis Washkansky, padecía una cardiopatía isquémica en estado terminal. Ningún remedio convencional hubiera podido ya salvarle. Barnard había estudiado la técnica del trasplante de corazón, y no deseaba sino ponerla en práctica. Faltaba un donante. Estaba ingresada en el mismo hospital una joven que había padecido un accidente de automóvil, y sufría una lesión cerebral irreversible. El cirujano pidió a sus padres el corazón de la hija. Hubo unos minutos de duda dramática, hasta que el padre respondió: «si ya no existe esperanza para mi hija, intente salvar a ese hombre». Con todo, Barnard esperó hasta siete minutos después de que la joven dejó de respirar. El corazón fue extraído aún caliente, y en una compleja intervención le fue injertado a Louis. Pronto la víscera implantada comenzó a latir de nuevo, ya con otro portador. A los diez días, el desahuciado podía caminar por la habitación. La sensación que despertó la noticia fue inmensa, y tan grande la admiración del mundo entero por el doctor Barnard como la simpatía general por el restablecido Louis Washkansky, que demostró ser un hombre bondadoso y de buen corazón... aunque aquel corazón ya no era el suyo. El rechazo provocó problemas, y, cuando ya parecía superado, el enfermo falleció.

La técnica de trasplantes fue mejorando lentamente. No solo por lo que se refiere a la seguridad de la operación en sí, sino a la prevención del fenómeno del rechazo, que obligó a provocar modificaciones en la reacción del sistema inmunitario. Los trasplantes de corazón se sucedieron en años sucesivos, con un porcentaje cada vez mayor de supervivientes, y con una duración de vida cada vez más larga. En 1981 se consiguió el primer trasplante simultáneo de pulmón y corazón, logrado por los doctores Schumway y Reitz. Un trasplante de órganos nunca fue una pura rutina, aunque se lo siguió utilizando como recurso en que otro procedimiento no resultaba viable. No parece que la vida de un trasplantado pueda igualar a la del mismo individuo si la operación no hubiese sido necesaria; pero esa operación ha salvado, a veces por un tiempo considerable, numerosas vidas. Se espera que en el futuro mejoren los resultados, o hasta sea posible vivir con algunos órganos artificiales. Por otra parte, la técnica de los trasplantes, prohibida por algunas religiones, pero aceptada por la mayoría, y especialmente por la Iglesia Católica, que fue la primera en destacar la generosidad que implica por parte del donante, ha contribuido a fomentar la solidaridad entre los seres humanos.

Los misterios de la genética, desvelados

Observa Horace F. Judson, uno de los tratadistas más conocidos en el tema de la biología molecular, que en el campo de la física la gran revolución se operó a principios del siglo XX, con Einstein y Planck; mientras en el de la biología una revolución similar habría de esperar a fines de la centuria. Una de las causas de este retraso se debe, al parecer, al desconocimiento que se tuvo de la obra de Gregor Mendel (vid. pág. 209), no descubierta hasta los tiempos de H. De Vries (1848-1935) y W. Bateson (1861-1926), y también a la necesidad de nuevos medios de observación, como el llamado microscopio electrónico y el método de difracción por rayos X. Archibald E. Garrod (1857-1936) se dio cuenta, en una serie de trabajos publicados entre 1902 y 1923, de que hay enfermedades o determinados tipos de trastornos que son hereditarios, y que hay cualidades o aspectos que permanecen latentes durante generaciones enteras... pero que al cabo reaparecen entre determinados descendientes. Bateson, inglés como Garrod, observó que las especies tienden a evolucionar no de una manera continua, sino a saltos. Fue el primero en emplear la palabra *genética*. El norteamericano Thomas Morgan (1866-1945) se especializó en mutaciones. Estudió la mosca del vinagre, *drosophila*, que tiene un ciclo vital de solo diez días, y permite por tanto el estudio de generaciones y generaciones en un breve periodo de tiempo. De acuerdo con los cruces que estableció, obtuvo moscas de ojos rojos o de ojos blancos. ¡Repetía los experimentos de Mendel, pero con medios más sofisticados y con mucha más rapidez! En 1928 publicó Morgan *La teoría de los genes*.

Ahora bien, ¿qué son los genes? En esa enrevesadísima investigación radicó la más ardua labor de los biólogos durante más de medio siglo. Estaba claro que las células, el más pequeño conjunto funcional de los seres vivos, están formadas por moléculas orgánicas muy complejas: todas ellas contienen átomos de carbono, componente fundamental de los seres vivos, además de otros muchos elementos, entre ellos el oxígeno, el hidrógeno, el nitrógeno, el fósforo, etc. Pues bien, es frecuente que en una sola molécula haya cientos de átomos de carbono muy diversamente combinados con otros elementos. Formular de acuerdo con las notaciones clásicas esta sofisticada forma de química orgánica es infinitamente complicado. Pero la conciencia de que el estudio de esta forma complejísima de química puede ayudar a conocer la forma de transmisión de la vida fomentó el estudio de la biología molecular, en busca del siempre apasionante conocimiento de la más íntima estructura química de los organismos. Para Francis Crick, «casi todos los aspectos de la vida, tal cual pueden ser observados, se organizan a nivel molecular, y si no entendiéramos estas muy complejas moléculas, nuestra comprensión de la vida como fenómeno bioquímico, sería muy incompleta». Pues bien, el ya citado Morgan estimó que un gen es más que una molécula: parece ser un conjunto de moléculas orgánicas con afinidad química: en definitiva, «una entidad química muy compleja y muy organizada». Por entonces ya era bien conocida la estructura de las células, que contribuyó a desentrañar Santiago Ramón y Cajal (1852-1934). En el núcleo de una célula se forman los cromosomas, que juegan un papel fundamental en la reproducción de la propia célula, y también, según se supo más tarde, en la compleja estructura de la transmisión genética de generación en generación. Los cromosomas son pequeñísimos filamentos muy enmadejados: cada uno de estos filamentos, debidamente desenrollado, podría tener unos dos metros de longitud; en cambio su grosor es solo de millonésimas de milímetro.

282

En el núcleo de una célula existen los llamados ácidos nuclei-
cos, de los que los más importantes son el ácido ribonucleico
(ARN) y el ácido desoxirribonucleico (ADN), cuyo papel es fundamental en la genética. El ADN es una suerte de macromolécula
portadora del «código» o de la «información» genética del organismo, y permite que cada ser plasme en sus sucesores los caracteres típicos de su especie. (Obsérvese cómo se emplea un lenguaje
propio de la informática, que para muchas personas no especializadas en genética puede distorsionar los conceptos. Quizá un día
puedan emplearse otras palabras). En realidad, el ácido desoxirribonucleico fue descubierto ya en 1868 por el suizo Friedich Mies-
cher; pero su función no fue aclarada hasta 1944 por el cana-
diense Oswald Avery (1877-1955). Trabajando en Estados
Unidos con sus colegas Mac Leod y Mc Carthy, creyó deducir que
el ADN es el material genético por excelencia. El descubrimiento
encontró opositores: otros daban preferencia a las proteínas. La
cuestión no se aclaró definitivamente hasta que pudo aplicarse la
técnica de la difracción por rayos X. La joven investigadora británica Rosalind Franklin (1920-1958), muerta a los 38 años, sugirió que la complicada estructura del ADN tenía dos cadenas distintas, y poco después Maurice Wilkins, trabajando con modelos
en tres dimensiones, halló que las fibras de ADN obedecían a una
estructura que se enroscaba en forma de doble hélice. El paso fundamental estaba dado, aunque restaba todavía un largo camino.

Ya en el último tercio del siglo XX, Francis Crick (1916-
2004) y James Watson (1928) precisaron esta estructura, y encontraron que tales cadenas están formadas fundamentalmente
por cuatro compuestos químicos básicos o nucleótidos, llamados
citosina, timina, adenina y guanina, conocidos por sus iniciales,
C, T, A, G. El orden en que se suceden estos principios o «bases»
es fundamental en la organización de la materia viva. Comoquiera que la estructura del ADN se distribuye en forma de una
doble hélice, es preciso hablar de «pares de bases», correspon-
diendo a cada par una distribución perfectamente correspondiente
respecto del otro par. Existen algo así como tres mil millones de
pares de bases, ordenados de tal forma, que la constitución de
los organismos vivos es posible. Se trata, si de esta forma prefiere
hablarse, de una «inmensa casualidad» que hace que cada ladrillo de la vida ocupe precisamente su lugar, en orden admirable.
Fred Hoyle, que además de afamado cosmólogo, se ha ocupado

del origen de la vida, recurre a una socorrida comparación: es tan difícil que se opere el orden de los pares de bases como que un ejército de simios, operando sobre un teclado, lleguen a componer las obras completas de Shakespeare.

El código genético, combinando esas bases de una forma funcional, construye «frases» como GGCATTAAAGGATCGGTG, que para un ajeno a la cuestión carecen de sentido, pero que ordenan el material genético capaz de constituir las más variadas células de los más delicados tejidos. El texto íntegro de las células humanas está compuesto por unos 3200 millones de «letras». Una «palabra» o una «frase» —permítasenos el empleo de términos metafóricos— es lo que constituye un *gen*. Por eso el número de genes es muy inferior al de pares de bases, contrariamente a lo que se suponía en un principio. El genoma humano no pasa de 30.000 genes: eso sí, cada uno de ellos es asombrosamente complejo. Un gen es así un segmento de la secuencia de ADN que actúa como patrón para la conformación de las células del organismo y de sus distintas funciones. El conjunto de genes o *genoma* se puede entender como el libro en que está escrita toda la información necesaria para la construcción, mantenimiento y perpetuación de los seres vivos. Solo en los últimos años del siglo XX fue posible poner en marcha el ambicioso Proyecto Genoma Humano. Para lograrlo, hubo una verdadera carrera entre el *National Human Genomic Research Institute* de los Estados Unidos, dirigido por Francis Collins, y la también norteamericana empresa privada *Celera Genomics*, en un programa dirigido por J. Craig Venter. Fue este segundo proyecto el que se adelantó, dando a conocer al mundo el modelo concreto de genoma humano el 26 de junio de 2001. Con todo, las prisas —muy típicas en estos proyectos por llegar el primero— dieron lugar a ciertas imprecisiones o limitaciones, que se han ido corrigiendo en años sucesivos.

Hasta aquí, la investigación propiamente dicha, el progreso del saber. Pero toda investigación aspira a desarrollarse con fines prácticos. Desde los primeros momentos —y sobre todo desde las ya citadas investigaciones de Garrod— se supo que hay enfermedades que son hereditarias, y la transmisión de la tendencia a reproducirse en los descendientes tiene una clara relación con las leyes de la genética. Si ocurre alguna irregularidad durante la división o duplicación de los genes, puede producirse un nuevo tipo de gen en el individuo, y este nuevo tipo puede pasar a las siguientes generaciones. Ha ocurrido una mutación genética. Unas veces, esta mutación no supone ningún cambio sensible, pero en ocasiones se produce una variación en el funcionamiento del gen. Estas variaciones pueden producir enfermedades de origen genético, como la diabetes, determinados tipos de cáncer, la hemofilia, etc. El hombre no puede crear vida; puede cambiar aspectos de la vida a base de otra vida. En el campo de la medicina, puede curar enfermedades, atar ligamentos, hasta realizar trasplantes. Lo mismo ocurre en el orden genético. H. Boyer y S. Cohen encontraron un método para reordenar una célula de ADN en un tubo de ensayo, con el fin de obtener células híbridas. R. D. Hotschkins fue el primero en emplear el término «ingeniería genética» para designar estas construcciones. Hoy pueden modificarse genes para curar enfermedades o impedir su transmisión. Y cabe sustituir un segmento de ADN de una célula por otro: el organismo que surge de esta sustitución se llama «transgénico». Las técnicas transgénicas se utilizan sobre todo para mejorar la producción de especies vegetales, obteniendo como resultado frutos mayores, más abundantes o de resultados más satisfactorios. Con todo, se mantienen ciertas prevenciones contra los transgénicos —a veces resultado de intereses económicos que buscan una mayor productividad— cuyos efectos a la larga, en algunos casos, ya que no en todos, pudieran resultar indeseables.

Sustituciones del mismo tipo pueden operarse en seres animales, y en el mismo ser humano. La evitación de enfermedades hereditarias o de malformaciones es en todo caso un hecho positivo. Llegar más lejos por este camino puede conducir, según los casos, a avances espectaculares o a una manipulación irresponsable o de consecuencias peligrosas. El resultado más espectacular hasta el momento de la manipulación genética es la clonación. En biología, un clon es un organismo multicelular genéticamente idéntico a otro. Un ejemplo natural de clon es el de los hermanos gemelos procedentes de un mismo zigoto, o germen resultante de la unión de un gameto masculino con otro femenino, que naturalmente se duplica (gemelos univitelinos). Por lo general, la clonación artificial no llega tan lejos, y se limita a aislar y obtener copias de un gen determinado, o un fragmento de ADN. Para ello, se aísla este fragmento y se implanta en otro, por lo general de un microorganismo. La clonación tiene muchas aplicaciones, la mayor parte de ellas positivas y de resultados deseables. Sin embargo, el hecho más sensacional en los últimos tiempos no es exactamente una clonación, sino un proceso relativamente sencillo, pero de insólitas consecuencias, como fue el del nacimiento de la oveja «Dolly», producto de una fecundación en que se emplearon tres ovejas: una «donó» —a la fuerza, por supuesto— un óvulo, otra el núcleo portador de la mayor parte del ADN, y otra fue la que quedó embarazada y fue autora del parto. Dolly no fue una «oveja artificial», como se dijo pretenciosamente, sino que fue engendrada y desarrollada a través de elementos ya vivos procedentes de tres «madres» distintas. Los artífices de esta manipulación fueron los científicos del Instituto Roslin de Edimburgo, Ian Wilmut y Keith Campbell. Dolly nació —eso sí, fruto de un parto natural— en 1997. En 1999 dio muestras de envejecimiento prematuro, padeció artritis progresiva y murió a comienzos de 2003. Desde entonces crecieron las críticas sobre los inconvenientes, peligros e irresponsabilidades de la manipulación genética.

Las consecuencias a medio o largo plazo de los avances en el campo de la ingeniería genética son muy difíciles de predecir, y lo mismo pueden conducir a una vida más feliz, más sana y más respetuosa con las fuentes de la vida misma que a manipulaciones irresponsables. Existe mucha literatura de ficción sobre las consecuencias terribles de estas manipulaciones, y hoy por hoy estamos bastante lejos de semejantes horrores; pero la posibilidad de que, andando el tiempo, de un modo u otro se produzcan —y no solo por obra de especialistas o técnicos de buena conciencia— no es una ficción, y resulta necesario prevenirse contra sus riesgos, que pueden conducir a peligros previsibles, o lo que es peor, imprevisibles, o atentar contra la dignidad de la naturaleza humana y el respeto a la misma vida. Por ello es necesario que al progreso de la biología se corresponda también el progreso de la bioética.

El imperio de la electrónica

Los espectaculares avances de la ciencia en el campo de la genética nos impresionan, en ocasiones es posible que nos alarmen si nos ponemos a pensar en el panorama que puede ofrecernos el futuro a medio o largo plazo. Pero, en cambio, no sentimos que esos avances se encuentren presentes en nuestra vida ordinaria. Por el contrario, la electrónica, una de las especialidades cientificotécnicas que de forma más revolucionaria se han desarrollado en los tiempos presentes, se ha introducido en nuestra vida ordinaria en todos los campos posibles. Nos valemos de la electrónica cuando llegamos a nuestra casa y pulsamos un botón del ascensor dotado de memoria, cuando calentamos el café en un microondas, cuando hablamos por teléfono, cuando regulamos el termostato de la calefacción, cuando escuchamos la radio, o ponemos un CD para escuchar música, cuando seleccionamos un canal de la televisión, cuando manejamos el ordenador o nos conectamos a internet, cuando hacemos cuentas en una calculadora o cuando abrimos mediante un mando la puerta de nuestro coche y arrancamos el motor, sin saber tal vez que es un sistema electrónico el que provoca el encendido y elige, sin que nosotros intervengamos en ello, el régimen de revoluciones que más conviene desde el primer momento. Vivimos rodeados de recursos electrónicos, aunque a veces no seamos del todo conscientes de que es así.

La electrónica es la rama de la física —y de la ingeniería— que se ocupa de obtener y utilizar circuitos eléctricos muy sofisticados, y que es capaz de superar la simplicidad —tan admirada y realmente admirable en el siglo XIX y comienzos del XX— de las instalaciones eléctricas convencionales. La electrónica es uno de los protagonistas más importantes y más característicos de la época final del siglo XX y de comienzos del XXI. Por 1950 empezó a hablarse de «electricidad de alta precisión» —fue entonces cuando se pusieron en marcha el radar, la frecuencia modulada, las calculadoras eléctricas, la técnica del guiado a distancia—, y esta precisión fue aumentando a lo largo de toda la segunda mitad de la centuria. Desde el siglo XIX se dibujaban esquemas eléctricos en que aparecían representados los hilos conductores, las resistencias, las bobinas, los rectificadores, las válvulas. Cada vez se hicieron esquemas más complicados, que guiaban la construcción de circuitos eléctricos también más complejos. Cuando la complejidad alcanzó un grado de alta tecnología, puede decirse que empezó la electrónica. La electrónica comenzó a desarrollarse especialmente en los Estados Unidos, en parte como consecuencia de las investigaciones emprendidas durante la segunda guerra mundial, y la llamada «guerra fría», también como producto de una mentalidad industrial apoyada en la alta investigación. Los progresos fueron trascendiendo al resto del mundo, y hoy dia la electrónica puede ser empleada, aunque por solo unos pocos, hasta en los países menos desarrollados.

La química del silicio. Transistores y chips

La química orgánica se basa en un elemento tetravalente, el carbono, cuya presencia es fundamental para la vida, y todos los progresos en el campo de la medicina, la farmacia y la biología se basan en ella. Porque su conocimiento afecta a la vida, el hombre se ha esforzado por avanzar en su conocimiento más especializado. Solo a fines del siglo XX ha comenzado a utilizarse la complicada química del carbono para aplicaciones industriales y para la obtención de materiales de última generación y peculiar uitilidad. La química del silicio, el otro elemento tetravalvente, que permite también obtener combinaciones de casi infinita variedad, permaneció durante un tiempo más retrasada, tal vez porque no se encontraba un camino fácil para obtener de ella resultados rentables. Por otra parte, aunque la mayoría de las rocas y los suelos de la superficie terrestre son compuestos de silicio, el aislamiento del silicio puro requiere una buena técnica. Pero la situación cambió. Hoy utilizamos silicio o compuestos de silicio lo mismo para la protección de naves espaciales que para componentes muy delicados de automóviles o aviones, para la fabricación de placas solares o fotovoltaicas, o para trazar circuitos integrados en transistores o microchips de los más diversos instrumentos que manejamos. El centro de investigación más sofisticado del mundo se encuentra en el llamado Silicon Valley, o Valle del Silicio —es un complejo de multitud de empresas más o menos asociadas—, en California. El silicio, del cual se obtuvieron los primeros instrumentos humanos en la Edad de Piedra, puede volver a ser la base de los principales instrumentos del futuro.

A la importancia del silicio como material útil es preciso sumar las posibilidades de la física cuántica. Si en un principio, la física cuántica sumió a la ciencia en un piélago de nebulosas incertidumbres (vid. págs. 238 y ss.), llegaría un momento en que se obtendrían de ella asombrosos resultados. Lo mismo que en el conocimiento del átomo —aunque en el caso anterior quizá con más utilidad todavía— un descubrimiento que parecía ser extremadamente teórico ha resultado poseer un caudal increíble de aplicaciones prácticas. La electrónica no hubiera llegado a donde hoy se encuentra —ni a donde, según las más razonables conjeturas se encontrará en el futuro— sin un nuevo campo de la física cuyas posibilidades apenas han comenzado a ser exploradas.

Hay elementos que son buenos conductores de la electricidad, como por lo general son los metales (muy especialmente el cobre). Otros ofrecen fuerte resistencia al paso de la corriente, y desde muy pronto se hizo patente la necesidad de disponer también de «resistencias» Sin resistencias sería imposible conseguir un circuito eléctrico complejo. Es más, la resistencia de un cuerpo al paso de la corriente es la mejor forma de aprovechar su energía: en una lámpara eléctrica, en un horno eléctrico, en una estufa. El silicio es un «semiconductor» en el sentido de que su conductividad varía según la temperatura, el campo eléctrico a que está sometido, la intensidad de la corriente o gracias a pequeñas barreras o superconductores que pueden introducirse en una lámina que se llena de circuitos. Puede ejercer así el papel de una resistencia variable con ventaja sobre otros materiales. Así se consagró el concepto de «semiconductor», un cuerpo o sistema que puede variar o regular una corriente que pasa a través de él. El sistema fue desarrollado por tres físicos norteamericanos, John Bardeen, William Shackley y Walter Badstain, a fines de los años cincuenta y principios de los sesenta; recibió el nombre de *transfer resistor*, o resistencia de transferencia. Por abreviación de las dos palabras inglesas se ha consagrado mundialmente el nombre de *transistor*. La mayoría de la gente relaciona esta palabra con un aparato de radio portátil, y comete con ello una notable incorrección: sí es algo más correcto hablar de «una radio de transistores», puesto que los transistores figuran entre sus componentes fundamentales. Durante los dos primeros tercios del siglo XX, la mayor parte de los aparatos de radio funcionaban a base de válvulas catódicas, o válvulas de vacío, que hacían el papel de rectificadores o amplificadores: eran lo que llamábamos corrientemente «lámparas de radio». Con aquellos aparatos, generalmente de buen tamaño, dotados de un complicado esquema y de un buen número de lámparas, podíamos escuchar, especialmente en onda extracorta, emisoras de todo el mundo. Eso sí, hasta la aparición de la frecuencia modulada, era difícil evitar interferencias y ruidos parásitos. Un receptor de transistores como los que hoy empleamos es alimentado por unas pilas de escaso voltaje, lleva una pequeña antena incorporada (no como la de nuestros abuelos, que podía medir cien metros), y tiene, evidentemente, menos alcance (en los modelos comerciales que se nos ofrecen). Ello queda compensado por el hecho de que hay muchas más emisoras, y repetidores herzianos que permiten conectar con cadenas de emisoras muy diversas. Pero lo que hemos de tener en cuenta desde el primer momento es que el transistor es una lámina o muchas láminas de silicio que forman parte de complejos circuitos integrados, y que el sistema de transistores se aplica tanto a nuestro televisor, a nuestro teléfono a nuestro tocadiscos, a nuestro ordenador como a nuestros aparatos de radio.

En relación con la conductividad modificable de los transistores están los complicados sistemas eléctricos que son los circuitos impresos y —sobre todo hoy— los circuitos integrados. Es posible reunir una cantidad muy grande de conexiones eléctricas, con sus consiguientes elementos modificadores, en un espacio muy pequeño, gracias a las posibilidades de las placas de silicio. Una combinación entre transistores, modificadores y resistencias dio lugar a circuitos integrados muy complejos. El primer circuito integrado fue obtenido por Jack Kilby en 1958. Desde entonces, no han hecho más que multiplicarse tanto los circuitos como sus aplicaciones a todas las ramas de la electrónica y a los instrumentos más variados. Un pequeño circuito integrado, concentrado en una «pastilla» es lo que se llama *chip*. Y si todavía es más pequeño —¡no por eso menos complejo!— *microchip*. Una de las ventajas de la microelectrónica es, ciertamente, su tamaño. Un aparato de radio provisto de válvulas era un mueble; un aparato de radio hoy (o un teléfono móvil) puede llevarse en el bolsillo. Un ordenador ocupaba en sus primeros tiempos el tamaño de una habitación, por los años sesenta o setenta el de un armario. Hoy existen ordenadores menores que una petaca. Lo mismo puede decirse de cualesquiera instrumentos electrónicos provistos de transistores, circuitos integrados y microchips. Si hoy padecemos o no una cierta manía de lo innecesariamente diminuto es cuestión que no hay por qué discutir aquí; sí cabe admirarse en todo caso del hecho de que sistemas cada vez más complejos y más perfectos ocupen progresivamente menos espacio. Para determinadas necesidades, en centros científicos, o, por ejemplo, en la aviación o en la cirugía, la miniaturización supone una ventaja fundamental. Otra reducción igualmente asombrosa, pero con toda probabilidad más práctica, es la posibilidad de realizar funciones muy importantes con un consumo muy bajo de energía.

La reducción de tamaño y la complejidad tecnológica, aunque parezcan tendencias en sentido inverso, son producto del mismo orden del progreso humano. Por los años setenta del siglo XX, un chip incluía media docena de transistores; por los años noventa, un microchip (mucho más pequeño) estaba compuesto por millones de transistores. Lo cierto es que la electrónica, a fines del siglo XX y principios del XXI, ha transformado la vida del hombre y sus posibilidades como mínimo en un grado comparable al de los grandes inventos «prácticos» de la segunda mitad del siglo XIX. Y puede decirse que aún estamos comenzando el camino de la electrónica.

La televisión

El descubrimiento de un sistema de captación de imágenes luminosas por un sensor y su transmisión por medio de ondas herzianas a aparatos capaces de reproducir esas imágenes sobre una pantalla no es posiblemente la conquista más meritoria de la electrónica, pero sí ha constituido un fenómeno social de primer orden, pues que son miles de millones los seres humanos que lo utilizan y de una forma u otra se dejan seducir y conducir por este medio de comunicación. Siquiera sea por razón de esta aceptación masiva y del influjo o formas de vida que de ella puedan derivarse, merece la pena dedicar un breve apartado a la historia de la televisión.

La idea de transmitir imágenes a distancia, por procedimientos más o menios similares a los que ya existían para transmitir sonidos, es relativamente antigua. Si cabe enviar sonidos mediante placas vibratorias, cuyas vibraciones son reproducidas por otra placa que recibe los mismos impulsos, ¿por qué no era posible enviar y recibir imágenes mediante vibraciones recibidas de las ondas luminosas? El problema consistía en que si las vibraciones sonoras pueden ser reproducidas por una lámina que vibra sesenta, cien, quinientas veces por segundo, las vibraciones de la luz son del orden de miles de millones por segundo, y no pueden ser reproducidas por similares procedimientos. Sin embargo, se intuía la posibilidad de encontrar un cuerpo «fotoeléctrico», capaz de transformar en señales transmisibles la energía luminosa, y de reproducirlas también en forma de emisiones de luz; en definitiva, se trataba de buscar un medio para descomponer una fotografía o imagen en líneas y puntos claros y oscuros, y al mismo tiempo, lograr una pantalla que pudiese reproducir aquellos impulsos tal como se habían recibido. Poco a poco se fueron conociendo las propiedades de un elemento que acusa múltiples sensaciones producidas por la luz. El selenio, al ser iluminado por una luz de diversas frecuencias, emite electrones de esas frecuencias que pueden recogerse y transmitirse. Todo consiste en fabricar un complejo de células de selenio, emitir la señal que produjesen, y recibirla en una pantalla capaz de reproducir las mismas frecuencias, y distribuirlas en el mismo orden espacial en que se habían transmitido. G. Casselli, en 1863, inventó el «pantelégrafo», un aparato todo lo primitivo que se quiera, pero que le permitió enviar a través de cable dibujos de París a Marsella. En 1875, el norteamericano Carey proyectó transmitir imágenes desde un emisor formado por 2.500 células de selenio hasta una pantalla formada por otras 2.500 lámparas, unidas cada una a sus respectivas células por medio de 2.500 cables. El proyecto resultó demasiado complicado y caro, y no consiguió la ayuda necesaria. Con todo, estaban dados los primeros pasos en la transmisión de imágenes.

Ahora bien: la transmisión telegráfica, y después la telefónica y la radiofónica son diacrónicas, es decir, permiten emitir y recibir sonidos sucesivos, como son los de una conversación o una pieza musical. ¿Era posible pasar de la imagen estática a la imagen en movimiento? Tal posibilidad representaría el equivalente del paso de la fotografía (1840) al cine (1896). El proceso también fue, en este caso, muy lento. En 1884 el ingeniero alemán Paul Nipkow inventó un disco de exploración lumínica (disco de Nipkow). Este disco estaba perforado por una serie de agujeros dispuestos en forma de espiral. Colocado el disco delante de una imagen, el ojo no podía ver más que partes muy pequeñas de la misma; pero si se lo hacía girar con rapidez, era posible ver la imagen completa. Es preciso recordar, en una observación válida también para el cine, que el ojo humano no puede retener imágenes que duran, por ejemplo, una centésima de segundo. Esta limitación tiene, por paradoja, enormes ventajas. Sustituyendo, por ejemplo, cada fracción de segundo, una imagen por otra muy parecida (por ejemplo, la de un hombre que adelanta cada vez más un poco más el pie) podremos obtener la sensación de *movimiento*: cada imagen es fija, pero la sucesión muy rápida de imágenes nos hace parecer que el hombre camina. De aquí los dibujos para niños en libritos cuyas páginas se hacen pasar velozmente, el *zootropo*, un juguete muy didáctco en los laboratorios de física de los colegios, o el cine, en que la «cruz de malta» del proyector establece un casi imperceptible momento de oscuridad, que se aprovecha para sustituir una imagen por la siguiente. Si la sustitución se opera a una frecuencia inferior a 16 imágenes por segundo, observaremos que el movimiento se opera «a saltos»; una velocidad mayor produce todavía una cierta sensación de parpadeo (observable en muchas películas antiguas). Ahora bien, con el disco de Nipkow, si giraba lentamente, no se apreciaba bien la sensación de movimiento: si lo hacía muy deprisa, apenas podía verse nada. El sistema no estaba mal pensado; solo que era preciso perfeccionarlo. Y la versión definitiva no podría llegar hasta la era de la electrónica. El británico John L. Baird realizó los primeros experimentos en 1926, al transmitir 12 imágenes por segundo: ¡todavía una velocidad insuficiente, pero estaba en la verdadera línea! En 1928 consiguió resultados mucho más aceptables. En ese mismo año, un ruso-americano, Wladimir Sworykin, inventaba el tubo iconoscopio, un elemento fundamental para la reconstrucción de imágenes. En el iconoscopio, una cámara proyecta la imagen sobre un *mosaico fotoeléctrico* revestido por millares de gotitas microscópicas de cesio, sensibles a la luz. Cada una recibe la señal luminosa de una parte de la imagen, e irradia a su vez lo que ha recibido, para su transmisión. Esta señal es captada por un receptor provisto de tubos que reproducen cada uno de los fragmentos de señal recibidos, y los proyectan sobre una pantalla.

En 1930, la BBC británica comenzó sus emisiones de televisión. En un principio, la escasa definición de las imágenes (30 líneas, y con interferencias), pareció un fracaso, y hasta se pensó en suspender las sesiones: llegó a pensarse que la televisión tenía un dudoso porvenir (!); pero por los años 30 se perfeccionaron los sistemas y se vendieron unos 10.000 receptores. Sin embargo, fue el método electrónico de Sworykin el que se impuso definitivamente, y permitió afinar la definición. La televisión ya estaba en marcha como sistema audiovisual aceptado por miles de personas, cuando llegó la guerra mundial (1939-1945), y desaparecieron casi todas las emisiones dedicadas al público (excepto en USA). Por 1945-55, la televisión llegó a todo el mundo desarrollado, y en la década siguiente, a todo el resto del planeta. A comienzos del siglo XXI existen millares de estaciones emisoras y más de mil millones de receptores en toda clase de domicilios, porque la penuria económica no frena el ansia de poseerlos antes que otro bien disfrutable. Ya por 1958 «France-Soir» comentaba que en las chabolas de los alrededores de París, carentes de los servicios más elementales, no faltaba nunca una antena de televisión.

El fundamento de la televisión moderna es más complejo que el del cinematógrafo. La sensación de continuidad se consigue con la iluminación de un determinado número de cuadros por segundo, con los mismos efectos visuales que en el cine. La imagen se divide en una serie de líneas que son barridas de izquierda a derecha y de arriba a abajo. Para una mejor adaptación visual del espectador (aunque el espectador no se fija en nada, como no sea la imagen completa que cree ver), alternan las líneas pares con las impares. Nunca vemos todas las líneas a la vez, ni siquiera todos los puntos. Es lo mismo; la retina los retiene todos como si fueran simultáneos. La calidad de la imagen es tanto mayor cuanto más alto sea el número de líneas. En Europa se ha adoptado la norma de emitir —y por tanto recibir— en 625 líneas.

La televisión, como el cine, ha pasado del blanco y negro al color, y ha adquirido las formas más diversas de difusión de sus emisiones: por repetidores, por cable, por satélite, la versión digital, que aumenta la definición. Las pantallas de tubos tienden a sustituirse por pantallas planas de plasma. Por otra parte, la posibilidad de colocar en órbita satélites geosincrónicos, que a 36.000 km de la Tierra giran en torno a ésta en 24 horas, les permite estar siempre encima del mismo continente, de suerte que su señal pueda ser captada por antenas fijas, sea cual sea la distancia a que se encuentre la estación emisora. El sistema de televisión no solo es un servicio, público o privado, de información, distracción, transmisión de actos en directo, reportajes, espectáculos de todas clases... publicidad, sino que se emplea también en circuitos cerrados para información o vigilancia. El mundo está lleno, y probablemente lo estará cada vez más, de cámaras y pantallas que emiten, reciben y reproducen sin cesar.

El asombroso mundo de la informática

El avance de la electrónica —hoy es preciso hablar de microelectrónica— en el mundo se debe ante todo a las portentosas posibilidades que nos ofrece la técnica en el campo de los transistores, los circuitos integrados y los chips. La aplicación de estos métodos, a los que ya nos hemos referido en sus términos generales, ha enriquecido hasta posibilidades inimaginables a las comunicaciones, a la industria, a la cibernética o arte de ingeniar instrumentos que se manejan y controlan por sí solos, a la robótica, o empleo de máquinas que pueden sustituir —¡tal vez suplantar!— las funciones del trabajo humano; y, sobre todo la informática, una ciencia muy compleja que designa funciones muy diferentes entre sí, como pueden ser la de calcular, la de almacenar y ordenar datos, la de diseñar modelos, o virtualizar imágenes a tres dimensiones, o la de procesar cualquier serie de información, incluidos textos escritos enteramente revisables a voluntad.

Muy probablemente, el campo donde más espectacularmente y con más amplias aplicaciones se ha desarrollado la electrónica es la *informática*. Informática, nombre tomado de dos palabras, «información» y «automática», suele definirse como la tecnología que se ocupa de obtener y procesar toda clase de información mediante sistemas automáticos. En general, las funciones más requeridas en este enorme ámbito son las de cálculo y las de ordenación o procesamiento; más tarde, por la posibilidad de asociar un instrumento electrónico a una red o base de datos, también la búsqueda de información en sí. De aquí los nombres que se han dado a los instrumentos de esta naturaleza. Primero predominó el de «computador» o «computadora», que alude a su empleo en funciones de cálculo. Este nombre se ha mantenido en inglés, y, quizá por su influjo, se emplea en la mayor parte de los países de habla española en América. Después se ha hablado de «ordenador». En España, por los años ochenta del siglo XX, los centros científicos preferían el término «computador» para máquinas o programas orientados a tareas de cálculo; y «ordenador» para los destinados preferentemente a bases de datos o a tareas de procesamiento. Hoy se prefiere la palabra «ordenador», con independencia de las casi infinitamente variadas funciones y aplicaciones que esté preparado para realizar el instrumento, según, por supuesto, los programas que se introduzcan en él.

Se comenzó, y desde hace muchísimo tiempo, por la computación, es decir, por el cálculo matemático. El ábaco (vid. p. ej., pág. 25) permitía realizar operaciones sencillas. John Neper, inventor de los logaritmos (vid. pág. 115) fabricó un aparato con palillos impresos que facilitaba las operaciones de multiplicación y división; y muy poco después Blas Pascal (vid. pág. 116) inventó la primera calculadora mecánica. Su padre era funcionario de Hacienda, y para él ideó un aparato de ruedas dentadas en que cada una hacía avanzar un paso a la siguiente cuando completaba una vuelta. Giraban mediante una manivela, en una dirección para sumar y en la otra para restar. A fines del XVII, Leibniz (vid. págs. 120 ss.) inventó una máquina que podía multiplicar, dividir y obtener raíces cuadradas. En 1801 el francés Jacquard inventó el sistema de tarjetas perforadas, y en 1879 el americano Hollerith lo perfeccionó para trabajos estadísticos. Las tarjetas perforadas, que permiten advertir concomitancias en una serie de datos, ahorraban mucho tiempo de búsqueda y clasificación. Las tarjetas perforadas constituyen el primer sistema de «ordenador» que existió. En 1900 el mismo Hollerith inventó una máquina que podía clasificar 300 tarjetas por minuto, y en 1924 fundó la primera compañía informática, la International Business Machines, IBM. Sus aparatos funcionaban por sistemas puramente mecánicos, pero ya rendían resultados que podían ahorrar muchísimo tiempo.

La electrónica perfeccionó increíblemente los sistemas, los hizo mucho más rápidos y les confirió una serie de aplicaciones hasta entonces inimaginables. Por 1935, el bulgaroamericano John V. Atanassoff obtuvo la primera calculadora digital, que operaba en sistema binario. Fue el primero en llamar al aparato «computer». La guerra mundial, por el interés de los contendientes, aceleró el proceso, y en 1943 se inició el proyecto ENIAC (Electronic Numerical Integrator and Computer), cuyos resultados comenzaron a tocarse en 1947. El ENIAC tenía 19.000 válvulas, 1.500 relevadores eléctricos, 7.500 interruptores, más de 100.000 resistencias y 800 kilómetros de cables. Pesaba unas treinta toneladas, y ocupaba trescientos metros cúbicos. Necesitaba un edificio especial para él. Eso sí, podía realizar 5.000 sumas por minuto, una velocidad maravillosa para aquella época. Entretanto, los alemanes, en el bando contrario, habían inventado la computadora Z 3, ideada por Konrad Zusse; en 1944, la máquina fue destruida por un bombardeo aliado, pero se conservó el esquema, que permitió, unido ya a los americanos, mejorar los resultados.

Los transistores y los sistemas de circuitos integrados imprimieron un impulso definitivo, multiplicaron espectacularmente las aplicaciones de los ordenadores y disminuyeron drásticamente su tamaño. Las válvulas y sus accesorios fueron sustituidos por chips y microchips. El ordenador pasó de tener el tamaño de una casa al tamaño de un armario, luego al de un objeto como una máquina de escribir... o de una billetera. Lo que antes era preciso depositar en un decímetro cúbico de ferrita cabía ahora en un chip de pocos milímetros. Por los años 70 las computadoras podían realizar operaciones muy complejas, hacer diseños, trazar modelos, ordenar y relacionar datos, controlar otros instrumentos. En 1971 se creó el primer programa para enviar correo electrónico. En 1976 se establecieron las compañías Microsoft y Apple. Y en 1980 apareció el ordenador personal, manejable en casa, y Bill Gates inventó el lenguaje Windows, muy ágil y asequible a cualquier operador. El sistema operativo Windows, como tal, se desarrolló por Microsoft en 1985. Desde 1984 se consagraron los sistemas operativos Macintosh, comercializados por Apple. Por los años 90 se difundió el sistema operativo Linux... etc. Entretanto, se había encontrado la posibilidad no solo de conectar un ordenador con otro situado a gran distancia, sino hacerlo a una base de datos, o a una red muy amplia de información compartible por muchos usuarios. Así nació *internet*, en principio red de ordenadores interconectados, luego una red extensísima de fuentes de información en línea, que permite acceder a miles de millones de «portales» y páginas distintas. En 1996 se creó Internet 2, que permite una gran velocidad de conexión y descarga. En 2006 el número de usuarios de internet en todo el mundo alcanzó los cien millones.

Los ordenadores, como casi todo el mundo sabe, funcionan en sistema binario. Es el más sencillo, porque solo conoce dos dígitos, pero en cambio necesita muchas series de dígitos para representar valores o significados. De momento al menos, es preferible configurar las máquinas en un sistema binario. Un ordenador no conoce, por tanto, más que dos dígitos, digamos para simbolizarlos, 0 y 1. Cada dígito es un *binary digit*, o, como se escribe de forma resumida, un «bit». Podemos darles un significado determinado, «positivo» y «negativo», «abierto» y «cerrado», «encendido» y «apagado», «blanco» y «negro», según el programa que establezcamos. Si trabajamos con dos bits para conocer el estado de dos bombillas, podemos representar cuatro combinaciones: 00, las dos apagadas; 10, la primera encendida y la segunda apagada; 01, la primera apagada y la segunda encendida; 11, las dos encendidas. Se estima que con ocho bits se puede expresar una construcción mínimamente lógica; este valor de ocho bits se llama «byte». Un byte admite ya 256 combinaciones de dígitos. En abreviatura se representan *bit* como b y *byte* como B. Un ordenador funciona con millones o billones de elementos, aunque pertenezcan todos al simplicísimo sistema binario. Los múltiplos más conocidos son «kilo», mil; «mega», un millón; «giga», mil millones; «tera», un billón. Combinando miles de millones o billones de datos, es posible realizar todas las operaciones imaginables. Naturalmente, la función que realizan estos datos depende de los programas o *software* que se hayan introducido en el disco duro o *hardware*, que es el gigantesco almacén que los contiene y controla todos.

Innecesario parece seguir con la historia cada vez más prodigiosa del ordenador. Hoy existen máquinas capaces de las más variadas funciones, dotadas de una capacidad casi ilimitada, que pueden operar a velocidades increíbles. Se estima que no se logrará jamás una «inteligencia artificial» capaz de ingeniárselas por sí sola —o de rebelarse contra los propios humanos, como se ha pretendido dramáticamente en novelas o películas de ficción—: al fin y al cabo, una máquina es obra de humanos y solo opera en los sistemas previstos y ordenados por humanos. Su lógica es una lógica programada por seres capaces de pensar —y de concebir, como aquéllas no conciben, ideas abstractas—, con libertad, con imaginación, y, lo que tal vez es más prodigioso, con intuición. No podemos exigir abstracción, libertad, imaginación ni intuición a un ordenador, por mucho que simule tenerlas. Pero su velocidad de respuesta es incalculablemente superior a la que tiene el hombre, y no sabemos todavía a dónde puede llegar.

A MODO DE CONCLUSIÓN

La ciencia progresa, ha progresado siempre. Cabe, asumida su naturaleza y la propia naturaleza del hombre, que siga progresando de una manera u otra en el futuro. El hombre es un ser que quiere alcanzar cada vez objetivos más amplios, y por consiguiente nunca se conforma con lo que ha logrado saber o con lo que ha podido conseguir. En ocasiones se equivoca, pero no deja de progresar cuando tras reconocer su equivocación rectifica. Se han cometido a lo largo de la historia de la ciencia gruesos errores, que en determinado momento se han corregido. También se dan en ella momentos de progreso y momentos de estancamiento, pero hay al mismo tiempo una curiosa sustitución en el protagonismo de los avances más notables. Los chinos o los caldeos eran los pioneros de la ciencia en el mundo cuando los griegos apenas habían despertado a la llamada del saber. Luego fueron los griegos los que alcanzaron nuevas y desconocidas fronteras. La ciencia clásica, tras siglos de esplendor, se estancó tras la decadencia del imperio romano, pero, a poco de consagrada esta crisis, los árabes fundieron la aportación de varias culturas, y se convirtieron los mejores científicos de la Tierra. Decayeron justamente cuando la ciencia de Occidente tomaba el relevo y llevaría la delantera al resto del mundo durante siglos. Siempre hubo alguna o algunas culturas particularmente destacadas en la preocupación por el conocer científico, y hasta cabe aceptar la sugerencia de que, tomando en cada momento histórico el grado de desarrollo de la cultura más avanzada, el progreso de la ciencia no se detuvo nunca.

Los tiempos modernos, por lo menos desde fines del siglo XVII, han presenciado una espectacular aceleración del saber científico en el ámbito de Occidente, una aceleración que no se ha detenido todavía, y que ha llevado a la cultura occidental a ejercer una función de liderazgo que se extiende hasta los tiempos de la globalización. Aún hoy, la ciencia que desarrollan con éxito otras culturas es heredera directa en casi todos los casos de la ciencia occidental. A dónde puede llevarnos este proceso de aceleración cada vez más espectacular es un extremo que nos atañe muy particularmente, que nos interesa, nos apasiona y hasta nos preocupa, pero en cuya naturaleza no podemos entrar cuando nos limitamos a repasar la historia de la ciencia. La historia falta a su naturaleza cuando se atreve a atisbar el futuro.

La aceleración del progreso científico es uno de los hechos más espectaculares de los tiempos que vivimos, y no puede por menos de producir una dosis muy grande de admiración. Este proceso, que en unos casos ha decidido los destinos del mundo, que en otros ha suscitado, junto con esa admiración, una cierta alarma e incluso temor (a las formas de energía atómica, a las manipulaciones sobre la vida, a la «inteligencia artificial», a la degradación del medio ambiente, al paro originado por la suplantación del trabajo humano por el de otros ingenios muy eficaces) ha provocado las más inesperadas reacciones en los analistas y en la misma sociedad. Se ha destacado que el progreso en sí ha de resultar siempre positivo, pero sería en alto grado deseable un progreso armónico y equilibrado. Resulta intuible que, incluso sin salir del mundo científico, el progreso ha sido o está siendo mucho más acelerado en unas áreas de conocimiento que en otras; y, si salimos de su mundo específico, también parece cierto que el progreso científico, en general, resulta demasiado grande comparado con otros ámbitos de progreso en que el desarrollo humano ha experimentado menos avances, o incluso en determinados valores fundamentales para el sentido más profundo del ser y el existir humano puede encontrarse en regresión. Esta desproporción en los distintos componentes del progreso, que ya preocupaba a Ortega y Gasset, puede representar para un especialista en «filosofía del progreso» como Robert Nisbet, un «descoyuntamiento», similar al de un hombre cuyo brazo derecho o cuya oreja izquierda crecen mucho más que los demás miembros, en tanto los pies o las manos se atrofian o se anquilosan: un hombre tal acabaría convirtiéndose en un monstruo. No es criticable el progreso en sí, sino su aceleración en solo unas direcciones determinadas. Quizá en el futuro se vea clara la necesidad de una armonización de todos los valores que nos realizan como seres inteligentes y responsables.

El progreso científico ha vivido, en especial a partir del arranque de su aceleración a fines del siglo XVII, fases iconoclastas. La ciencia antigua se ha presentado muchas veces como despreciable, equivocada y por lo mismo absolutamente digna de ser fustigada y desechada. Luego, la iconoclastia se suaviza, y se reconocen los aciertos de los antiguos, evitando sus errores y superando sus limitaciones. La geometría no euclidiana no tiene por qué desterrar a Euclides, cuyos principios siguen siendo perfectamente válidos en la vida corriente, y constituyen el instrumento habitual de los mismos científicos. Einstein no ha condenado a Newton, aunque ha modificado sus conceptos; pero las ecuaciones newtonianas siguen siendo tan útiles como hace siglos para el cálculo de órbitas o para evaluar la caída de los cuerpos. Lo nuevo no destruye todo lo antiguo, ni tampoco hubiera podido establecerse sin el apoyo previo de lo antiguo: precisamente por eso sigue siendo útil y en muchos casos necesaria la historia de la ciencia.

Para terminar. En algunas ocasiones, el optimismo ambiente, atizado por los logros espectaculares, hizo pensar que la historia de la ciencia se encontraba cerca de su final; o, en otras palabras, que el progreso científico poseía una meta, y esa meta estaba a punto de ser alcanzada. La Ilustración, el Positivismo, pero también el salto gigante de los últimos años han dado pie a especulaciones de una u otra naturaleza, pero siempre en un sentido análogo. El «fin de la historia» —como tal también en sentido genérico, como pudieron concebirla Hegel, Marx o Fukuyama— representaría una época de plenitud, una especie de paraíso en la tierra, en que ya estarían gozosamente alcanzadas todas las metas deseables: los historiadores piensan que eso no deja de ser una bella utopía. En un libro muy leído —o muy comenzado a leer—, como que fue un *best seller* a fines del siglo XX, el cosmólogo Stephen Hawking terminaba con una afirmación sorprendente: «si un día logramos una fórmula capaz de expresar la realidad del Universo —se refería a la Teoría de la Gran Unificación— habremos conseguido penetrar en la mente de Dios». Un poco pretenciosa puede parecer esa suposición. El hombre posee una bendita ansia de saber, y saber cada vez más. Pero, con toda la excelencia que le caracteriza, es un ser limitado, y no puede aspirar a un saber infinito. Demasiados desengaños nos ha proporcionado ya la orgullosa seguridad de haber alcanzado un grado de conocimiento absoluto sin otro medio que la razón, por admirable que sea esa herramienta concedida al hombre, como para que caigamos de nuevo en la misma equivocación. El endiosamiento del sabio (y más aún el de quien cree ser sabio) ha sido siempre peligroso, lo es y lo seguirá siendo.

¿Quiere significar un reconocimiento de esta limitación que habrá de llegar un momento en que tendremos que renunciar a aumentar nuestros conocimientos? Todavía no estamos en condiciones de tocar los límites de la ciencia posible, entendamos la ciencia asequible al hombre. Por un lado, es mucho más todavía, por increíble que pueda parecernos, lo que resta por conocer que lo que conocemos; por otro, la capacidad de la inteligencia humana puede potenciarse más y más en el futuro. Tenemos todavía un amplio camino por delante, tal vez hasta horizontes que hoy ni siquiera somos capaces de imaginar, como nuestros antepasados, con poseer una rica imaginación, tampoco imaginaron muchos de los logros actuales. Mantenemos, por lo menos el mismo grado de curiosidad que los primeros y sencillos exploradores de la naturaleza, un ansia ilimitada de conocer realidades nuevas y de resolver misterios; y mantenemos, o debemos mantener siempre, como nos exige la ética de la ciencia, un incondicional amor a la verdad, a alcanzar la verdad, en vez de tratar de imponernos a ella.

ÍNDICE ONOMÁSTICO

ESTE LIBRO, PUBLICADO POR
EDICIONES RIALP, S. A.,
MANUEL URIBE 13-15, 28033 MADRID,
SE TERMINÓ DE IMPRIMIR EN
SERVICE POINT, S. A. (MADRID),
DÍA 1 DE JULIO DE 2024.